Steuerungswirkung der kommunalen Landschaftsplanung

Christian Stein

Steuerungswirkung der kommunalen Landschaftsplanung

Ausgewählte Aspekte der Qualität und Struktur der Landschaft sowie des Landschaftswandels

Mit einem Geleitwort von Univ.-Prof. Dr. Wolfgang Wende

Christian Stein
Leipzig, Deutschland

Dissertation Technische Universität Dresden, Fakultät Architektur, 2017

Das Vorhaben wurde von der Deutschen Forschungsgemeinschaft (DFG) im Rahmen des Projekts „LANALYS – Analyse Landschaftswandel und Landschaftsplanung“ (Projektnummer WE 3057/3-1 und WA 2131/2-1) gefördert.

ISBN 978-3-658-21884-3 ISBN 978-3-658-21885-0 (eBook)
https://doi.org/10.1007/978-3-658-21885-0

Die Deutsche Nationalbibliothek verzeichnet diese Publikation in der Deutschen Nationalbibliografie; detaillierte bibliografische Daten sind im Internet über http://dnb.d-nb.de abrufbar.

Springer Spektrum

Gedruckt auf säurefreiem und chlorfrei gebleichtem Papier

Springer Spektrum ist ein Imprint der eingetragenen Gesellschaft Springer Fachmedien Wiesbaden GmbH und ist ein Teil von Springer Nature
Die Anschrift der Gesellschaft ist: Abraham-Lincoln-Str. 46, 65189 Wiesbaden, Germany

Geleitwort

„Does Planning Work?" fragten die Kollegen Brody und Highfield im Jahre 2005[1] und adressierten dabei konkret lokale Umweltpläne in den USA im Hinblick auf deren Realisierung. Die Frage ist gut gestellt. Wissen wir Planerinnen und Planer, ob unsere Pläne überhaupt einen Unterschied ausmachen in der Welt? Und was für die USA und lokale Umweltpläne gilt, kann genauso für lokale Landschaftspläne in Deutschland hinterfragt werden: Wissen wir eigentlich nach über 40 Jahren kommunaler Landschaftsplanung in Deutschland wo unsere Landschaftsplanung steht, ob und wie sie umgesetzt wird und wo sie wirksam wird bei der Steuerung des Landschaftswandels?

Diese leitenden Forschungsfragen waren Bestandteil eines von der DFG geförderten Forschungsprojektes, in welches auch die nun vorliegende Dissertation und Qualifizierungsarbeit von Christian Stein eingebunden war. Christian Steins Arbeit, die an der Fakultät Architektur der TU Dresden eingereicht wurde, baut auf verschiedenen Studien zur Wirksamkeit der Landschaftsplanung in Deutschland auf. Sie geht aber mit dem gewählten Ansatz auch über die bisherigen Studiendesigns hinaus und untersucht deutschlandweit anhand einer 600 Kommunen umfassenden repräsentativen Stichprobe mit Hilfe von gesamträumlichen Landschaftsindikatoren aus dem IÖR-Monitor, ob das Vorliegen eines Landschaftsplans, dessen Qualität oder beispielsweise auch dessen Wirkungsdauer einen positiven, d. h. steuernden Einfluss auf ausgewählte Landschaftsparameter hat.

Der Innovationsgehalt der Ergebnisse ist enorm. Sie verdeutlichen, dass wesentlich mehr Gemeinden und teilweise Kreise einen Landschaftsplan aufgestellt haben als bisher vermutet, nämlich rund 70-75 % aller Kommunen in Deutschland bis zum Jahr 2013. Peripher gelegene und durch Landwirtschaft geprägte Kommunen weisen dabei tendenziell eher weniger häufig Landschaftspläne auf als zentral gelegene, eher urbanisierte. Es gibt einen über alle Jahre seit 1976 bis ins Jahr 2013 hinweg reichenden Peak in der Erstaufstellung von Landschaftsplänen im Zeitraum von 1996 bis ins Jahr 2003, der so für viele aus der Community überraschend sein dürfte. Im Zeitraum 1996 bis 2003 wurden zahlenmäßig die meisten Landschaftspläne in Deutschland erstaufgestellt.

[1] Brody, Samuel-D.; Highfield, Wesley-E. (2005): Does Planning Work? Testing the implementation of local environmental planning in Florida. Journal of the American Planning Association 71, 2:159-175.

Christian Stein zeigt im analytischen Teil seiner Studie, dass das Vorhandensein eines Landschaftsplans bereits Zusammenhänge mit einer positiven, d.h. einer nachhaltigen Landschaftssituation bzw. einer Landschaftsentwicklung aufweist. Entscheidender als die Aufstellung an sich scheint jedoch die Qualität der Landschaftspläne auch im Zusammenhang mit der zeitlichen Wirkungsdauer eines Planes zu sein. Diese wirken sich positiv beispielsweise auf eine Zunahme der Dichte von Landschaftsstrukturelementen in den Kommunen aus. Gerade Elemente einer grünen Infrastruktur werden mit Hilfe der Landschaftsplanung umgesetzt. In ersten Zeitreihenanalysen kann die Arbeit zudem nachweisen, dass Grünland in Kommunen mit Landschaftsplanung besser vor einer Inanspruchnahme durch neue Siedlungs- und Verkehrsflächen geschützt ist als in Kommunen ohne Landschaftsplan. Dadurch wird die vermutete räumlich-steuernde Wirkung des Landschaftsplans, die meist nicht direkt sichtbar wird, durch die empirischen Daten von Herrn Stein untermauert. Die Erkenntnisse, die er generiert, sind deshalb –aus meiner Sicht– als besonders wertvoll einzustufen. Eine vielfach behauptete Wirkungslosigkeit der Landschaftsplanung (Deutscher Bundestag 1987)[2] ist durch die Arbeit widerlegt.

Christian Stein fokussiert zunächst auf den Plan und das Planwerk selber. An dieser Stelle dürfen wir jedoch nicht stehenbleiben. Vielmehr sind nun Planungsprozess-orientierte Einflussfaktoren noch stärker in den empirischen Forschungsfokus zu nehmen. Was tragen die Akteure mit Hilfe der kommunalen Landschaftsplanung zur Steuerung des Landschaftswandels bei. Die Arbeit zeigt insoweit auch, in welche Richtungen Anschlussforschungen gehen können.

In der deutschsprachigen, aber auch in der internationalen Wissenschaftscommunity liefert die Doktorarbeit über ihre inhaltlichen Ergebnisse hinaus auch wichtige Hinweise zur Fortentwicklung einer Theorie von Planwirksamkeit. Und der Blick zurück in die eingangs schon erwähnten USA zeigt, dass wir bei dem Versuch der Beantwortung der Frage nach der Wirksamkeit von Planung und der Entwicklung einer solchen Theorie eben auch nicht alleine sind in Deutschland. Evaluationsforschung ist eine internationale Aufgabe für die gesamte Planungscommunity. Das vorliegende Buch liefert einen weiteren ‚*Stein*‘ für dieses Theoriegebäude.

Dresden, im Januar 2018

Univ.-Prof. Dr. Wolfgang Wende,
TU Dresden und
Leibniz-Institut für ökologische Raumentwicklung

[2] Deutscher Bundestag (1987): Unterrichtung durch die Bundesregierung. Umweltgutachten 1987 des Rates von Sachverständigen für Umweltfragen. Bonn. = Drucksache 11/568

Danksagung

An dieser Stelle sei all jenen gedankt, die diese Arbeit unterstützt und überhaupt erst ermöglicht haben.

Ich danke der Deutschen Forschungsgemeinschaft (DFG) für die Förderung des Projekts „LANALYS – Analyse Landschaftswandel und Landschaftsplanung“ (Projektnummer WE 3057/3-1 und WA 2131/2-1). Diese Förderung hat es mir ermöglicht, über drei Jahre an diesem Thema zu forschen.

Mein Dank gilt besonders Herrn Prof. Dr. Wolfgang Wende für die motivierende und sehr bereichernde Zusammenarbeit, für die stets offene Tür, für die vielen konstruktiven Gespräche, Ideen und die wissenschaftliche Begleitung dieser Arbeit.

Auch Herrn Prof. Dr. Ulrich Walz gilt mein besonderer Dank für die Begleitung dieser Arbeit, den wertvollen Austausch bei der Entwicklung von Indikatoren und die wertschätzende Zusammenarbeit.

Dem Leibniz-Institut für ökologische Raumentwicklung Dresden sei an dieser Stelle herzlich gedankt für die hervorragenden Arbeitsbedingungen und die strukturierte Doktorandenförderung. Für seine Motivation und Unterstützung danke ich Herrn Dr. Lintz als Doktorandenbeauftragten. Ich danke dem Team des IÖR-Monitors für die Zusammenarbeit über die Forschungsbereiche hinweg. Die zur Verfügung gestellten Daten bilden eine wertvolle Grundlage für diese Arbeit. Dank gebührt allen Mitarbeitern des Instituts für die überaus herzliche Arbeitsatmosphäre, die bereichernden Begegnungen und Gespräche.

Allen Behörden- und Gemeindevertretern die mir am Telefon Auskunft gaben, die mir uneigennützig Landschaftspläne zuschickten und sich an der Online-Umfrage beteiligten, gilt mein ganz besonderer Dank. Nur mit dieser Unterstützung konnte eine solche Auswertung überhaupt gelingen.

Für die konstruktive Zusammenarbeit im Rahmen der Erstellung dieses Buches danke ich dem Verlagsteam von Springer Fachmedien in Wiesbaden, besonders Frau Göhrisch-Rademacher für das sehr engagierte Lektorat.

Nicht zuletzt danke ich meiner Familie für jeglichen Rückhalt.

Leipzig, März 2018 Christian Stein

Inhaltsverzeichnis

Abbildungsverzeichnis

Tabellenverzeichnis

Kurzfassung

Die örtliche Landschaftsplanung ist das Instrument des Naturschutzes und der Landschaftspflege auf der Ebene der vorbereitenden Bauleitplanung. Nach über 40 Jahren örtlicher Landschaftsplanung stellt sich, auch angesichts der neuen Anforderungen an dieses wichtige Planungsinstrument, die Frage, welche Steuerungswirkung der Landschaftsplan vor Ort tatsächlich entfalten kann. Welchen Einfluss kann der Landschaftsplan auf Qualität und Struktur der Landschaft nehmen? Entwickeln sich Natur und Landschaft in Kommunen mit aufgestelltem Landschaftsplan anders als in Kommunen ohne eine örtliche Landschaftsplanung?

Anhand einer deutschlandweiten repräsentativen Stichprobe von 600 Gemeinden wird geprüft, ob das Aufstellen eines Landschaftsplans Auswirkungen auf den Landschaftszustand und den Landschaftswandel innerhalb der Kommune hat. Dazu wurde zunächst der aktuelle Stand der örtlichen Landschaftsplanung anhand von Landschaftsplanverzeichnissen, einer Online-Umfrage und eigenen Recherchen erhoben, da hierfür keine aktuellen deutschlandweiten Daten vorlagen. Mit Hilfe von Indikatoren zur Flächennutzung, welche auf geotopographischen Daten basieren, wurde untersucht, ob es statistische Zusammenhänge zur Struktur und Qualität der Landschaft gibt und ob die kommunale Landschaftsplanung den Landschaftswandel im Sinne einer ökologisch nachhaltigen Entwicklung positiv beeinflusst. Die Landschaftspläne einer Teilstichprobe wurden hinsichtlich ihrer Qualität bewertet und diese in Bezug zur Landnutzung sowie zur landschaftlichen Qualität und Struktur gesetzt.

Es zeigte sich, dass 72,5 % aller Kommunen einen Landschaftsplan aufgestellt haben, es dabei aber teilweise große Unterschiede zwischen den Bundesländern gibt. Es sind besonders peripher gelegene, landwirtschaftlich geprägte Kommunen, welche weniger häufig einen Landschaftsplan aufstellen als städtische Kommunen. Es konnte außerdem festgestellt werden, dass Kommunen mit Landschaftsplan durchschnittlich einen höheren Anteil naturbetonter Flächen, einen geringeren Kultureinfluss, eine höhere Randliniendichte aller Siedlungsfreiflächen und Freiraumflächen, eine geringere mittlere Flächengröße unbebauter Flächen sowie eine höhere gehölzdominierte Ökotondichte aufweisen als Kommunen, welche keinen Landschaftsplan aufgestellt haben.

Außerdem scheint die örtliche Landschaftsplanung den Schutz von Grünland zu bewirken. Im Zeitraum zwischen 2000 bis 2014 nahm der Grünlandanteil an der landwirtschaftlichen Fläche in Kommunen mit Landschaftsplan um 0,55 % zu, während dieser in Kommunen ohne Landschaftsplan im gleichen Zeitraum um 1,73 % abnahm. Gleichzeitig wird deutlich, dass das Vorhandensein eines Landschaftsplans keinen Einfluss auf die Flächenneuinanspruchnahme hat. Die Flächenneuinanspruchnahme kann der Landschaftsplan demnach zwar nicht beeinflussen, sehr wohl jedoch die naturschutzfachliche Qualität der zu überbauenden Flächen.

Um die Wirkung der Landschaftsplanung auf den Landschaftswandel einordnen zu können wurden außerdem andere Einflussgrößen beleuchtet. So weisen das potentielle ackerbauliche Ertragspotential, die Reliefvielfalt und die Bevölkerungsdichte einen stärkeren Zusammenhang mit der Entwicklung der Landwirtschaftsfläche auf als das Vorhandensein eines Landschaftsplans. Bei der Entwicklung des Ackerflächenanteils an der Gemeinde liefert die örtliche Landschaftsplanung den drittstärksten signifikanten Zusammenhang. Außerdem kann das Vorhandensein eines kommunalen Landschaftsplans die Entwicklung des Grünlandanteils besser erklären als die untersuchten exogenen Faktoren. Darüber hinaus liefert das Vorhandensein eines Landschaftsplans beim Anteil baulich geprägter Siedlungsflächen an der Gemeindefläche den höchsten Erklärungsgehalt.

Es konnten eine Reihe von Hinweise gefunden werden, dass der Landschaftsplan zu einer Verbesserung vor allem von Struktur und Qualität der Landschaft beiträgt. Auch bedeutsam scheint die Qualität der Formulierung von Maßnahmen und Erfordernissen sowie konkreter Umsetzungsvorschläge zu sein.

1 Einführung und Problemstellung

Im Rahmen der kommunalen Landschaftsplanung werden die Erfordernisse und Maßnahmen zur Realisierung der Ziele des Naturschutzes und der Landschaftspflege für die vorbereitende Bauleitplanung dargestellt. Diese trägt damit zur Sicherung der natürlichen Lebensgrundlagen des Menschen und zu einer nachhaltigen gemeindlichen Entwicklung entscheidend bei (vgl. von Haaren 2004: 57; Weiland & Wohlleber-Feller 2007: 160).

An die Landschaftsplanung werden eine Vielzahl von Anforderungen und Erwartungen gestellt. Aktuell gilt dies besonders im Zusammenhang mit den Bemühungen um eine Reduzierung der Flächeninanspruchnahme im Rahmen des „30-ha-Ziels 2020" (Bruns et al. 2005: 21), bei der Umsetzung der „Nationalen Strategie zur biologischen Vielfalt" (BfN 2010), bei der Umsetzung von Anpassungsstrategien an die Folgen des Klimawandels (Heiland et al. 2011; Jessel 2008) und bei der Steuerung der Energiewende mit zunehmenden Biomasseanbau für energetische Zwecke (BfN 2010: 28) sowie der Steuerung von Windenergie- und Photovoltaikanlagen (Reinke & Kühnau 2017; Schmidt 2017). Gleichzeitig ist der örtliche Landschaftsplan politisch nicht unumstritten (vgl. Marschall 2007: 247) was sich auch in unterschiedlichen gesetzlichen Rahmenbedingungen der Bundesländer niederschlägt.

Untersuchungen zur Wirksamkeit der Landschaftsplanung spielen in der wissenschaftlichen und politischen Debatte um die örtliche Landschaftsplanung in Deutschland bereits seit Längerem eine Rolle. Es liegen konzeptionelle Studien vor, beispielsweise dazu wie Erfolgskontrollen zu organisieren und durchzuführen sind (Kiemstedt et al. 1999; Mönnecke 2000), sowie verschiedene empirische Studien zur bundesweiten räumlichen Steuerungswirkung der Landschaftsplanung in der Flächennutzungsplanung von Gruehn & Kenneweg (1998) sowie von Gruehn (1998; 2012). Weitere Studien befassten sich mit dem Einfluss auf Fachplanungen (Gruehn 2001; Gruehn & Kenneweg 2002; Reinke 2002a). Sie alle zeigen auf, dass die örtliche Landschaftsplanung zu einer stärkeren Durchsetzung von Zielen des Naturschutzes und der Landschaftspflege in der Bauleitplanung, aber auch in anderen Fachplanungen beiträgt. Untersuchungen zur Landschaftsrahmenplanung liegen von Herberg (2003) vor.

C. Stein, *Steuerungswirkung der kommunalen Landschaftsplanung*,
https://doi.org/10.1007/978-3-658-21885-0_1

Aufbauend auf diesen Studien, die zunächst vor allem die Steuerungswirkung der Landschaftsplanung bezogen auf andere Planungen in den Fokus nahmen, gibt es auch Untersuchungen, die die direkte Umsetzung von Maßnahmen in der Landschaft anhand von Stichproben teilweise vor Ort kontrollierten (Wende et al. 2009; Wende et al. 2005; Wende et al. 2012) und mögliche Gründe aufzeigten, welche Faktoren die Umsetzung von Maßnahmen beeinflussen. Damit wurde die Effektivität der kommunalen Landschaftsplanung anhand von Stichproben konkret untersucht. Dieses Vorgehen ist jedoch aufgrund des immensen Arbeitsaufwandes auf kleinere Stichproben beschränkt und trotz dieser Anstrengungen sind daraus noch kaum repräsentative Aussagen zur Wirksamkeit des Landschaftsplans ableitbar (Heiland 2010).

In der Schweiz haben Hersperger et al. (2017) auf der regionalen Ebene der Kantone eine Methodik entwickelt, um die Landschaftsplanung anhand von ausgewählten Indikatoren auf Grundlage von Geoinformationsdaten zu evaluieren. Dieser Ansatz ähnelt dem in dieser Studie verfolgten Ansatz in einer Reihe von Aspekten, auch wenn die Betrachtungsebene und die Auswahl der Indikatoren verschieden sind. Dies ist zum einen dem unterschiedlichen Maßstab als auch der Datenverfügbarkeit in den zwei verschiedenen Ländern geschuldet.

Die Frage, ob die kommunale Landschaftsplanung die Landschaft einer Kommune in ihrer Qualität und Struktur beeinflusst, bleibt daher bislang weitgehend unbeantwortet. Im Rahmen dieser Arbeit soll daher mit Hilfe von geotopographischen Daten herausgefunden werden, ob und wie die kommunale Landschaftsplanung den Landschaftswandel im Sinne einer ökologisch nachhaltigen Entwicklung positiv beeinflusst. Wirkt sich die Umsetzung der kommunalen Landschaftsplanung tatsächlich auf die „Landschaftsentwicklung" in Deutschland aus? In welchem Maße wird die Landschaftsplanung räumlich wirksam und spiegelt sich in Landschaftsqualitäten und -strukturen wider? Diese Fragen sind im Grunde auch ein Versuch, die Steuerungswirkung der örtlichen Landschaftsplanung mit Hilfe empirischer Daten zu evaluieren. Es ist längst an der Zeit zu erforschen, welchen Einfluss der Landschaftsplan auf die Landschaftsentwicklung tatsächlich hat und wie sich dieser widerspiegelt.

Anhand einer deutschlandweiten repräsentativen Stichprobe von 600 Gemeinden wird geprüft, ob das Aufstellen, Integrieren bzw. In-Kraft-Treten eines Landschaftsplans Auswirkungen auf den Landschaftszustand und damit auf den Landschaftswandel innerhalb der Kommune hat. Allein die Frage, wie es um den derzeitigen Stand der örtlichen Landschaftsplanung steht, ist es Wert zu klären, da hierfür keine aktuellen deutschlandweiten Daten vorliegen. Erste Ergebnisse dazu wurden bereits vorveröffentlicht (vgl. Stein et al. 2014a, 2014b).

Im direkten Zusammenhang dazu schließt sich außerdem die Frage an, welche weiteren Triebkräfte, außer dem Vorhandensein bzw. der Qualität der kommunalen Landschaftsplanung, einen messbaren Einfluss auf den Landschaftswandel haben. Nur im Vergleich zu diesen weiteren Einflussfaktoren kann die Wirkung der Landschaftsplanung umfassender beurteilt werden.

Diese Untersuchung liefert damit auch einen wertvollen Beitrag für eine internationale Debatte um Planevaluationen (z. B. Talen 1996; 1997). Nach wie vor besteht nämlich weltweit relativ große Unkenntnis über die tatsächlichen Wirkungen räumlicher Planung. Brody & Highfield schreiben noch im Jahr 2005: „The lack of empirical studies measuring the efficacy of plans and degree of local plan implementation subsequent to adoption represents one of the greatest gaps in planning research." Gerade im Kontext der internationalen Entwicklung neuer Landscape-Policy-Tools im Sinne der Europäischen Landschaftskonvention besteht ein erheblicher internationaler Bedarf nach Antworten auf die Frage, ob die kommunale Landschaftsplanung den Landschaftswandel positiv, im Sinne einer nachhaltigen Entwicklung beeinflusst und welche Faktoren dafür ausschlaggebend sind (vgl. Conrad et al. 2011).

2 Grundlagen

2.1 Begriffe

2.1.1 Landschaft

Landschaft ist ein Begriff der je nach Disziplin sehr unterschiedlich definiert werden kann. Auf die Entwicklung des Begriffs wird an dieser Stelle nicht eingegangen. Hierzu liefert beispielsweise Jessel (2005) einen guten Überblick.

Jessel (2005; 2008: 18) führt vier verschiedene Dimensionen des Landschaftsbegriffes an. Danach kann „Landschaft" aufgefasst werden als:

- „[…] auf unterschiedlichen Maßstabsebenen abgrenzbare räumlich-materielle Einheit, die sich aus einzelnen abiotischen, biotischen und anthropogenen Bestandteilen relativ einheitlicher Ausprägung mitsamt den zwischen ihnen bestehenden stofflichen und energetischen Wechselwirkungen zusammensetzt."
- „[…] integrierende Beschreibung des physiognomischen Gestaltcharakters eines Ausschnittes der Erdoberfläche."
- „[…] ästhetische Kategorie und bildhafter (Ideal-)Zustand, der über die Wahrnehmung der materiellen Gegebenheiten hinaus in diese hineininterpretiert wird."
- „[…] abstrakter Ausdruckswert einer komplexen Ganzheit, der als Schema des Fühlens und Erlebens […]."

Der Begriff ist sowohl ein naturwissenschaftlicher Begriff als auch ein sozialwissenschaftlicher. Dies wird auch aus der sehr breit gefassten Definition im Artikel 1 der Europäischen Landschaftskonvention deutlich. Danach ist „'Landschaft' ein Gebiet, wie es vom Menschen wahrgenommen wird, dessen Charakter das Ergebnis der Wirkung und Wechselwirkung von natürlichen und/oder menschlichen Faktoren ist" (Council of Europe 2005). Nach der ebenfalls weit gefassten Definition von Bastian (2016) ist Landschaft „[…] ein von den Naturbedingungen vorgezeichneter, von menschlicher Tätigkeit in unterschiedlichem Maße überprägter, von Menschen als charakteristisch wahrgenommener bzw. empfundener und nach vorzugebenden Regeln abgrenzbarer Ausschnitt der Erdhülle unterschiedlicher Größenordnung."

C. Stein, *Steuerungswirkung der kommunalen Landschaftsplanung*,
https://doi.org/10.1007/978-3-658-21885-0_2

Die Landschaft ist Gegenstand geographischer und landschaftsökologischer Forschungen und wesentlicher Gegenstand der Landschaftsplanung. Für diese Arbeit ist der Landschaftsbegriff eng mit der Landschaftsplanung verbunden und wird entsprechend der von Jessel erstgenannten Dimension als eine räumliche Einheit betrachtet.

Auf dieser Grundlage werden in Anlehnung an den örtlichen Landschaftsplan auf der Maßstabsebene der Gemeinden Indikatoren und Parameter herangezogen um die landschaftliche Entwicklung in Abhängigkeit von der Landschaftsplanung zu untersuchen.

2.1.2 Landschaftsplanung

„Landschaftsplanung ist die Fachplanung des Naturschutzes." Mit dieser Definition beginnen Jedicke et al. (2016) das umfangreiche Lehrbuch zur Landschaftsplanung (Riedel et al. 2016). Diese knappe Formulierung bringt es auf den Punkt und zeigt gleichzeitig den immensen Umfang der Landschaftsplanung auf. Unter dem Begriff Landschaftsplanung können zum einen ökologisch orientierte Planungen mit Raumbezug (z. B. landschaftspflegerischer Begleitplan, Biotopverbundplanung, Arten- und Biotopschutzplanungen) und zum anderen Instrumente des planenden Naturschutzes auf Grundlage des Bundesnaturschutzgesetzes sowie der Naturschutzgesetze der Länder verstanden werden (vgl. Mönnecke 2005).

Unter Landschaftsplanung werden in dieser Arbeit ausschließlich die im rechtlichen Sinne und im Bundesnaturschutzgesetz verankerten Planungsinstrumente verstanden.

Um die Natur und Landschaft mit all ihren Funktionen im Sinne des § 1 BNatSchG innerhalb und außerhalb von Siedlungen zu schützen, zu pflegen und zu entwickeln, ist die Landschaftsplanung ein zentrales Instrument. Die Landschaftsplanung soll die Erfordernisse und Maßnahmen des Naturschutzes und der Landschaftspflege für den jeweiligen Planungsraum flächendeckend behandeln und vorausschauend längerfristige Konzepte entwickeln auf Grundlage von Bestandserhebungen, Zielvorgaben und Umsetzungsvorschlägen.

2.2 Kommunale Landschaftsplanung in Deutschland

2.2.1 Aufgaben der kommunalen Landschaftsplanung

Seit der Einführung des Bundesnaturschutzgesetzes (BNatSchG) im Jahr 1976 ist die Landschaftsplanung das zentrale Instrument zur Verwirklichung der Ziele des Naturschutzes und der Landschaftspflege. Die Aufgaben der Landschaftsplanung sind in § 9 BNatSchG „Aufgaben und Inhalte der Landschaftsplanung" umrissen (vgl. Grünberg 2016b: 8 und Abb. 2.1).

Ziel des Bundesnaturschutzgesetzes:
dauerhafte (flächendeckende) Sicherung von Natur und Landschaft

- auf Grund ihres eigenen Wertes
- als Grundlage für Leben und Gesundheit des Menschen
- auch in Verantwortung für die künftigen Generationen

↓

Teilziele:
dauerhafte (flächendeckende) Sicherung der

1. biologischen Vielfalt,
2. Leistungs- und Funktionsfähigkeit des Naturhaushalts einschließlich der Regenerationsfähigkeit und nachhaltigen Nutzungsfähigkeit der Naturgüter sowie
3. Vielfalt, Eigenart und Schönheit sowie der Erholungswert von Natur und Landschaft

↓

Aufgabe des Naturschutzes:
Schutz, Pflege, Entwicklung und, soweit erforderlich, Wiederherstellung von Natur und Landschaft (= Naturschutz und Landschaftspflege)

↓

Planungsinstrument des Naturschutzes: Landschaftsplanung

↓

Aufgaben der Landschaftsplanung:

- (flächendeckende) Darstellung und Begründung der überörtlichen/örtlichen Erfordernisse und Maßnahmen
- zur Verwirklichung der Ziele des Naturschutzes und der Landschaftspflege
- (im Sinne einer ganzheitlichen, vorsorgenden Handlungsgrundlage für Naturschutz und Landschaftpflege)

Abb. 2.1: Aufgaben der Landschaftsplanung, nach Grünberg (2016b: 9)

Die Pläne sollen nach § 9 BNatSchG Angaben enthalten zu:

1. dem bestehenden und zu erwartenden Zustand von Natur und Landschaft
2. konkretisierenden Zielen des Naturschutzes und der Landschaftspflege
3. der Beurteilung des bestehenden und zu erwartenden Zustandes von Natur und Landschaft im Hinblick auf die Ziele, einschließlich der daraus resultierenden Konflikte
4. Erfordernissen und Maßnahmen zur Umsetzung dieser konkretisierten Ziele des Naturschutzes und der Landschaftspflege, besonders:
   - Vermeidung, Minderung oder Beseitigung von Beeinträchtigungen von Natur und Landschaft
   - Ausweisung von Naturschutzgebieten zum Schutz besonderer Arten und Biotope
   - Ausweisung von geeigneten Kompensationsflächen für die Eingriffsregelung und Ökokonten
   - Schutz und Förderung von Biotopverbünden, Biotopvernetzung und „Natura 2000"
   - Schutz, Qualitätsverbesserung und Regeneration von Böden, Gewässern, Luft und Klima
   - Erhaltung und Entwicklung von Vielfalt, Eigenart und Schönheit von Natur und Landschaft
   - Erhaltung und Entwicklung von Freiräumen im besiedelten und unbesiedelten Bereich

Diese Aufgaben sind jedoch nicht statisch und so ist auch die Landschaftsplanung immer wieder zu hinterfragen und weiterzuentwickeln um neuen Herausforderungen gerecht zu werden. Hoppenstedt & Hage (2017) weisen darauf hin, dass die Landschaftsplanung auch zur Umsetzung der Ziele der „Nationalen Strategie zur Biologischen Vielfalt", der „Deutschen Anpassungsstrategie an den Klimawandel" sowie der „Nationalen Nachhaltigkeitsstrategie" beitragen muss. Außerdem sollte die Landschaftsplanung flexible Antworten auf die aktuellen Herausforderungen zu den Themenfeldern Klimawandel, Wandel der Kulturlandschaft (z.B. erneuerbare Energien), Flächeninanspruchnahme sowie dem demographischen Wandel geben.

Nach § 2 Abs. 1 Satz 2 und Satz 3 BNatSchG hat die Landschaftsplanung einen Beitrag zur Mengen-, Standort- und Feinsteuerung der Flächeninanspruchnahme zu leisten, da ist es Aufgabe der Landschaftsplanung einen Beitrag zur sparsamen Inanspruchnahme von Naturgütern und zum Erhalt der Böden zu leisten (Siedentop et al. 2005).

Im Rahmen des kommunalen Landschaftsplans ist im Gegensatz zum Landschaftsrahmenplan eine flächenscharfe Darstellung möglich. Die in den Landschaftsplänen räumlich und inhaltlich konkretisierten Belange von Natur und Landschaftspflege sind grundlegend für die Integration in die Bauleitplanung (Grünberg 2016a).

2.2.2 Bundesweite Untersuchung – Unterschiede zwischen den Bundesländern

In der vorliegenden Untersuchung soll eine Auswertung für die gesamte Bundesrepublik vorgenommen werden. Die örtliche Landschaftsplanung ist jedoch sehr unterschiedlich in den einzelnen Bundesländern organisiert und rechtlich verankert. Ein wesentlicher Unterschied ist, dass in Nordrhein-Westfalen und Thüringen der Landschaftsplan nicht auf Ebene der Kommunen aufgestellt wird, sondern für Kreise und kreisfreie Städte. In Nordrhein-Westfalen wiederum nur im baulichen Außenbereich. Trotz dieser Unterschiede wird für diese Untersuchung als Bezugsfläche die Gemeindefläche herangezogen, da die Mehrheit der Bundesländer die örtliche Landschaftsplanung auf Ebene der Gemeinden verankert hat. Die in den Bundesländern herrschenden unterschiedlichen gesetzlichen Rahmenbedingungen für die kommunale Landschaftsplanung sind z. B. bei von Haaren (2004) oder Weiland & Wohlleber-Feller (2007) im Detail beschrieben.

2.3 Steuerungsmöglichkeiten der kommunalen Landschaftsplanung

Die örtliche Landschaftsplanung vermag unter Umständen nur einen geringen Einfluss auf die eigentliche Flächeninanspruchnahme auszuüben, sondern eher deren konkrete Lage zu beeinflussen, sodass Bauvorhaben nicht auf naturschutzrelevanten Flächen realisiert werden (Küpfer 2011: 34). So wird die Landschaftsplanung meist Siedlungsflächenneuausweisungen nicht verhindern können, sondern diese nach ökologischen Gesichtspunkten gestalten und lenken. Es wäre daher nicht verwunderlich, wenn trotz kommunaler Landschaftsplanung beispielsweise die Siedlungs- und Verkehrsfläche zunimmt. Gleichzeitig kann die Landschaftsplanung aber auch auf einen sparsamen Umgang mit Baulandneuausweisungen hinwirken und Entsiegelungsmaßnahmen bzw. Nachnutzungen vorschlagen, sodass letztendlich die Landschaftsplanung durch Integration in die Bauleitplanung auch konkrete Auswirkungen auf den Siedlungsflächenanteil haben kann.

Die Wirksamkeit der örtlichen Landschaftsplanung kann auf verschiedenen Ebenen erfolgen (vgl. Abb. 2.2; Heiland 2010). Mit der Heranziehung von Geodaten wird bei dieser Herangehensweise zunächst lediglich die materielle

Wirksamkeit untersucht. Dazu zählt, dass Maßnahmen des Landschaftsplans umgesetzt werden. Da sowohl die prozessuale als auch die instrumentelle Wirksamkeit direkt zu einer materiellen Wirksamkeit führen können, werden diese indirekt auch auswertbar. Ob diese dann in der Folge eine funktionale Wirkung entfalten, kann hier nicht festgestellt werden, da dafür das konkrete Leitbild bzw. Planungsziel herangezogen werden müsste und weitere Felduntersuchungen notwendig wären. Ziel ist es jedoch, dass die tatsächlich materiell umgesetzte Maßnahme (z. B. Pflanzung einer Hecke) auch die funktionale Wirkung entfaltet (z. B. Lebensraum und Brutstätten für Vögel).

Durch den Prozess der Landschaftsplanung, der Beteiligung und Information der Öffentlichkeit, der Erhebung der Schutzgüter und der Sensibilisierung aller Akteure für das Thema Naturschutz, kann im Rahmen der Aufstellung von Landschaftsplänen schon eine bewusstseinsbildende Wirkung erfolgen (prozessuale Wirksamkeit). Dadurch können durch Engagement von Bürgern, Verbänden, Kommunen und Landwirten freiwillige Maßnahmen umgesetzt werden. Beispielsweise könnte ein Landwirt sich der Bedeutung der Ackersäume oder Gehölzstrukturen für die Biodiversität bewusst geworden sein und diese zukünftig schützen (=materielle Wirksamkeit). Unter der instrumentellen Wirksamkeit wird die Integration und Übernahme von Inhalten der Landschaftsplanung in die räumliche Gesamtplanung und weitere Fachplanungen verstanden.

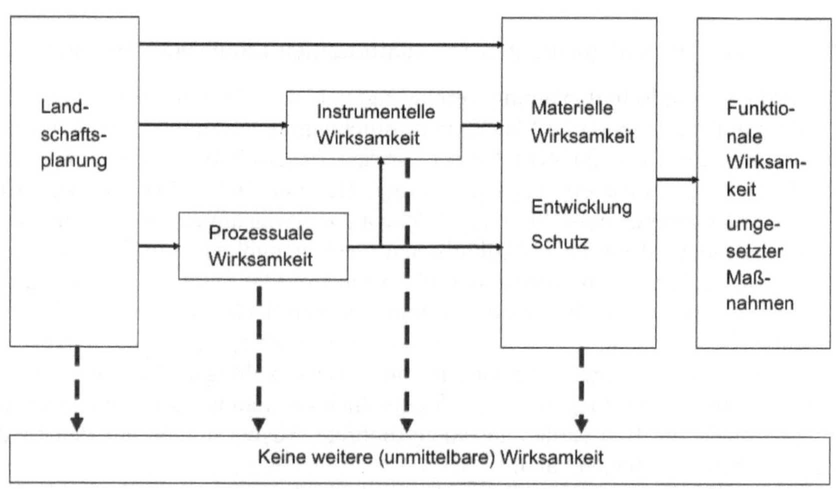

Abb. 2.2: Formen der Wirksamkeit von Landschaftsplanung (Heiland 2010)

Heiland (2010) beschreibt, auf welche Weise die Landschaftsplanung wirken kann und betont, dass am Ende nur die funktionale Wirksamkeit der umgesetzten Maßnahmen entscheidend ist. Alle Schritte bis dahin sind wichtig und richtig, jedoch wird das Planungsziel dadurch allein noch nicht erreicht.

2.4 Warum die Landschaftsplanung evaluieren?

Man könnte meinen mit der Aufstellung eines Landschaftsplanes wäre bereits das Ziel erreicht. Nach einer unter Umständen langwierigen und für die Gemeinde mit Kosten verbundenen Planung mit komplexen Abstimmungsprozessen kann dieser Meilenstein zu Recht bereits gewürdigt werden. Beachtet man die prozessuale Wirksamkeit der Landschaftsplanung, so kann die Landschaftsplanung bereits jetzt eine Wirkung entfaltet haben. Die langwierigste und entscheidende Stufe der Wirksamkeit ist jedoch die Integration in die Bauleitplanung und die tatsächliche Umsetzung der vorgeschlagenen Erfordernisse und Maßnahmen in Natur und Landschaft.

Sicherlich überprüfen Kommunen in gewissem Maße selbst, in wieweit die im Landschaftsplan benannten Ziele erreicht wurden oder werden können, wo es weiter Defizite und besonderen Handlungsbedarf gibt. Die umweltfachlichen Informationen, die der Landschaftsplan zur Verfügung stellt, sind im Planungsalltag der Kommunen und der unteren Naturschutzbehörden unverzichtbar.

Einzelne Kommunen (z. B. Potsdam oder Nürnberg, vgl. Lipp & Tervooren 2017; Nürnberg 2010) überprüfen die Wirksamkeit ihrer Landschaftspläne bereits selbst. Dies kann jedoch eine systematische, umfassende und bundesweite Wirkungsanalyse nicht ersetzen, zu welcher diese Arbeit einen Beitrag leisten soll.

3 Methodik

3.1 Methodischer Rahmen

Grundlage dieser Arbeit ist ein hypothesengeleiteter Ansatz. Dazu wurden zu den zu beantwortenden Forschungsfragen entsprechende Hypothesen formuliert. Für das Testen der Hypothesen, sind zum einen Daten zum Stand der örtlichen Landschaftsplanung und zum anderen Indikatoren zur Qualität und Struktur der Landschaft nötig. Die Abb. 3.1 zeigt den methodischen Rahmen dieser Arbeit auf. Dieser teilt sich grob in drei Teile: in 1) den Stand und die Qualität der örtlichen Landschaftsplanung, 2) den weiteren Einflussfaktoren auf die Qualität und Struktur der Landschaft und 3) die Indikatoren zur Beschreibung der Qualität und Struktur der Landschaft.

Ein größeres Arbeitspaket bestand darin, für eine Stichprobe von 600 zufällig gewählten Kommunen in Deutschland den Stand der örtlichen Landschaftsplanung zu erheben. Dazu wurde zunächst in allen verfügbaren Verzeichnissen recherchiert und diese Daten zusätzlich im Rahmen einer Online-Umfrage ergänzt und validiert (vgl. Kap. 3.3). Mithilfe von ausgewählten Landschaftsindikatoren wurde der mögliche Einfluss der örtlichen Landschaftsplanung auf die Landnutzung sowie deren Qualität und Struktur untersucht. Dies erfolgte für den Zustand zum Zeitpunkt 2010 und zusätzlich konnte mit den Daten der Zeitschnitte 2000 und 2014 die jüngste Entwicklung der Landnutzung abgebildet werden. Damit sollte auch die zeitliche Wirkung der örtlichen Landschaftsplanung auf den Landschaftswandel untersucht werden (vgl. Kap. 4.6). Dies erfolgte mit bivariaten und multivariaten statistischen Tests je nach Skalenniveau der Variablen. Um diese Ergebnisse einzuordnen, wurde in einem weiteren Schritt der Einfluss von weiteren Faktoren auf die Qualität und Struktur der Landschaft untersucht (vgl. Kap. 4.7). Diese Faktoren werden im Folgenden als „exogene Faktoren“ oder Rahmenbedingungen bezeichnet, da sie außerhalb des engen Wirkungsbereiches der Landschaftsplanung liegen. Mit der Erfassung dieser exogenen Faktoren werden Variablen erfasst, mit denen die direkte Wirkungsweise der Landschaftsplanung besser kontrolliert und damit erklärt werden kann.

C. Stein, *Steuerungswirkung der kommunalen Landschaftsplanung*,
https://doi.org/10.1007/978-3-658-21885-0_3

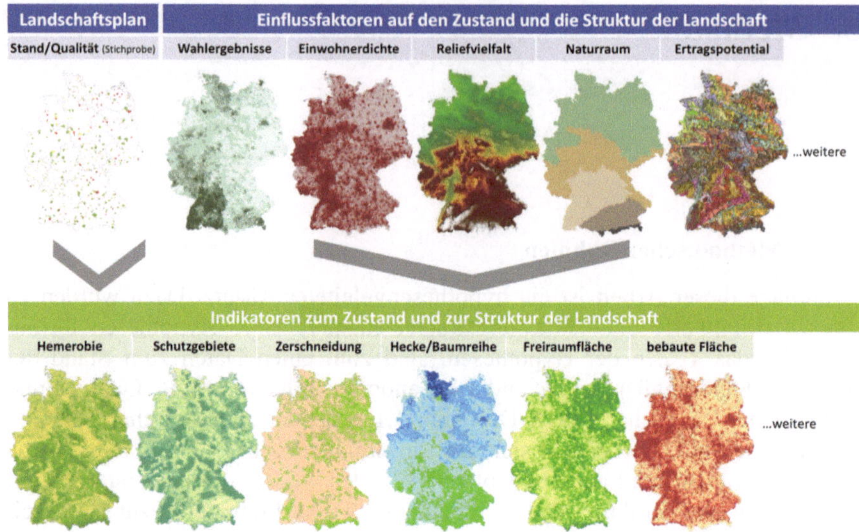

Abb. 3.1: Methodischer Rahmen der Arbeit

3.2 Fragestellungen und Hypothesen

3.2.1 Grundlegend explorierend zum Stand der Landschaftsplanung

Zunächst ist es Anliegen dieser Arbeit den Stand der örtlichen Landschaftsplanung anhand einer repräsentativen Stichprobe von deutschen Kommunen zu ermitteln. Bislang sind dazu keine aktuellen deutschlandweiten Daten verfügbar. Das Landschaftsplanverzeichnis des Bundesamts für Naturschutz ist in Teilen nicht aktuell, bietet jedoch eine erste gute Grundlage.

Fragestellungen

- Weisen Gemeinden mit bestimmten räumlichen Charakteristika eher Landschaftspläne aus?
- Existieren hier Zusammenhänge z. B. bezogen auf eher urbane oder rurale Gemeinden unter Berücksichtigung der jeweiligen landesrechtlichen Voraussetzungen zur Landschaftsplanung. Welche Rolle spielt die Zugehörigkeit zu einem bestimmten Bundesland?
- Haben Kommunen mit einer hohen Bautätigkeit und zu erwarteten Eingriffen in Natur und Landschaft alle einen Landschaftsplan aufgestellt, so wie es das Bundesnaturschutzgesetz nach § 11 Abs. 2 vorsieht?

- Ist die Aufstellung eines Landschaftsplans abhängig von der finanziellen oder politischen Situation in der Gemeinde?

Hypothesen

- Gemeinden in urbanen Räumen und wachsenden bzw. schrumpfenden Räumen stellen bevorzugt Landschaftspläne auf.
- Das Vorhandensein eines Landschaftsplans in einer Gemeinde ist abhängig von dem Bundesland.
- Kommunen mit einer starken Bautätigkeit und den damit verbundenen Eingriffen in Natur und Landschaft haben eher einen Landschaftsplan aufgestellt.
- Stark verschuldete Gemeinden stellen eher keinen Landschaftsplan auf als finanziell besser gestellte Gemeinden.
- Die politische Stimmenverteilung in einer Gemeinde und damit die mögliche Priorisierung von Umweltbelangen haben einen Einfluss auf den Planstand der kommunalen Landschaftsplanung.

3.2.2 Flächenbezogene Parameter

Unter flächenbezogenen Parametern werden Landnutzungstypen und deren Verteilungen verstanden. Diese können unter Umständen durch die örtliche Landschaftsplanung beeinflusst werden, woraus sich folgende Fragestellungen ableiten. Die entsprechenden Indikatoren zur Erfassung der flächenbezogenen Parameter z. B. „Anteil der Siedlungsfläche" entstammen dem IÖR-Monitor (www.ioer-monitor.de) und werden in Abschnitt 3.4.2 erläutert.

Fragestellungen

- Wie verhalten sich die Landschafts- sowie Raumnutzungen zueinander und durch welche landschaftsplanerischen Faktoren (z.B. das Vorliegen eines Landschaftsplanes, dessen Qualität, dessen Aufstellungsdatum etc.) wird dieses Verhältnis bestimmt?
- Wie verhalten sich Freiraum-/Siedlungsraumverhältnisse zueinander und was sind landschaftsplanerische Faktoren, die dies beeinflussen?

Hypothesen

Siedlung:

- Wenn eine Gemeinde einen Landschaftsplan aufstellt, integriert oder in-Kraft setzt, dann weist diese Gemeinde einen höheren Anteil der Siedlungsfreiflächen an der Gemeindegebietsfläche oder an der Siedlungsfläche auf als eine Gemeinde ohne Landschaftsplan.

Freiraum:

- Wenn eine Gemeinde einen Landschaftsplan aufstellt, integriert oder in Kraft setzt, dann weist diese Gemeinde einen höheren Anteil von Freiflächen an der Gemeindefläche auf als eine Gemeinde ohne Landschaftsplan.
- Wenn eine Gemeinde einen Landschaftsplan aufstellt, integriert oder in Kraft setzt, dann weist diese Gemeinde einen höheren Anteil Grünlandfläche an der Landwirtschaftsfläche auf als eine Gemeinde ohne Landschaftsplan.
- Wenn eine Gemeinde einen Landschaftsplan aufstellt, integriert oder in Kraft setzt, dann weist diese Gemeinde einen höheren Waldanteil an der Freiraum- bzw. Gemeindefläche auf als eine Gemeinde ohne Landschaftsplan.
- Wenn eine Gemeinde einen Landschaftsplan aufstellt, integriert oder in Kraft setzt, dann weist diese Gemeinde einen höheren Laubwaldanteil an der Waldfläche auf als eine Gemeinde ohne Landschaftsplan.

Bevölkerung:

- Wenn eine Gemeinde einen Landschaftsplan aufstellt, integriert oder in Kraft setzt, dann weist diese Gemeinde eine größere Freiraumfläche pro Einwohner auf als eine Gemeinde ohne Landschaftsplan.
- Wenn eine Gemeinde einen Landschaftsplan aufstellt, integriert oder in Kraft setzt, dann weist diese Gemeinde eine größere Siedlungsfreifläche pro Einwohner auf als eine Gemeinde ohne Landschaftsplan.

3.2.3 Struktur- und Qualitätsparameter

Als Struktur- und Qualitätsparameter gelten solche, die die Struktur- und Landnutzungsvielfalt wiedergeben. Struktur bedeutet Anordnung oder Zusammensetzung der Landschaft aus Strukturelementen. Diese werden mit Strukturmaßen gemessen. Qualitätskriterien können Schutzstatus, Naturnähe oder Ähnliches sein. Die örtliche Landschaftsplanung hat zum Ziel die Landschaftsstruktur und Qualität einer Landschaft zu schützen und zu verbessern. Die entsprechenden Indikatoren zur Erfassung, z. B. Ökotondichte, werden in Abschnitt 3.4.2 näher erläutert.

Fragestellungen

- Wie gestalten sich landschaftliche Vielfalt, Strukturvielfalt bzw. quantitative Landschaftsaspekte und was sind landschaftsplanerische Einflussfaktoren?

- Wie stellen sich qualitative Aspekte wie die „Naturnähe", der „Anteil von Schutzgebieten" oder auch der Anteil „unzerschnittener Räume" dar und was sind landschaftsplanerische Einflussfaktoren?

Hypothesen

Landschafts- und Naturschutz:

- Wenn eine Gemeinde einen Landschaftsplan aufstellt, integriert oder in Kraft setzt, dann weist diese Gemeinde eine höhere Dichte von Landschaftsstrukturelementen und gehölzdominierten Ökotonen auf als eine Gemeinde ohne Landschaftsplan.
- Wenn eine Gemeinde einen Landschaftsplan aufstellt, integriert oder in Kraft setzt, dann weist diese Gemeinde einen höheren Anteil naturbetonter Flächen an der Gemeindegebietsfläche auf als eine Gemeinde ohne Landschaftsplan.
- Wenn eine Gemeinde einen Landschaftsplan aufstellt, integriert oder in Kraft setzt, dann weist diese Gemeinde eine höhere Naturnähe auf als eine Gemeinde ohne Landschaftsplan.
- Wenn eine Gemeinde einen Landschaftsplan aufstellt, integriert oder in Kraft setzt, dann weist diese Gemeinde einen höheren Anteil von Schutzgebietsflächen an der Gemeindegebietsfläche auf als eine Gemeinde ohne Landschaftsplan.
- Wenn eine Gemeinde einen Landschaftsplan aufstellt, integriert oder in Kraft setzt, dann weist diese Gemeinde einen höheren Anteil von Schutzgebietsflächen mit der Zielstellung Natur- und Artenschutz sowie Landschaftsschutz an der Gemeindegebietsfläche auf als eine Gemeinde ohne Landschaftsplan.

Landschaftszerschneidung:

- Wenn eine Gemeinde einen Landschaftsplan aufstellt, integriert oder in Kraft setzt, dann weist diese Gemeinde einen höheren Anteil unzerschnittener Freiräume größer 50 km^2 an der Gemeindegebietsfläche auf als eine Gemeinde ohne Landschaftsplan.
- Wenn eine Gemeinde einen Landschaftsplan aufstellt, integriert oder in Kraft setzt, dann weist diese Gemeinde eine geringere Zersiedelung auf als eine Gemeinde ohne Landschaftsplan.

Landschaftsstruktur und Landschaftsvielfalt:

- Wenn eine Gemeinde einen Landschaftsplan aufstellt, integriert oder in Kraft setzt, dann weist diese Gemeinde eine kleinteiliger gegliederte Landschaft (Patchsize) auf als eine Gemeinde ohne Landschaftsplan.

- Wenn eine Gemeinde einen Landschaftsplan aufstellt, integriert oder in Kraft setzt, dann weist diese Gemeinde eine höhere mittlere Diversität der Landnutzungen (Shannon Diversity Index) auf als eine Gemeinde ohne Landschaftsplan.
- Wenn eine Gemeinde einen Landschaftsplan aufstellt, integriert oder in Kraft setzt, dann weist diese Gemeinde eine geringere Zersiedlung auf als eine Gemeinde ohne Landschaftsplan.
- Je höher die Qualität eines Landschaftsplanes ist, desto höher sind auch die Landschaftsstrukturdichten und die Landschaftsqualität.

3.2.4 Zeitliche Parameter

Unter zeitlichen Parametern werden die flächenbezogenen Struktur- und Qualitätsparameter auch im zeitlichen Verlauf betrachtet. Dabei soll untersucht werden, ob die Landschaftsentwicklung unterschiedlich verläuft, je nachdem ob ein Landschaftsplan vorhanden ist oder nicht. Die Indikatoren hierfür sind im Abschnitt 3.4.2 erläutert.

Fragestellung

- Wie entwickeln sich die flächenbezogenen, Struktur- und Qualitätsparameter im zeitlichen Verlauf nach Aufstellung eines Landschaftsplans und im Verhältnis zur Wirkungsdauer? Verläuft die Landschaftsentwicklung in Gemeinden ohne Landschaftsplan anders als in Gemeinden mit örtlicher Landschaftsplanung?

Hypothesen

- Es gibt signifikante Unterschiede zwischen der Landschaftsentwicklung von Kommunen mit kommunaler Landschaftsplanung und solchen ohne Landschaftsplanung. Dabei verläuft die Landschaftsentwicklung in Kommunen mit aufgestelltem Landschaftsplan insgesamt im ökologischen und nachhaltigen Sinne positiver.
- Wenn eine Gemeinde einen Landschaftsplan aufstellt, integriert oder in Kraft setzt, dann weist diese Gemeinde eine geringere Neuinanspruchnahme von Siedlungs- und Gewerbeflächen auf als eine Gemeinde ohne Landschaftsplan.
- Wenn eine Gemeinde einen Landschaftsplan aufstellt oder im Flächennutzungsplan integriert, dann wird die Landschaft in der Folge stärker strukturiert und die mittlere Flächengröße unbebauter Flächen kleiner (Randliniendichte, mittlere Flächengröße).

3.2.5 Sonstige Einflussfaktoren entsprechend der Rahmenbedingungen in den Kommunen

Unter sonstigen Einflussfaktoren werden neben dem Landschaftsplan alle weiteren Faktoren verstanden, welche einen Einfluss auf den Zustand und die Entwicklung der Landschaft haben können. Diese „exogenen" Einflussfaktoren können u. U. auch einen wesentlich stärkeren Einfluss haben als die Landschaftsplanung selbst. Die jeweiligen Indikatoren sind im Abschnitt 4.7 näher erläutert.

Fragestellung

Welche „exogenen", d.h. nicht mit der Landschaftsplanung direkt verbundenen Einflussfaktoren bestimmen den Landschaftswandel und in welchem Verhältnis stehen diese zur Landschaftsplanung?

Hypothesen

Exogene Faktoren des Landschaftswandels:

- Die Landschaftsqualität und Landschaftsstruktur einer Gemeinde ist vom Naturraum, in welcher diese liegt, abhängig.
- Je höher die Reliefdiversität einer Gemeinde, desto höher deren Landschaftsqualität und Landschaftsstruktur.
- Je höher die Bevölkerungsdichte einer Gemeinde, desto niedriger deren Landschaftsqualität und Landschaftsstruktur.
- Die Landschaftsqualität und Landschaftsstruktur ist abhängig von den Wahlergebnissen der Landtagswahlen in der Gemeinde, da je nach politischer Partei Natur- und Umweltschutz eine unterschiedlich starke Bedeutung haben.
- Je höher der Anteil der Wählerstimmen von B90/Die Grünen in einer Gemeinde ist, desto höher ist deren Landschaftsqualität und Landschaftsstruktur.
- Je höher das demokratische Engagement (Wahlbeteiligung) in einer Gemeinde ist, desto höher ist auch die Landschaftsqualität und Landschaftsstruktur.
- Die demographische Struktur und die Bevölkerungsentwicklung haben einen Einfluss auf die Landschaftsqualität und Landschaftsstruktur einer Gemeinde.
- Eine gute wirtschaftliche Situation einer Gemeinde bewirkt eine bessere Planung und eine erhöhte Umsetzung von Landschaftspflege und Naturschutz und fördert so die Landschaftsqualität und Landschaftsstruktur.

- Je höher die Bautätigkeit einer Gemeinde, desto niedriger ist deren Landschaftsqualität und Landschaftsstruktur.
- Je ausgeprägter der Tourismus in einer Gemeinde ist, desto höher ist deren Landschaftsqualität und Landschaftsstruktur.

3.3 Stichprobe und Datenerhebung

3.3.1 Stichprobe

Als Datengrundlage für die Ziehung der zufälligen Stichprobe diente das Gemeindeverzeichnis der Bundesrepublik Deutschland mit dem Gebietsstand vom 31.12.2010. Dieses umfasst insgesamt 11.515 Gebietsdaten, davon sind 72 gemeindefreie Gebiete und 11.442 Städte und Gemeinden (DESTATIS 2011). Da eine Vollerhebung aus zeitlichen Gründen nicht zu leisten war und für eine Beantwortung der Forschungsfragen auch nicht nötig ist, wurde eine für die Bundesrepublik Deutschland repräsentative Zufallsstichprobe aus dem Gemeindeverzeichnis gezogen.

3.3.1.1 Stichprobengröße und Schichtung

Die gezogene Stichprobe besteht aus 600 Gemeinden, damit werden 5 % aller Gemeinden und in diesem Fall auch 5 % der Fläche Deutschlands repräsentiert. Auf eine Schichtung der Stichprobe, z.B. nach Bundesland oder Gemeindegröße wurde bewusst verzichtet. Um Aussagen für jedes einzelne Bundesland machen zu können, sollten jeweils mindestens 30 Kommunen in der Stichprobe enthalten sein (Bahrenberg et al. 2010). Wenn man dann davon ausgeht, dass gleichzeitig bei einer Schichtung der Stichprobe die gleichen Anteile an Kommunen je Bundesland vorhanden sein sollten, damit die Stichprobe auch für die gesamte Bundesrepublik repräsentativ ist, ergibt sich das Problem, dass die Gesamtstichprobe eine Größe annehmen würde, welche im Rahmen dieses Projekts nicht bearbeitbar wäre (Sachsen-Anhalt: 30 von 300 Kommunen entspricht 10 %, 10 % aller Kommunen = 1.144).

3.3.1.2 Ziehung der zufälligen Stichprobe

Die Ziehung der Stichprobe erfolgte mit Hilfe einer Zufallsauswahl nach dem Vorgehen von Wende et al. (2005). Als Grundgesamtheit waren lediglich selbständige Gemeinden von Interesse, sodass die gemeindefreien Gebiete aus dem Gemeindeverzeichnis keine Beachtung fanden. Somit verblieben 11.442 Gemeinden als Grundgesamtheit. Das Gemeindeverzeichnis wurde nach dem

Gemeindenamen alphabetisch sortiert und den Gemeinden anschließend eine laufende Gemeindenummer (1-11.442) zugeordnet (vgl. Tab. 3.1).

Tab. 3.1: Ausschnitt aus dem alphabethisch sortierten Gemeindeverzeichnis (31.12.2010), ohne gemeindefreie Gebiete)

GemeindeNr.	Amtlicher Gemeinde-schlüssel (AGS)	Gemeinde	PLZ
1	07235001	Aach	54298
2	08335001	Aach, Stadt	78267
3	05334002	Aachen, Stadt	52062
4	08136088	Aalen, Stadt	73430
5	06439001	Aarbergen	65326

Anschließend wurden mit der Funktion „=ZUFALLSZAHL()“ im Programm Microsoft Excel 600 Zufallszahlen zwischen 0 und 1 generiert. Diese Zufallszahlen wurden mit der Gesamtzahl aller Gemeinden (11.442) multipliziert und schließlich auf eine Ganzzahl gerundet (vgl. Tab. 3.2). Das Ergebnis waren 600 verschiedene Ganzzahlen zwischen 1 und 11.442, welche die zu ziehenden Gemeinden repräsentieren.

Tab. 3.2: Generierung von 600 Zufallszahlen zur Ziehung der Gemeinden aus dem Gemeindeverzeichnis (Ausschnitt)

Rangfolge der Ziehung	Zufallszahl zwischen 0 u. 1 für die ersten 600 Plätze =ZUFALLSZAHL()	Zufallszahl multipliziert mit der Gesamtanzahl der Gemeinden =[vorige Zelle] x 144221	gerundete Zufallszahl =>zuziehende Gemein-deNr. =RUNDEN([vorige Zelle]; 0)
1	0,145818172954209	1668,451535	1668
2	0,345244664263947	3950,289449	3950
3	0,046440104112750	531,3676713	531
4	0,657867065212811	7527,31496	7527
5	0,346531490740868	3965,013317	3965

Durch die den Gemeinden zuvor zugewiesene Gemeindenummer ist eine zweifelsfreie Bestimmung der gezogenen Gemeinden möglich (vgl. Tab. 3.3). Mit diesem Vorgehen war gewährleistet, dass die Stichprobe rein zufällig für alle Gemeinden Deutschlands zustande kam (Bahrenberg et al. 2010: 21).

Tab. 3.3: Ausschnitt aus der Zufallsstichprobe

Rangfolge der Ziehung	GemeindeNr.	AGS	Gemeindename	PLZ
1	1668	14524020	Callenberg	09337
2	3950	08225033	Haßmersheim	74855
3	531	09372137	Bad Kötzting, St	93444
4	7527	12064371	Oderaue	16259
5	3965	06635014	Hatzfeld (Eder), Stadt	35116

3.3.1.3 Repräsentativität der Stichprobe

Die gezogene Stichprobe von Gemeinden repräsentiert die Grundgesamtheit aller Gemeinden Deutschlands im Hinblick auf die Gemeindegröße und das Bundesland. Dies zeigt die sehr hohe (signifikante) Rangkorrelationen zwischen der Stichprobe und der Grundgesamtheit hinsichtlich der Verteilung nach Bundesländern (Kendalls tau-b = 0,928) und der Gemeindegröße nach Einwohnern (Kendalls tau-b = 0,944).

3.3.1.4 Stichprobe nach Bundesländern

Die Stichprobe von 600 Gemeinden repräsentiert von der Anzahl her, auch ohne dass eine Schichtung vorgenommen wurde, alle Bundesländer der Bundesrepublik gleichmäßig. Dies wird daran deutlich, dass von den Gemeinden jedes Flächenlandes zwischen 3,3 % und 6,7 % der Gemeinden gezogen wurden. Auch flächenmäßig sind die Gemeinden der Stichprobe in etwa gleichmäßig auf alle Bundesländer verteilt (4,1 % - 6,8 % der Landesfläche), allein das Saarland (3,2 % der Landesfläche) wird durch die Stichprobe flächenmäßig etwas geringer repräsentiert (vgl. Abb. 3.2). Insgesamt umfasst die Stichprobe 5,2 % der Kommunen und 5,1 % der Fläche Deutschlands (vgl. Tab. 3.4).

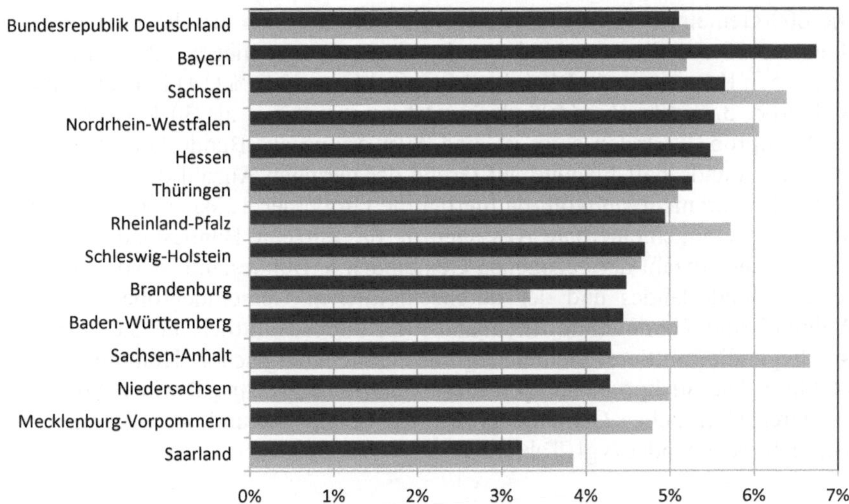

Abb. 3.2: Anteil der gezogenen Gemeinden an der Gesamtanzahl und Flächenanteil der gezogenen Gemeinden je Bundesland

Tab. 3.4: Beschreibung der Stichprobe - Anzahl und Flächenanteile je Bundesland

Bundesland	Anzahl Gemeinden		Anteil gezogener Gemeinden an Gemeindeanzahl	Flächenanteil der Stichprobe an Gesamtfläche
	Stichprobe	gesamt		
Schleswig-Holstein	52	1116	4,7%	4,7%
Niedersachsen	51	1024	5,0%	4,3%
Nordrhein-Westfalen	24	396	6,1%	5,5%
Hessen	24	426	5,6%	5,5%
Rheinland-Pfalz	132	2306	5,7%	4,9%
Baden-Württemberg	56	1102	5,1%	4,4%
Bayern	107	2056	5,2%	6,8%
Saarland	2	52	3,9%	3,2%
Brandenburg	14	419	3,3%	4,5%
Mecklenburg-Vorpommern	39	814	4,8%	4,1%
Sachsen	31	485	6,4%	5,7%
Sachsen-Anhalt	20	300	6,7%	4,3%
Thüringen	48	942	5,1%	5,3%
Gesamt BRD	600	11442	5,2%	5,1%

Die 600 Gemeinden der Zufallsstichprobe verteilen sich in sehr unterschiedlicher Anzahl auf die verschiedenen Bundesländer. So liegen 22 % (132) der gezogenen Kommunen in Rheinland-Pfalz, aber nur 3,7 % (14) in Brandenburg (vgl. Abb. 3.3). Für Bundesländer, welche mit weniger als 30 Kommunen in der Stichprobe vertreten sind, ist eine Auswertung auf Bundeslandebene zum Stand der Landschaftsplanung auf Grund der geringen Anzahl der Fälle in der Teilstichprobe nicht sinnvoll, da hierbei die Größe der Teilstichprobe zu klein wäre, um verallgemeinerbare Aussagen für das einzelne Bundesland treffen zu können. Die Anzahl der gezogenen Gemeinden je Bundesland ist von der Größe des Bundeslandes und der durchschnittlichen Gemeindegröße abhängig. Während eine Kommune in Rheinland-Pfalz durchschnittlich nur 8,6 km² groß ist, liegt die mittlere Gemeindegröße brandenburgischer Kommunen bei 94,4 km². Die Stichprobe spiegelt diese Unterschiede sehr gut wider. So liegen die durchschnittlichen Gemeindegrößen der Stichprobe und der Grundgesamtheit dicht beieinander (vgl. Tab. 3.5).

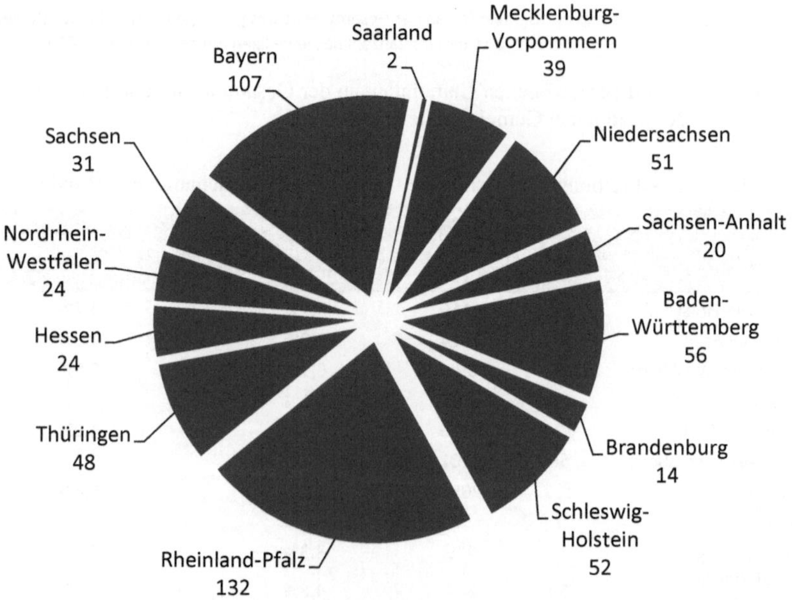

Abb. 3.3: Anzahl der untersuchten Gemeinden je Bundesland, N = 600

3.3.1.5 Stichprobe nach Gemeindegrößenklassen

Die Stichprobe spiegelt auch die Verteilung der tatsächlichen mittleren Kommunengröße wider. Vergleicht man die mittlere Gemeindeflächengröße aller Kommunen eines Bundeslandes mit denen in der Stichprobe, so ergibt sich ein sehr ähnliches Bild (vgl. Tab. 3.5).

Tab. 3.5: Anteil der Gemeinden und durchschnittliche Größe der Kommunen in der Stichprobe und insgesamt

Bundesland	Anteil der Kommunenanzahl an der Gesamtzahl aller Kommunen der BRD	Anteil gezogener Kommunen an der Gesamtzahl der Stichprobe	Mittlere Gemeindegröße [km²]	
			Kommunen des Bundeslandes	gezogener Kommunen des Bundeslandes
Schleswig-Holstein	9,8 %	8,7 %	14,2	14,1
Niedersachsen	8,9 %	8,5 %	39,1	45,4
Nordrhein-Westfalen	3,5 %	4,0 %	78,6	86,1
Hessen	3,7 %	4,0 %	47,5	48,8
Rheinland-Pfalz	20,2 %	22,0 %	7,4	8,6
Baden-Württemberg	9,6 %	9,3 %	28,4	32,4
Bayern	18,0 %	17,8 %	42,9	33,1
Saarland	0,5 %	0,3 %	41,6	49,4
Brandenburg	3,7 %	2,3 %	94,4	70,4
Mecklenburg-Vorpommern	7,1 %	6,5 %	24,5	28,5
Sachsen	4,2 %	5,2 %	33,6	38,0
Sachsen-Anhalt	2,6 %	3,3 %	43,9	68,2
Thüringen	8,2 %	8,0 %	17,8	17,2
Gesamt BRD	100 %	100 %	30,1	30,9

3.3.2 Ermittlung des Stands der kommunalen Landschaftsplanung

Die Ermittlung des Planungsstandes für die Kommunen der Stichprobe erfolgte in drei Stufen (vgl. Abb. 3.4). Zunächst wurde das Landschaftsplanverzeichnis des BfN als Grundlage herangezogen. Diese Ergebnisse wurden im Anschluss mit den Landschaftsplanverzeichnissen der Länder abgeglichen, sofern die Länder eigene Verzeichnisse führen. Bei Unstimmigkeiten fanden die meist aktuelleren Länderlisten Beachtung. Als letzte Überprüfung wurden alle gezogenen Kommunen, zu denen kein Planungsstand anhand der Verzeichnisse ermittelt werden konnte, direkt telefonisch bzw. solche, deren Landschaftsplan in Bearbeitung oder in Vorbereitung war, per Email kontaktiert.

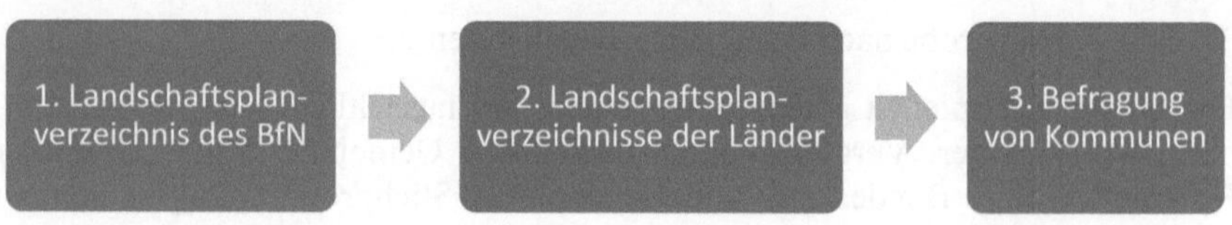

Abb. 3.4: Dreistufige Ermittlung des Planstandes der Landschaftsplanung der Gemeinden aus der Stichprobe

3.3.2.1 Landschaftsplanverzeichnis des BfN

Das Landschaftsplanverzeichnis (LPV) des Bundesamts für Naturschutz ist das einzige bundesweite Verzeichnis von Landschaftsplänen. Das Verzeichnis ist nach Bundesländern gegliedert und basiert auf den Landschaftsplanverzeichnissen der Bundesländer, freiwilligen Angaben der Planungsträger wie beispielsweise Kommunen oder Kreise bzw. der beauftragten Planer.

Planstand

Das LPV des BfN enthält die Angabe „Planstand". Darunter ist die Jahreszahl anzugeben, wann die Planung abgeschlossen wurde, oder „i.B.", wenn der Plan in Bearbeitung bzw. „i.Vg.", wenn der Plan in der Vergabe/Vorbereitung ist. Zusätzlich können Angaben wie zur Rechtskraft („RK"), zur Veröffentlichung, zum Satzungsbeschluss, Entwurf, Vorentwurf oder zur Teilfortschreibung gemacht werden.

Es ist nicht immer eindeutig, was unter der Angabe der Jahreszahl zu verstehen ist. Während beispielsweise beim nicht rechtskräftigen LP Bylerward-Hetter (Kreis Kleve, Nordrhein-Westfalen) die Jahreszahl 1985 bedeutet, dass der Plan zuletzt 1985 in Bearbeitung war, wird bei anderen Bundesländern bei einer Jahresangabe der Satzungsbeschluss verstanden und in Bearbeitung befindliche Pläne mit „i.B." kenntlich gemacht. Zwar ist bei dem genannten Plan dann folgerichtig die Bemerkung „(RK)" – Rechtskraft nicht vermerkt, jedoch empfiehlt es sich, trotzdem das Verzeichnis zukünftig einheitlich zu führen, um Missverständnisse zu vermeiden.

3.3.2.2 Landschaftsplanverzeichnis der Länder

In einigen Bundesländern, z. B. Mecklenburg-Vorpommern, Bayern, Hessen oder Nordrhein-Westfalen führen die Landesämter oder obersten Naturschutzbehörden eigene Landschaftsplanverzeichnisse. Diese sind von sehr unterschiedlicher Qualität und Aktualität. Bei der Aufstellung der Landschaftspläne sind die Landesbehörden meist nicht direkt beteiligt. Daher gründen sich diese Aufstellungen entweder auf landesweite Umfragen oder Zuarbeiten der oberen bzw. unteren Naturschutzbehörden. Über diese Verzeichnisse der Länder hinaus veröffentlichen einige obere Naturschutzbehörden (ONB) den Stand der kommunalen Landschaftsplanung für ihr Zuständigkeitsgebiet in eigener Regie, z. B. Regierung von Oberfranken (2012), Regierung von Mittelfranken (2011) oder Regierungspräsidium Gießen (2011).

Mecklenburg-Vorpommern

In Mecklenburg-Vorpommern führt das Landesamt für Umwelt, Naturschutz und Geologie ein umfangreiches Landschaftsplanverzeichnis, welches jährlich anhand von Umfragen aktualisiert wird und in der Verwendung für die hier vorliegende Arbeit in der 15. Fassung mit dem Stand 31.12.2012 vorliegt (LUNG 2013). Das Verzeichnis beruht auf freiwilligen Angaben der Ämter. Neben einer Liste mit Angaben zu den einzelnen Plänen ist eine kartographische Darstellung nach Gemeinden verfügbar, welche auch als Web Map Service (WMS) in ein Geoinformationssystem eingebunden werden kann.

Nordrhein-Westfalen

Für Nordrhein-Westfalen überarbeitet das Landesamt für Natur, Umwelt und Verbraucherschutz Nordrhein-Westfalen (LANUV) im Auftrag des Ministeriums für Klimaschutz, Umwelt, Landwirtschaft, Natur- und Verbraucherschutz des Landes Nordrhein-Westfalen jährlich eine Übersicht über den Stand der Landschaftspläne. Die Daten können anhand eines WebGIS direkt aus der Karte aufgerufen werden und stehen ausführlich in Form von Tabellen bereit. Die Informationen beruhen auf den Angaben der Planungsträger, sprich der unteren Naturschutzbehörden (UNB) und werden i.d.R im Mai eines jeden Jahres aktualisiert (LANUV 2012). Für diese Arbeit liegt eine Version vom 01.04.2012 vor.

Hessen

Bislang existierte in Hessen noch kein landesweites Verzeichnis der in Kraft getretenen Landschaftspläne. Im Jahr 2012 sahen einige SPD-Landtagsabgeordnete Klärungsbedarf und stellten eine kleine Anfrage an den Minister für Wirtschaft, Verkehr und Landesentwicklung. Darin forderten sie Informationen zum aktuellen Stand der Flächennutzungs- und Landschaftsplanung in Hessen. Das Ergebnis ist ein aktuelleres Landschaftsplanverzeichnis (Stand: Juli 2012), erarbeitet von den oberen Naturschutzbehörden, welches, bis auf sehr wenige Ausnahmen, für alle Gemeinden Hessens den Planungsstand dokumentiert (Hessischer Landtag 2012). Das Verzeichnis ist als Drucksache 18/5614 veröffentlicht und bislang nicht kartographisch erfasst.

Bayern
Das Bayerische Landesamt für Umwelt (LfU) stellt ein nach Gemeinden sortiertes Verzeichnis von Landschaftsplänen im Internet zur Verfügung. Die im Internet abrufbare Liste ist von 2007, intern wird diese weitergeführt, jedoch ohne große Veränderungen seit 2007. Grund dafür ist nach Aussagen des LfU, dass seit dem Auslaufen der Förderung für die Landschaftsplanung kein direkter Informationsfluss zwischen den Gemeinden und dem LfU bezüglich der Aufstellung der Landschaftspläne besteht. Alle Angaben erfolgen auf freiwilliger Basis und es ist davon auszugehen, dass solche Pläne auch dem BfN gemeldet wurden. Eine erneute Umfrage bei den unteren Naturschutzbehörden wäre von Nöten, dafür fehlen jedoch die Kapazitäten (mündliche Information von Frau Danner, LfU, 27.2.2013).

Niedersachsen
Der Niedersächsische Landesbetrieb für Wasserwirtschaft, Küsten- und Naturschutz (NLWKN) führt zwar eine interne Liste über die aufgestellten Landschaftspläne, jedoch basiert diese auf den Ergebnissen einer landesweiten Umfrage von 1994/95. Seitens des NLWKN wird betont, dass diese Liste weder aktuell noch vollständig ist und eine erneute Umfrage nötig wäre, um den aktuellen Stand der kommunalen Landschaftsplanung in Niedersachsen festzustellen.

Brandenburg
Das Landesamt für Umwelt, Gesundheit und Verbraucherschutz Brandenburgs (LUGV) fragt regelmäßig alle brandenburgischen UNB an, ob sich Veränderungen hinsichtlich des Stands der kommunalen Landschaftsplanung ergeben haben. Diese Informationen werden im LUGV in einer Datenbank laufend aktualisiert und als Karte (Stand: November 2012) im Internet veröffentlicht (LUGV 2012). Darin ist außerdem auch das Vorhandensein von Flächenpools dokumentiert. Lediglich das Aufstellungsdatum wird bei den UNB nicht abgefragt und ist somit dem LUGV nicht bekannt. Auffällig beim LPV des BfN ist, dass kein Landschaftsplan jünger als 2001 ist, obwohl die Liste auf Stand 2010 datiert ist. Eine Vielzahl von Landschaftsplänen ist laut des Verzeichnisses des BfN in Bearbeitung. Beim Vergleich mit dem Länderverzeichnis wird deutlich, dass eine Vielzahl dieser als „in Bearbeitung“ ausgewiesene Pläne bereits aufgestellt ist. Das Verzeichnis des BfN ist für das Land Brandenburg in etwa auf einem Stand von 2001.

Baden-Württemberg
Im Auftrag der Landesanstalt für Umwelt, Messungen und Naturschutz Baden-Württembergs (LUBW) wurden in den Jahren 2004/05 die unteren Naturschutzbehörden nach dem Planstand der kommunalen Landschaftsplanung befragt. Diese Daten bilden die Grundlage des Verzeichnisses und wurden an das BfN weitergeleitet, seitdem jedoch nicht aktualisiert.

Thüringen
In Thüringen ist den oberen Naturschutzbehörden im Thüringer Landesverwaltungsamt der aktuelle Stand der kommunalen Landschaftsplanung bekannt. Die für die Aufstellung der Landschaftspläne zuständigen unteren Naturschutzbehörden sind nach § 5 Abs. 5 des Thüringer Naturschutzgesetzes verpflichtet, fertiggestellte Landschaftspläne der ONB anzuzeigen. Seitens des Thüringer Verwaltungsamtes wird betont, dass die Liste des BfN auf dem aktuellsten Stand ist. Hierzu existiert eine Gesamtübersicht der Landschaftspläne in Thüringen (TLUG 2011), welche als Datengrundlage sehr dienlich ist (Gruehn 2012; 2017).

Sachsen-Anhalt
Das Landesamt für Umweltschutz (LAU) führt nach eigenen Angaben keine Liste über die in Sachsen-Anhalt aufgestellten Landschaftspläne. Auch wird seit etwa 15 Jahren dem Verzeichnis des BfN seitens des LAU nicht mehr zugearbeitet.

Schleswig-Holstein
In Schleswig-Holstein führt das Ministerium für Energiewende, Landwirtschaft, Umwelt und ländliche Räume (MELUR) ein laufend aktualisiertes Verzeichnis aller Landschaftspläne, welche im Entwurf dem Ministerium vorgelegt wurden. Daher wurden hier alle Gemeinden, von denen dem Ministerium ein Landschaftsplan im Entwurf vorliegt (Stand März 2013) kontaktiert und der genaue Planstand erhoben. Hier konnte eine große Übereinstimmung festgestellt werden.

3.3.2.3 Vergleich der Landschaftsplanverzeichnisse (LPV) des BfN und der Länder

Die Angaben zu den einzelnen Bundesländern sind, abhängig von der Datenverfügbarkeit, von unterschiedlicher Aktualität. Um die Vollständigkeit des Landschaftsplanverzeichnisses (LPV) zu prüfen, wurden die Angaben des BfN für die Stichprobe mit den Verzeichnissen der Länder abgeglichen (vgl. Tab. 3.7). Dabei hat sich je nach Bundesland ein unterschiedliches Bild ergeben.

Im Falle Bayerns wurde festgestellt, dass das LPV des BfN eine Reihe von Landschaftsplänen im Status i.B. (in Bearbeitung) aufweist, welche nach der Liste des Bayerischen Landesamtes für Umwelt (LfU) bereits rechtskräftig sind. Obwohl das LPV des BfN für Bayern, nach eigenen Angaben Stand 2010, aktueller als das des LfU ist (Stand 2007), machte das LPV des LfU in 37 von 107 (35 %) im Rahmen der Stichprobe untersuchten Gemeinden aktuellere Angaben. Bei 11 Gemeinden lag laut BfN kein LP vor, bei 18 Gemeinden war der LP laut BfN in Bearbeitung und in 8 Fällen war das Aufstellungsdatum der LP nach der Liste des LfU deutlich aktueller. Nur ein Beispiel sei an dieser Stelle angeführt. Die Landschaftspläne der Gemeinden Trautskirchen bzw. Höttingen sind nach LPV des BfN in Bearbeitung, nach LPV von Bayern schon seit 2000 in Kraft. In solchen Fällen wurde auf die Angabe der Länder LPV zurückgegriffen und dies entsprechend kenntlich gemacht. Im Falle Bayerns stellt sich daher die Frage, inwieweit die Liste des BfN mit denen der Länder abgeglichen bzw. aktualisiert worden ist und wie stark die Zuarbeiten der Gemeinden, Kreise und Länder sind.

Ein ähnliches Bild ergab sich beim Vergleich des LPV des BfN mit dem LPV des Landes Hessen (Stand Juli 2012). In 9 von 24 (38 %) untersuchten Fällen stimmten die Angaben des hessischen LPV nicht mit denen des BfN überein. Im Unterschied zu Bayern ist das Verzeichnis von Hessen erst vor kurzer Zeit erstellt worden und daher vermutlich aus zeitlichen Gründen noch nicht im BfN eingearbeitet.

Auch in Brandenburg liegen Unterschiede zwischen der Liste des BfN und der des Landes Brandenburg vor. Bei 6 von 14 (43 %) der zufällig gezogenen Gemeinden war das Verzeichnis des LUGV aktueller.

Beim Abgleich mit der jährlich aktualisierten Liste von Mecklenburg-Vorpommern ergab sich ein anderes Bild. Hier waren die Verzeichnisse fast übereinstimmend und es gab nur geringe Abweichungen. Beispielsweise liegt für die Gemeinde Dummerstorf, für den Ortsteil Prisannewitz, teilweise ein Landschaftsplan vor. Laut Liste des BfN gibt es in der Gemeinde Dummerstorf keinen Landschaftsplan. Gleiches gilt für Baden-Württemberg, von der gezogenen Stichprobe war im LPV des BfN lediglich eine Gemeinde (Heddesbach) enthalten, für welche laut Länderliste bereits ein Landschaftsplan vorlag (Planstand 1998). Für eine weitere Gemeinde (Sipplingen) wies die Länderliste einen aktuelleren Landschaftsplan auf. Bis auf diese zwei Gemeinden waren alle weiteren Informationen identisch, was auch den Schluss nahe legt, dass das Landschaftsplanverzeichnis des BfN seit der Erhebung 2004 seitens des Landesanstalt für Umwelt, Messungen und Naturschutz nicht bzw. kaum mit aktualisierten Daten versorgt wurde.

Vergleicht man die vom Ministerium für Energiewende, Landwirtschaft, Umwelt und ländliche Räume Schleswig-Holsteins im Internet veröffentlichte Aufstellung zum Stand der kommunalen Landschaftsplanung von 2006 (MELUR 2006) mit dem Landschaftsplanverzeichnis des BfN (Stand 2010), so wird deutlich, dass hier nicht unerhebliche Unterschiede vorliegen (vgl. Tab. 3.6). Im LVP des BfN sind nur 445 Landschaftspläne erfasst, während 821 Gemeinden laut MELUR einen Landschaftsplan aufgestellt haben. Insgesamt 447 Landschaftspläne sind 2010 nachdem LPV des BfN in Bearbeitung bzw. in Vorbereitung, während 2006 nur 75 Gemeinden Schleswig-Holsteins ohne Landschaftsplanung waren (MELUR 2006). Dieser Vergleich zeigt, dass das LPV des BfN für Schleswig-Holstein kein aktuelles Bild vom Stand der kommunalen Landschaftsplanung aufzeichnet.

Tab. 3.6: Anzahl der im LPV des BfN verzeichneten LP im Vergleich zum Landschaftsplanverzeichnis des MELUR

Planstand	BfN LPV	MELUR LPV
Stand LPV	24.11.2010	2006
in Bearbeitung	386	75
in Vorbereitung	61	0
in Kraft	445	821
kein Landschaftsplan	0	229
Summe	892	1125

Insgesamt konnte aufgezeigt werden, dass es Unterschiede innerhalb des LPV des BfN bei den verschiedenen Bundesländern gibt. Meist enthalten die Listen der Bundesländer aktuellere Daten als das BfN. Auf der anderen Seite konnte jedoch auch festgestellt werden, dass das LPV des BfN bei älteren Planungen, mehr Informationen enthält (Planstand 1976-1990), dies wird z.B. für Rheinland-Pfalz deutlich.

Tab. 3.7: Aktualität der Landschaftsplanverzeichnisse des BfN im Vergleich zu den Verzeichnissen der Bundesländer (ohne Stadtstaaten)

Bundesland	Stand BfN	Verzeichnisse der Länder (Stand, Quelle)	
Schleswig-Holstein	24.11.2010	2013	MELUR (2006), MELUR (2013), Unveröffentlicht.
Niedersachsen	15.11.2010	-	-
Nordrhein-Westfalen	03.02.2012	2012	LANUV (2012)
Hessen	15.11.2010	2012	HESSISCHER LANDTAG (2012)
Rheinland-Pfalz	15.11.2010	-	-
Baden-Württemberg	16.03.2011	2006	HHP (2007)
Bayern	15.11.2010	2007	LfU (2009)
Saarland	15.11.2010	-	-
Brandenburg	15.11.2010	2012	LUGV (2012)
Mecklenburg-Vorpommern	24.02.2012	2012	LUNG (2013)
Sachsen	15.11.2010	-	-
Sachsen-Anhalt	15.11.2010	-	-
Thüringen	03.02.2012	2011	TLUG (2011)

Quelle: Landschaftsplanverzeichnisse des BfN, http://www.bfn.de/0312_lpv.html (08.02.2013)

3.3.2.4 Datenerhebung zum Stand der kommunalen Landschaftsplanung

Die Vergleichsstichprobe, d.h. die Gesamtheit aller Gemeinden, welche keinen Landschaftsplan haben, sollte sich nicht allein darauf stützen, dass die jeweiligen Gemeinden nicht in den Verzeichnissen geführt sind, da zunächst unklar bleibt, ob ein Landschaftsplan in den Verzeichnissen nicht geführt wird, weil dieser nicht existiert oder weil er nicht erfasst wurde. Da neben dem Landschaftsplanverzeichnis des BfN auch die Landschaftsplanverzeichnisse der Länder nicht immer auf dem aktuellsten Stand sind und nicht vollständig vorliegen, wurde von den betreffenden Gemeinden bzw. unteren Naturschutzbehörden die Information direkt erhoben. Alle Gemeinden, welche nicht im LPV des BfN bzw. in den Länderlisten aufgeführt bzw. ohne Landschaftsplan vermerkt waren, wurden telefonisch kontaktiert. An alle Gemeinden deren Landschaftsplan laut der Verzeichnisse in Bearbeitung bzw. in Vorbereitung war, wurde eine Anfrage per Email versandt.

Lediglich Mecklenburg-Vorpommern und Nordrhein-Westfalen wurden aufgrund der aktuell geführten Länderlisten ausgelassen, da hier davon auszugehen war, dass die Verzeichnisse dem tatsächlichen Stand entsprachen. Von insgesamt 600 Gemeinden wurden 125 telefonisch und 108 per Email kontaktiert. Bei 6 Gemeinden konnte nach mehrmaligen Versuchen keine Ansprechperson telefonisch erreicht werden, die Auskunft erteilen konnte (5 % von allen telefonisch kontaktierten Gemeinden). Von den per Email kontaktierten Gemeinden haben 58 (54 %) der angeschriebenen Gemeinden die Fragen beantwortet.

Eine weitere Evaluation der Angaben zum Stand der Landschaftsplanung erfolgte für all jene Gemeinden, welche sich an der Online-Umfrage beteiligten (siehe Abschn. 3.3.3), da hierbei nochmals Informationen zum Stand der Landschaftsplanung zum Vergleich abgefragt wurden.

3.3.2.5 Vergleich zwischen Landschaftsplanverzeichnissen und Befragung

Anhand der Befragung konnte festgestellt werden, dass weitere 63 Gemeinden einen Landschaftsplan aufgestellt haben (vgl. Tab. 3.8). Im Vergleich zum Verzeichnis des BfN ergibt sich eine Differenz von 114 Gemeinden, welche einen Landschaftsplan aufweisen (435 Gemeinden statt 321 in der Stichprobe).

Tab. 3.8: Vergleich des Planstands der kommunalen Landschaftsplanung je nach Datengrundlage

Planstand	LPV BfN	LPV BfN, Länderlisten	LPV BfN, Länderlisten, Befragung
in Vorbereitung	44	41	12
in Bearbeitung	97	62	24
in Kraft	321	372	435
kein Landschaftsplan	0	0	129
keine Angabe	138	125	0

Besonders große Differenzen konnten durch die online-Umfrage und die Befragung in Rheinland-Pfalz festgestellt werden, sicherlich auch deshalb, da hier auf kein Länderverzeichnis zurückgegriffen werden konnte. Insgesamt 15 der insgesamt 132 Gemeinden (11 %) der Stichprobe gaben an, einen Landschaftsplan aufgestellt zu haben, obwohl im LPV des BfN diese nicht oder als in der Aufstellung vermerkt waren.

Obwohl seitens des Thüringer Landesverwaltungsamt betont wurde, dass das LPV des BfN der aktuellste Datensatz für Thüringen ist, konnten durch die Befragung festgestellt werden, dass dieses nicht ganz vollständig ist. Zu insgesamt 10 der 48 gezogenen thüringischen Gemeinden machte das LPV des BfN keine Angaben. Bei 7 dieser 10 Gemeinden konnte auf Nachfrage bei den unteren Naturschutzbehörden ein Landschaftsplan ermittelt werden. Damit waren 15 % der Gemeinden mit Landschaftsplan im LPV des BfN noch nicht verzeichnet.

3.3.2.6 Schlussfolgerung zur Aktualität der Verzeichnisse

Das Landschaftsplanverzeichnis des BfN ist das einzige bundesweite Verzeichnis von Landschaftsplänen. Zum großen Teil führen die Bundesländer in unregelmäßigen Abständen Befragungen der oberen bzw. unteren Naturschutzbehörden zum Planungstand durch. Meist werden diese Listen vom BfN in das

Verzeichnis eingearbeitet. Warum trotzdem zum Teil relativ große Differenzen beobachtet werden konnten, z. B. für Bayern, lässt sich nicht nachvollziehen. Da das Landschaftsplanverzeichnis des BfN auf die freiwillige Meldung von Planungsträgern oder den Behörden angewiesen ist, ist es offensichtlich ohne eine Meldepflicht nicht möglich, das Verzeichnis laufend aktuell zu halten. Daher wurden für die hier vorliegende Studie die Länderlisten, soweit vorhanden, zusätzlich hinzugezogen und bevorzugt beachtet. Es wird davon ausgegangen, dass die in den Landschaftsplanverzeichnissen der Länder aufgeführten Landschaftspläne und die dazugehörigen Aufstellungsjahre stimmen. Schwieriger wird es bei den nicht aufgeführten Gemeinden und solchen, deren kommunale Landschaftsplanung in Bearbeitung ist. Hier ist unklar, ob diese Angaben noch der Aktualität entsprechen bzw. lediglich auf fehlenden Angaben der Kommunen beruhen. Um darüber absolute Sicherheit zu erlangen, ob für eine Gemeinde tatsächlich kein Landschaftsplan aufgestellt wurde, war eine Anfrage beim Planungsträger (Kommune, Verbandsgemeinde bzw. Kreis) unerlässlich. Aber auch bei allen im BfN-Verzeichnis bzw. in den Länderverzeichnissen als „in Bearbeitung" aufgeführten Landschaftsplänen wurden mündliche oder schriftliche Informationen zum aktuellen Planstand eingeholt. Dies war z. B. im Fall Brandenburgs und Schleswig-Holsteins ohnehin nötig, da diese Verzeichnisse keine Informationen zum Aufstellungsdatum enthalten. Mit einer solchen zusätzlichen Überprüfung der Planungsstände konnte gewährleistet werden, dass die Stichproben einwandfrei abgesichert sind und kein Zweifel mehr über den Planstand in den Kommunen besteht (vgl. Abschn. 3.3.2.4).

3.3.2.7 Methodische Besonderheiten beim Verknüpfen der LPV mit der Stichprobe des Gemeindeverzeichnisses

Für alle zufällig gezogenen Gemeinden wurde der Planstand bezüglich der kommunalen Landschaftsplanung ermittelt. Dabei wurde nach dem Gemeindenamen mit Hilfe der Suchfunktion des jeweiligen Computerprogramms (Adobe Reader bzw. Microsoft Excel) ermittelt, ob für die Gemeinde ein Landschaftsplan im Verzeichnis des BfN bzw. des jeweiligen Bundeslandes verzeichnet war. Dabei ergab sich für 20 der 600 Gemeinden die Besonderheit, dass der Landschaftsplan nur für einen Teil der Gemeindefläche aufgestellt wurde.

Landschaftspläne auf Kreisebene

In Nordrhein-Westfalen und Thüringen werden die Landschaftspläne auf Kreisebene erstellt, d.h. die Grenzen der einzelnen Landschaftspläne orientieren sich nicht zwangsläufig an den Gemeindegrenzen. Somit kann eine Gemeinde von mehreren verschiedenen oder auch nur teilweise von Landschaftsplänen abgedeckt sein. Die Beispiele der Gemeinden Lotte, Westerkappeln und Mettingen sollen dies verdeutlichen (siehe Abb. 3.5). Diese drei Gemeinden liegen im Norden von NRW an der Grenze zu Niedersachsen. Alle drei Kommunen sind teilweise im Zuge des LP Schafbergplatte Nr. 2 (FS) (dunkelgrau) beplant. Die LPs für den größten Flächenanteil der Kommunen stehen jedoch noch aus. Die Gemeinde Lotte (ganz links in Abb. 3.5) ist außerdem im Süden noch von einem weiteren Landschaftsplan (hellgrau) überplant, welcher sich jedoch noch in der Planung befindet.

Dieser Sachverhalt ist insofern besonders, als dass im späteren Verlauf der Untersuchung alle Landschaftsindikatoren auf der gesamten Gemeindefläche basieren. Es war daher abzuwägen, wie mit solchen Gemeinden zu verfahren ist. Entscheidend hierfür ist der Flächenanteil des Planes an der Gemeinde. Während bei den Gemeinden Westerkappeln und Mettingen mindestens ein Drittel der Fläche von einem Landschaftsplan bedeckt ist, ist der Flächenanteil der Planung an der Gemeinde Lotte minimal.

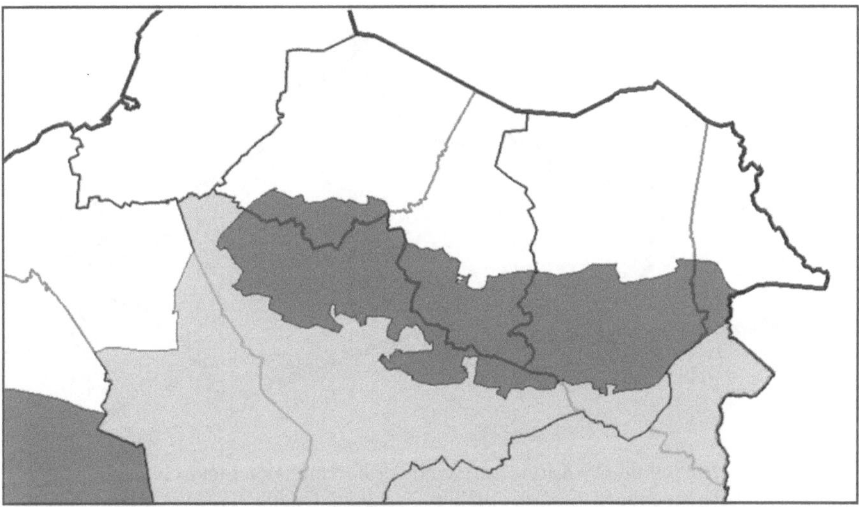

Abb. 3.5: Stand der Landschaftsplanung in NRW, Gemeinden Recke, Mettingen, Westerkappeln, Lotte (v.l.n.r.), dunkelgrau: rechtskräftig, hellgrau: in Bearbeitung, Quelle: LANUV (2012)

Diese Sachverhalte wurden wie folgt in der Stichprobe berücksichtigt: In den Gemeinden Westerkappeln und Mettingen ist ein Landschaftsplan vorhanden, aber nur teilweise, in der Gemeinde Lotte ist der Flächenanteil so gering, dass hier der Planstand „in Bearbeitung“ gewählt wurde. Ein ähnliches Beispiel sind die Gemeinden Lübbecke und Hille. Beide Gemeinden sind jeweils etwa zur Hälfte von demselben Landschaftsplan beplant.

Gebietsreformen – Gemeindenamen
Teilweise beruht die Aufstellung des LPV des BfN noch auf alten Gemeinde- bzw. Kreisbezeichnungen. Neue Gemeinden bzw. Kreise sind entstanden, andere wurden eingemeindet. Da diese Art der Aufstellung sich nicht dynamisch auch den Gebietsreformen anpasst, kann es hier zu erfolglosen Suchen kommen, obwohl vielleicht ein Landschaftsplan existiert.

Mit der Gemeindereform in Brandenburg von 2003 wurde eine Vielzahl von Gemeinden in andere eingegliedert. Der Stadt Doberlug-Kirchhain beispielsweise wurden 2003 weitere zehn Gemeinden zugeschlagen. Der Landschaftsplan der Stadt Doberlug-Kirchhain ist bereits 1998 aufgestellt worden, die eingemeindeten Gebiete haben teilweise keinen Landschaftsplan. Daher kommt es, dass im LPV des BfN für die gesamte Gemeindefläche ein Landschaftsplan ausgewiesen wird, aufgrund der heute größeren Gemeindefläche unter gleichem Namen jedoch nur ein Teil der Gemeinde von einem Landschaftsplan bedeckt ist (vgl. Abb. 3.6).

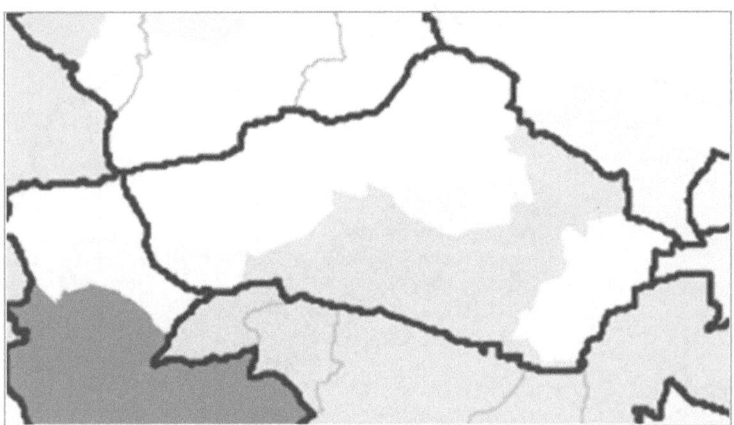

Abb. 3.6: Ausschnitt der Karte zum Stand der kommunalen Landschaftsplanung in Brandenburg, Stadt Doberlug-Kirchhain, Quelle: LUGV (2012)

Neben der Eingemeindung ist auch der Fall der Gemeindeneugründung möglich. So wurde 2001 die amtsfreie Gemeinde Nordwestuckermark, mit 253 km² eine der flächengrößten Gemeinden Deutschlands, aus den ehemalig eigenständigen Gemeinden Ferdinandshorst, Schapow, Schönermark, Kraatz, Naugarten (BfN: jeweils LP 1997), Fürstenwerder, Gollmitz, Röpersdorf/Sternhagen, Weggun und Holzendorf (BfN: jeweils LP i.B.) gebildet. Nur fünf der genannten Gemeinden hatten 1997 einen Landschaftsplan aufgestellt. Damit weist nur ein Teilgebiet der Gemeinde einen Landschaftsplan auf und diese neue Gemeinde ist im statisch geführten Landschaftsplanverzeichnis des BfN nicht vorhanden.

3.3.3 Online-Umfrage - Erhebung landschaftsplanerischer Faktoren

3.3.3.1 Adressaten und Aufbau eines Fragebogens

Zu den 600 Gemeinden der Stichprobe wurden E-Mail-Adressen recherchiert und diese direkt angeschrieben. In Bundesländern, wie beispielsweise Rheinland-Pfalz und Schleswig-Holstein, wird ein Großteil der Gemeinden in Verbandsgemeinden bzw. Ämtern verwaltet. Eine Vielzahl der gezogenen Gemeinden gehörte jedoch der gleichen Verbandsgemeinde an und da diese nicht mehrere Male für jede einzelne Ortsgemeinde angeschrieben werden sollten, wurden diese Gemeinden zusammengefasst und der Fragebogen entsprechend angepasst formuliert. Insgesamt wurden so 526 Kommunen, Ämter, Verbands- und Samtgemeinden, Verwaltungsgemeinschaften sowie untere Naturschutzbehörden befragt.

Der Fragebogen war zweiteilig aufgebaut (vgl. Anhang A.9). Den ersten Teil der Umfrage bildeten eine Frage zur Nutzung eines Ökokontos/Flächenpools, eine Einschätzung der Eingriffe in Natur und Landschaft bzw. zum Bedarf von Bauplätzen und Kompensationsflächen sowie eine Einschätzung des Engagements von Einzelpersonen und Personengruppen für Naturschutz und Landschaftspflege.

Der zweite Teil erfasste zunächst den Stand der kommunalen Landschaftsplanung der jeweiligen Kommune. War in der Kommune kein Landschaftsplan vorhanden, schloss sich die Frage an, aus welchen Gründen bislang kein Landschaftsplan aufgestellt wurde. Lag ein gültiger Landschaftsplan vor, so wurde gefragt, zu welchem Anteil die darin festgelegten Erfordernisse und Maßnahmen bereits umgesetzt wurden und in welchem Maße dies im Rahmen der Eingriffsregelung erfolgte. Außerdem wurde in Erfahrung gebracht, mit welchen finanziellen Mitteln die Umsetzung der Erfordernisse und Maßnahmen erfolgte und ob diese Mittel ausreichend zur vollständigen Umsetzung waren. War der Landschaftsplan in Vorbereitung bzw. Bearbeitung, wurde nach den Gründen für die Aufstellung gefragt und wie die Erfordernisse und Maßnahmen in Zukunft finanziert werden sollen.

3.3.3.2 Durchführung der Befragung

Der Fragebogen wurde mithilfe des für wissenschaftliche Zwecke kostenlosen Internettools SoSci Survey (oFb - der onlineFragebogen, www.soscisurvey.de) implementiert. Per Email wurde allen Adressaten ein gemeindespezifischer Zugangscode zum Fragebogen zugesendet. Dies ermöglichte zum einen die

Anpassung der Fragen an die jeweilige Gemeinde bzw. das jeweilige Bundesland und zum anderen konnte somit sichergestellt werden, dass jede Gemeinde den Fragebogen nur einmal ausfüllte und die Ergebnisse von Dritten nicht manipuliert werden konnten. Für die anschließende statistische Auswertung musste außerdem sichergestellt werden, dass die Angaben der Gemeinden zuordenbar waren. Daher war eine anonyme Befragung unmöglich, jedoch wurden keinerlei personenbezogene Daten erhoben und die Ergebnisse niemals für einzelne Gemeinden alleine ausgewertet.

3.3.3.3 Rücklaufquote und Repräsentativität

Die Umfrage begann am 20.5.2013 und die erste Einladung zur Umfrage wurde am 27.05.2013 an alle 526 Adressaten für die 600 Kommunen per Email versendet. Teilweise waren mehrere Gemeinden einer Verbandsgemeinde in der Sichtprobe enthalten, daher waren es weniger Adressaten als Kommunen. Am 19.6.2013 wurden alle Gemeinden, welche bis dahin den Fragebogen noch nicht aufgerufen hatten, erneut gebeten an der Umfrage teilzunehmen. Insgesamt konnten 215 Formulare mit verwertbaren Daten zu 258 Gemeinden erhoben werden (vgl. Tab. 3.9). Dies ist eine sehr zufriedenstellende Rücklaufquote.

Tab. 3.9: Verteilung der Gemeinden bei der Umfrage, der Stichprobe und der Grundgesamtheit nach Bundesländern im Vergleich

Bundesland	Deutschland		Stichprobe		Umfrage	
	Anzahl	% an allen Gemeinden	Anzahl	% an Gemeinden Stichprobe	Anzahl	% an Gemeinden Umfrage
Schleswig-Holstein	1116	9,8	52	8,7	28	10,9
Niedersachsen	1024	8,9	51	8,5	15	5,8
Nordrhein-Westfalen	396	3,5	24	4,0	17	6,6
Hessen	426	3,7	24	4,0	6	2,3
Rheinland-Pfalz	2306	20,2	132	22,0	75	29,1
Baden-Württemberg	1102	9,6	56	9,3	22	8,5
Bayern	2056	18,0	107	17,8	33	12,8
Saarland	52	0,5	2	0,3	2	0,8
Brandenburg	419	3,7	14	2,3	6	2,3
Mecklenburg-Vorpommern	814	7,1	39	6,5	22	8,5
Sachsen	485	4,2	31	5,2	11	4,3
Sachsen-Anhalt	300	2,6	20	3,3	6	2,3
Thüringen	942	8,2	48	8,0	15	5,8
Gesamt	**11442**	**100,0**	**600**	**100**	**258**	**100**

Um zu überprüfen, ob die Verteilung der untersuchten Gemeinden je Bundesland der Verteilung aller Gemeinden entspricht, konnte anhand des Kendalls-Tau-b und des Spearman-rho gezeigt werden, dass zwischen der Verteilung der Gemeinden je Bundesland der Grundgesamtheit und der Umfrage ein hoch signifikanter starker Zusammenhang besteht. Daher kann davon ausgegangen werden, dass die Antworten aus der Umfrage die Verteilung der Gemeinden je Bundesland gut repräsentieren (Kendalls tau-b = 0,814, $p < 0{,}001$, $N = 258$).

3.4 Landschaftsindikatoren

3.4.1 Datengrundlage

Die verschiedenen genutzten Landschaftsindikatoren haben teilweise unterschiedliche Datengrundlagen und wurden größtenteils dem Monitor der Siedlungs- und Freiraumentwicklung (IÖR-Monitor) entnommen, teilweise jedoch auch eigens auf Grundlage des Landbedeckungsmodells für Deutschland (LBM-DE) berechnet (z. B. landschaftliche Attraktivität, Shannon-Index, mittlere Flächengröße, vgl. Abschn. 3.4.2).

3.4.1.1 Digitales Basis-Landschaftsmodell (ATKIS Basis-DLM)

Das digitale Basis-Landschaftsmodell (Basis-DLM) ist Teil des Amtlichen Topographisch-Kartographischen Informationssystems (ATKIS), welches das Basisinformationssystem der Bundesrepublik Deutschland für digitale topographische Geodaten ist. Das Basis-DLM ist das Landschaftsmodell der höchsten Auflösung und kann als ein numerisches Modell verstanden werden, welches topographische Objekte nach Objektarten und beschreibende Attribute systematisch im Vektorformat erfasst. Der Inhalt des Basis-DLM (früher als DLM 25 bezeichnet) orientiert sich an den Inhalten der topographischen Karten 1:25.000.

Das ATKIS Basis-DLM ist der aktuellste und genauste topographische Datensatz, der flächendeckend für ganz Deutschland vorliegt und in regelmäßigen Abständen aktualisiert wird (Meinel 2009: 180; Röber et al. 2009). Gleichzeitig ist die Fortschreibung der Daten gesetzlich verankert, was die Basis für ein langfristig angelegtes Monitoring ist. Die Aktualität der Daten hat sich in den vergangenen Jahren zunehmend verbessert (vgl. Abb. 3.7).

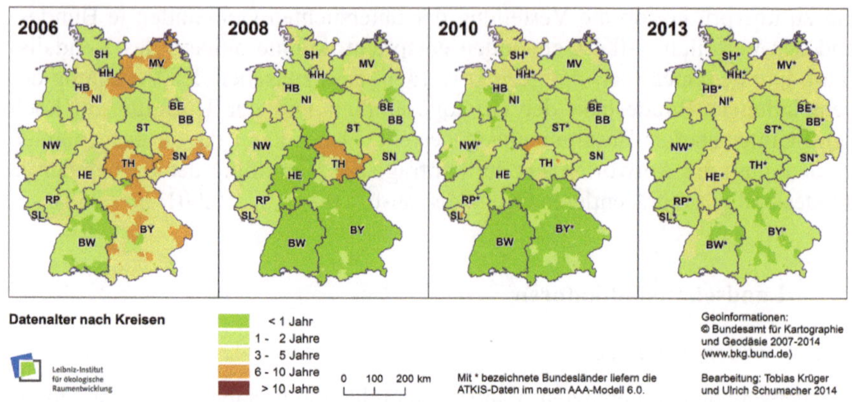

Abb. 3.7: Entwicklung der Aktualität des ATKIS Basis-DLM, Meinel et al. (2014)

Zeitschnitt 2000

Der einzige existierende ältere bundesweite Datensatz des ATKIS Basis-DLM stammt aus dem Jahr 2000 und ist vom Thünen-Institut archiviert worden. Obwohl die Daten im Jahr 2000 ausgegeben wurden, reicht die Grundaktualität der Daten meist weiter zurück, sodass insgesamt bis 2014 zwischen 15 und 20 Jahre betrachtet werden können. Dieser Datensatz wurde seitens des Thünen-Instituts bereitgestellt. Das Bundesamt für Kartographie und Geodäsie verfügt nicht mehr über diese Daten, da diese fortgeschrieben wurden, ohne eine Archivierung vorzunehmen.

Im Datensatz von 2000 liegen keine Informationen zur tatsächlichen Grundaktualität vor. Daher wird das Auslieferungsjahr 2000 als Bezug für die Auswertungen genutzt, selbst wenn die Daten weitaus älter sein sollten.

Das ATKIS Basis-DLM stellt neben der flächendeckenden Landnutzung auch linienhafte Geoinformationen zu Hecken und Baumreihen bereit. Diese Objekte sind jedoch erst ab der zweiten Realisierungsstufe für alle Bundesländer verbindlich zu implementieren, sodass Daten zu Hecken und Baumreihen für 2000 nicht für alle Bundesländer vorliegen. Entgegen aller Erwartungen sind jedoch in den erhältlichen Daten selbst die Layer der Bundesländer nicht vollständig, die zu diesem Zeitpunkt bereits diese Ausbaustufe abgeschlossen hatten (vgl. Abb. 3.8). Hier liegen unvollständige Daten aus den Bundesländern Schleswig-Holstein, Nordrhein-Westfalen, Saarland, Thüringen, Sachsen-Anhalt und Brandenburg vor. Warum die Daten so fehlerbehaftet sind, lässt sich nicht abschließend erklären, da die Originaldateien vom Bundesamt für Kartographie und Geodäsie bzw. den Landesvermessungsämtern gelöscht wurden.

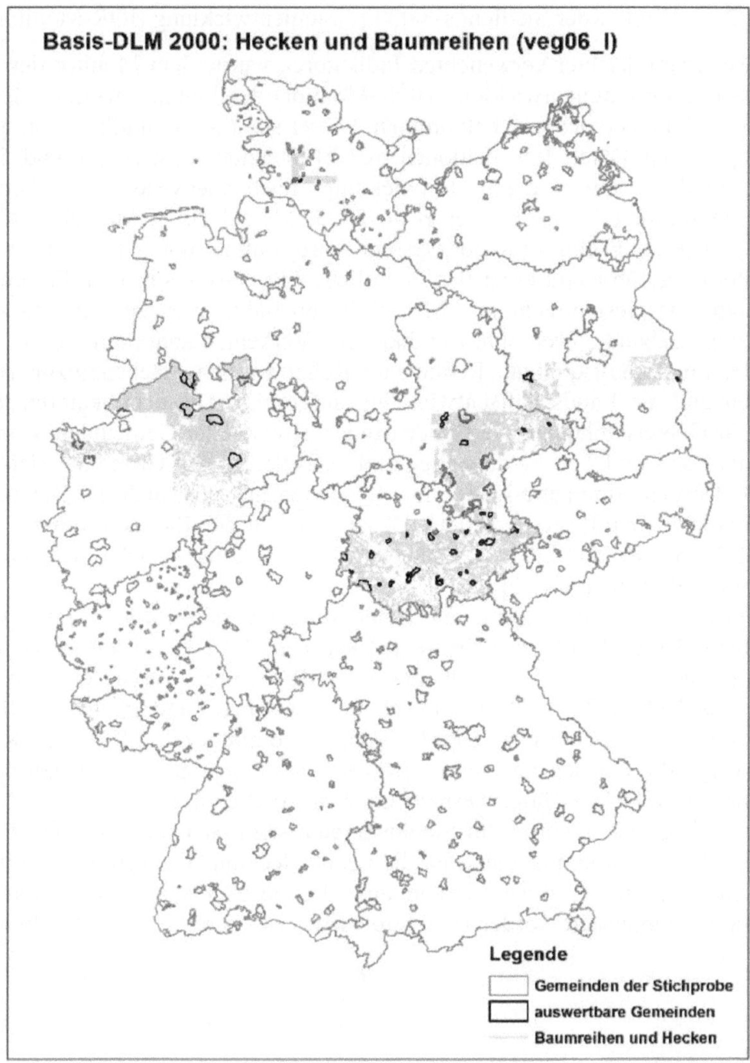

Abb. 3.8: Hecken und Baumreihen (veg06_l) im verfügbaren ATKIS Basis-DLM 2000

3.4.1.2 Monitor der Siedlungs- und Freiraumentwicklung (IÖR-Monitor)

Die Mehrzahl der hier verwendeten Indikatoren wurde dem Monitor der Siedlungs- und Freiraumentwicklung (IÖR-Monitor) des Leibniz-Instituts für ökologische Raumentwicklung entnommen. Dieser stellt auf Grundlage von geotopographischen Daten Informationen zur Flächennutzungsstruktur und Landschaftsqualität sowie deren Entwicklung flächendeckend einheitlich für Deutschland bereit (vgl. Krüger et al. 2013; Meinel 2009; Meinel & Krüger 2014). Dieses Fachinformationssystem wird online unter http://www.ioer-monitor.de geführt und ergänzt die amtliche Flächenstatistik und die umweltökonomische Gesamtrechnung. Mit Hilfe von Indikatoren zu den Kategorien Siedlung, Gebäude, Freiraum, Bevölkerung, Verkehr, Landschafts- und Naturschutz, Landschaftsqualität, Risiko und Relief werden Flächennutzungsänderungen und die Landschaftsentwicklung aufgezeigt. Diese Indikatoren lassen sich für Gebietseinheiten wie Bundesländer, Kreise oder Gemeinden aggregieren, als Karte und Tabelle darstellen und exportieren. Auf Grund der sich ständig ändernden administrativen Gebietseinheiten hat sich auch die Darstellung im regelmäßigen Raster etabliert. Bislang stehen für die Zeitschnitte 2000, 2006, 2008 und 2009-2014 Ergebnisse zur Verfügung, welche sich auch als Zeitreihen darstellen lassen.

Der IÖR-Monitor nutzt als Datengrundlage das Digitale Basis-Landschaftsmodell (ATKIS-Basis-DLM, vgl. Abschn. 3.4.1.1). An dieser Stelle sei nur in Kürze auf das Flächenschema des IÖR-Monitors verwiesen (vgl. Abb. 3.9). Das ATKIS Basis-DLM unterscheidet zwischen Landnutzung und Landbedeckung, wodurch es zu Überlagerungen kommt (vgl. Meinel & Krüger 2014). Für die Flächenanalysen ist jedoch eine eindeutige, redundanzfreie Zuordnung der Flächen nötig, weshalb im Wesentlichen auf die Grundflächenarten zurückgegriffen wurde. Im Siedlungsraum steht eher die Nutzung im Vordergrund, im Freiraum ist dies eher die Landbedeckung. Gepufferte Geometrien wie Straßen, Flüsse, Wege sind in das Flächenschema in einer bestimmten Reihenfolge integriert worden (vgl. http://www.ioer-monitor.de/methodik).

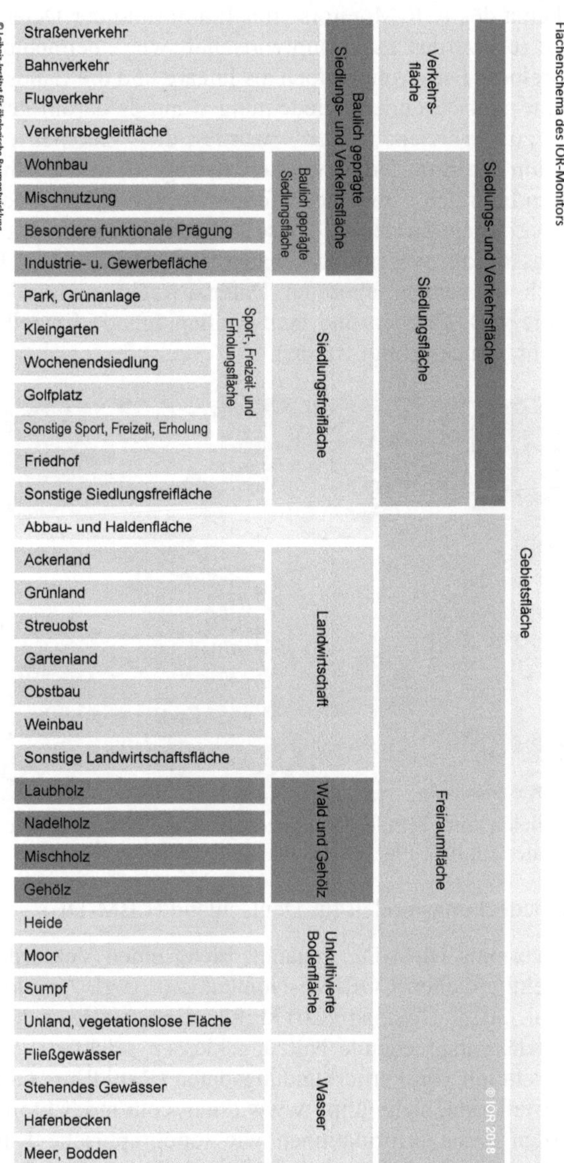

Abb. 3.9: Flächenschema des Monitor der Siedlungs- und Freiraumentwicklung (IÖR-Monitor), Quelle: http://www.ioer-monitor.de/methodik/

Das Flächenschema des IÖR-Monitors enthält aufgrund der Datenmenge keine Wirtschaftswege (es werden nur Hauptwirtschaftswege betrachtet) sowie Hecken und Baumreihen. Diese sind jedoch als lineare und die Landschaft strukturierende Elemente von besonderer Bedeutung wenn es darum geht, die Landschaftsstruktur zu erfassen. Daher wurde die Geometrie des IÖR-Flächenschema um die gepufferten Wirtschaftswege (4 m), welche sich außerhalb von Wäldern befinden, sowie gepufferten Hecken (12 m) und Baumreihen (10 m) ergänzt (vgl. Stein 2011: 44). Diese Darstellung beschreibt die tatsächliche Landnutzungsstruktur wesentlich genauer (vgl. Abb. 3.10). Gleichzeitig ist dies jedoch auch mit einem enormen Datenzuwachs verbunden. Lediglich Punktobjekte, wie z. B. Quellen und landschaftsprägende Einzelbäume, konnten weiterhin nicht berücksichtigt werden.

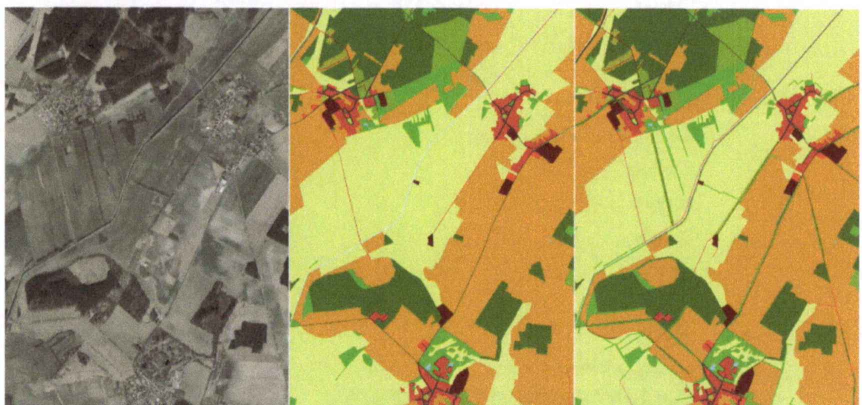

Abb. 3.10: Vergleich von Luftbild (DOP20c-BB), IÖR-Flächenschema und erweitertem IÖR-Flächenschema

3.4.1.3 Landbedeckungsmodell für Deutschland (LBM-DE)

Das LBM-DE (vormals DLM-DE genannt) bietet einen Vektordatensatz nach der europaweit einheitlichen CORINE-Nomenklatur (vgl. Arnold 2009; 2011; Hovenbitzer et al. 2015; Hoymann 2013). Für die Erstellung des Datensatzes wurden aus ATKIS entsprechende Nutzungsklassen selektiert (99 Stück) und durch die Interpretation von Fernerkundungsdaten (RapidEye; DMC - Disaster Monitoring Constellation, siehe http://www.dmcii.com/index.html) aktualisiert. Außerdem wurden Zusatzinformationen wie topographische Karten, digitale Orthophotos oder Satellitenbildmaterial genutzt. Es werden mehrere in der Vegetationsperiode aufgenommene Satellitenbilder genutzt. Dies ermöglicht die klare Trennung zwischen Grünland und Ackerflächen. Die Erfassungsuntergrenze liegt mit einem Hektar zwischen ATKIS (0,1-1 ha) und CORINE (25 ha) (http://www.corine.dfd.dlr.de/intro_de.html).

Damit ist im Vergleich zu den CORINE-Daten ein detaillierterer und aktuellerer Datensatz für Deutschland verfügbar, der insbesondere in den Kategorien des Freiraumes (Wälder, Grünland) im Hinblick auf die Erfassung sogar detaillierter als ATKIS ist. Eine erste Auswertung auf der Datenbasis von 2009 wurde 2011 fertiggestellt und ist über das Bundesamt für Kartographie und Geodäsie (BKG) erhältlich. Ein weiterer Zeitschnitt liegt für das Jahr 2012 vor und dient seit dem als Grundlage für die Ableitung des CORINE-Datensatzes für Deutschland. Eine Fortschreibung des DLM-DE ist geplant, vermutlich im 5-Jahres Rhythmus.

Da das LBM-DE jedoch keine linienhaften Elemente enthält, wurden diese aus dem ATKIS Basis-DLM extrahiert und als gepufferte Flächen mit dem LBM-DE verschnitten. Dazu wurden das gesamte Straßen-, Schienen- und Wegenetz sowie die linearen Gewässer, Hecken und Baumreihen aus dem ATKIS Basis-DLM mit dem LBM-DE verschnitten. Für die Pufferung der im Basis-DLM (Stand 2010) als Linienvektoren vorliegenden Objekte der Straßen, Hauptwirtschaftswege, Schienen und Fließgewässer, konnten die in ATKIS enthaltenen Breitenangaben genutzt werden. Waren keine Breiten vergeben, erfolgte eine standardisierte Zuweisung anhand anderer Eigenschaften wie z. B. der Anzahl von Fahrstreifen bzw. Schienen oder der Widmung von Straßen. Baumreihen wurden auf 12 m, Hecken auf 10 m gepuffert (vgl. Stein 2011: 44).

Für die Berechnung der Indikatoren Hemerobieindex und Anteil naturbetonter Flächen wurde dieser auf Grundlage des LBM-DE erweiterte Datensatz verwendet.

3.4.2 Indikatoren nach Zielen der Landschaftsplanung

Nach § 9 Abs. 3 Nr. 4 BNatSchG soll die Landschaftsplanung Angaben über „die Erfordernisse und Maßnahmen zur Umsetzung der konkretisierten Ziele des Naturschutzes und der Landschaftspflege“ beinhalten. Diese können zusammengefasst der ersten Spalte der Tab. 3.10 entnommen werden (vgl. Abschn. 2.2.1).

Um zu überprüfen inwiefern die Landschaftsplanung diesen Anforderungen gerecht wird, wird der Stand der örtlichen Landschaftsplanung mit diesen Zielen verglichen. Dazu wurden den Zielen bzw. den Teilaspekten entsprechende Indikatoren zugeordnet. Die im BNatSchG formulierten bundesweit gültigen Ziele können durch geeignete Indikatoren zur Landschaft beschrieben werden. Ob die Landschaftsplanung und deren Wirkungsdauer diese Indikatoren beeinflusst, soll mit Hilfe statistischer Test untersucht werden.

Tab. 3.10: Aufgaben der Landschaftsplanung nach § 9 Abs. 3 Nr. 4 BNatSchG und diesen zugeordneten Landschaftsindikatoren

Aufgaben der Landschaftsplanung	Teilaspekte	Landschaftsindikatoren
A) Vermeidung, Minderung oder Beseitigung von **Beeinträchtigungen von Natur und Landschaft**	Siedlungs- und Verkehrsflächen	Anteil Siedlungs- und Verkehrsfläche a. d. Gmdfl.
		Anteil baulich geprägter Siedlungsfläche a. d. Gmdfl.
		Anteil gebäudeüberbauter Fläche a. d. Gmdfl.
		Anteil gebäudeüberbauter Fläche a. d. Siedfl.
		Anteil versiegelter Bodenfläche a. d. Gmdfl.
	Landwirtschaftliche Nutzung	Anteil Landwirtschaftsfläche a. d. Gmdfl.
		Anteil Grünland a. d. Landwfl.
		Anteil Ackerland a. d. Landwfl.
		Anteil Gartenland, Obst- u. Weinbau a. d. Gmdfl.
		Anteil unkultivierter Bodenfläche a. d. Gmdfl.
	Forstwirtschaftliche Nutzung	Anteil Wald a. d. Gmdfl.
		Anteil Wald a. d. Freirfl.
		Anteil Laubwald a. d. Waldfläche
		Anteil Gehölzflächen a. d. Gmdfl.
	Hemerobie	Hemerobieindex
		Anteil naturbetonter Flächen a. d. Gmdfl.
	Zersiedelung	Gewichtete Dispersion
		Siedlungskörperdichte
B) **Schutz** bestimmter Teile von Natur und Landschaft, Biotope und wild lebende Arten		Anteil Schutzgebietsflächen a. d. Gmdfl.
		Anteil Schutzgebietsflächen, Natur- u. Artenschutz
		Anteil Schutzgebietsflächen, Landschaftsschutz
C) Schutz u. Förderung von **Biotopverbünden** und „Natura 2000"	Zerschneidung, Fragmentierung	Anteil unzerschnittener Freiräume > 50 km²
		Anteil unzerschnittener Wälder > 50 km² a. d. Gmdfl.
		Verkehrswegedichte
		Anteil Funktionsräume als "Kernräume" a. d. Gmdfl.
		Anteil "National bedeutsamer Funktionsräume a. d. Gmdfl.
D) Erhaltung und Entwicklung von **Vielfalt**, Eigenart, **Schönheit** von NuL	Vielfalt der Nutzungsarten	Reichtum
		Shannon Diversity Index
		Landscape Shape-Index
	Landschaftsstrukturvielfalt	Gehölzdominierte Ökotondichte
		Dichte gehölzartiger Landschaftsstrukturelemente
		Mittlere Flächengröße unbebauter Flächen
		Mittlere Flächengröße
		Randliniendichte aller Siedlungsfreifl. u. Freiraumfl.
	Schönheit	Attraktivität der Landschaft

Aufgaben der Landschaftsplanung	Teilaspekte	Landschaftsindikatoren
E) Erhaltung und Entwicklung **von Freiräumen** im besiedelten und unbesiedelten Bereich	Freiraumfläche	Anteil Freiraumflächen a. d. Gmdfl.
		Anteil Freiraumfläche pro Einw.
	Siedlungsfreiraumfläche	Anteil Siedlungsfreifläche a. d. Gmdfl.
		Anteil Siedlungsfreifläche a. Siedlfl.
		Anteil Siedlungsfreifläche pro Einw.
F) Ausweisung von geeigneten Kompensationsflächen für die Eingriffsregelung und **Ökokonten**		Ökokonto vorhanden/nicht vorhanden (Daten im Rahmen der online-Befragung gewonnen)

Im Folgenden werden die Kennzahlen und Indikatoren aus Tab. 3.10, welche hier zusammenfassend als Landschaftsindikatoren bezeichnet werden, kurz vorgestellt. So denn keine anderen Angaben zur Datenherkunft gemacht wurden, stammen diese Daten aus dem IÖR-Monitor (www.ioer-monitor.de) und sind dort frei verfügbar.

3.4.2.1 Ziel A: Vermeidung, Minderung oder Beseitigung von Beeinträchtigungen von Natur und Landschaft

Siedlungs- und Verkehrsflächen

Anteil Siedlungs- und Verkehrsfläche an der Gemeindefläche
Der Flächenanteil aus Siedlungs- und Verkehrsfläche an der Gemeindefläche ist ein bedeutender Indikator für die Bodenversiegelung. Diese Flächen beinhalten Gebäude-, Verkehrs- und Siedlungsfreiflächen und korrelieren positiv mit dem Versiegelungsgrad und negativ mit dem Freiraumanteil (vgl. Abb. 3.11).

Anteil baulich geprägter Siedlungsfläche an der Gemeindefläche
Unter baulich geprägter Siedlungsfläche wird die Summe aus Wohnbaufläche, Fläche gemischter Nutzung und Fläche besonderer funktionaler Prägung sowie Industrie- und Gewerbefläche zusammengefasst. Eine Betrachtung der einzelnen Kategorien der Siedlungsflächen ist nicht zielführend, da hier noch zu große Differenzen hinsichtlich der Kartierung zwischen den einzelnen Bundesländern bestehen.

Anteil gebäudeüberbauter Fläche an der Gemeindefläche
Der Flächenanteil der mit Gebäuden bebauten Fläche einer Gemeinde ist ein Indikator für den Überbauungsgrad. Dabei ist zu beachten, dass im Gegensatz

zum Bodenversiegelungsgrad nur Gebäude betrachtet werden und somit unbebaute versiegelte Flächen (z. B. Straßen und Parkplätze) keine Beachtung finden.

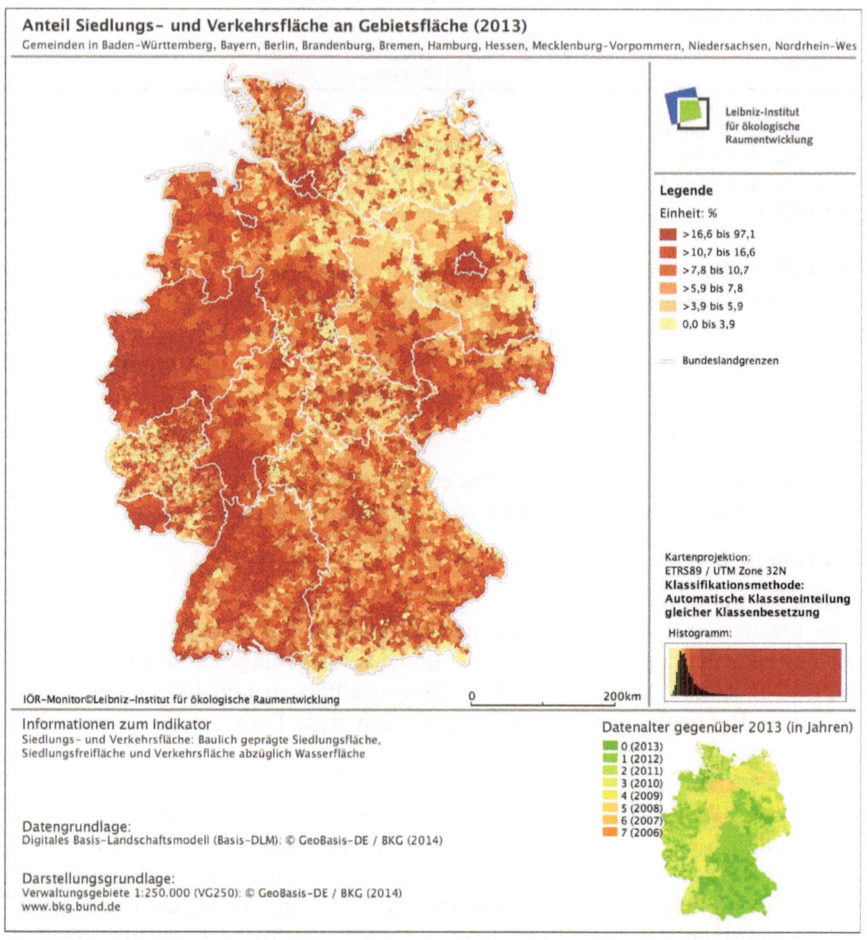

Abb. 3.11: Anteil Siedlungs- und Verkehrsflächen an der Gemeindefläche 2013, Quelle: www.ioer-monitor.de

Anteil gebäudeüberbauter Fläche an der Siedlungsfläche

Der Flächenanteil der mit Gebäuden bebauten Fläche an der Siedlungsfläche ist ein Indikator für den Überbauungsgrad einer Siedlungsfläche und sagt damit aus wie kompakt und flächenschonend Siedlungen bebaut sind. Dieser Anteil berechnet sich aus dem Quotient der Grundfläche aller Gebäude (von Hausumringen abgeleitet) und der Siedlungsfläche.

Anteil versiegelter Bodenfläche an der Gemeindefläche
Der Anteil versiegelter Bodenfläche an der Gemeindefläche ist ein Maß für die gesamte Bodenversiegelung einer Gemeinde und basiert auf der Auswertung von Satellitendaten des Copernicus Land Monitoring Services (vgl. Schleicher & Weichselbaum 2016). Hierbei werden sowohl Gebäude als auch versiegelte und teilversiegelte Verkehrs- und Freiraumflächen betrachtet. Mit der Bodenversiegelung geht eine Zerstörung des Bodens sowie der Lebensräume für Flora und Fauna einher und das Meso- und Mikroklima sowie den Wasserhaushalt werden stark beeinflusst. Die örtliche Landschaftsplanung kann mit Entsiegelungsmaßnahmen hier entscheidende Beiträge leisten, z. B. auch zur flächensparenden Siedlungsflächenausweisung oder der gezielten Revitalisierung und Nutzung von Brachflächen beitragen (Flächenrecycling).

Landwirtschaftliche Nutzung

Anteil Landwirtschaftsfläche an der Gemeindefläche
Der Anteil der Landwirtschaftsfläche an der Gemeinde ist ein Maß für den ackerbaulichen Eingriff des Menschen. Dabei werden die Flächen von Acker, Grünland, Gartenland, Streuobstwiesen, Obst- und Weinbau zusammengefasst.

Anteil Grünlandfläche an der Landwirtschaftsfläche
Der Indikator beschreibt den Grünlandanteil an der Landwirtschaftsfläche (vgl. Walz & Stein 2017b). Je höher dieser Anteil ist, desto weniger intensiv ist die landwirtschaftliche Nutzung in einer Gemeinde. Die Nutzung ist weniger intensiv als bei Ackerflächen, da hier auf das Pflügen verzichtet wird. Dies verhindert die Bodenerosion. In agrarisch geprägten Kommunen kann gerade die Einsaat von Acker in Grünland oder der Nutzungsverzicht eine wirkungsvolle Kompensationsmaßnahme sein, welche im Rahmen der örtlichen Landschaftsplanung koordiniert und bspw. im Rahmen der Eingriffsregelung umgesetzt werden kann. Dieser Indikator wurde auf Grundlage der im IÖR-Monitor enthaltenen Indikatoren Anteil Grünlandfläche und Anteil Landwirtschaftsfläche an der Gemeindefläche abgeleitet (vgl. Abb. 3.12).

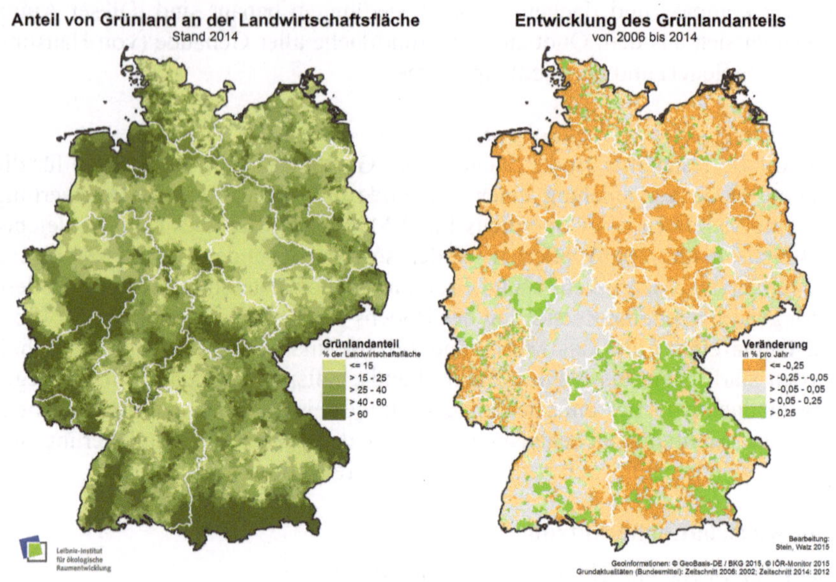

Abb. 3.12: Grünlandanteil an der Landwirtschaftsfläche, Entwicklung 2006 bis 2014, Quelle: Walz & Stein (2017b)

Anteil Gartenland, Obst- u. Weinbau an der Gemeindefläche

Der Anteil Gartenland, Obst- und Weinanbau an der Gemeinde fasst Flächen für den Anbau von Gemüse, Obst und Blumen sowie die Aufzucht von Kulturpflanzen zusammen. Diese Flächen sind in der Regel kleiner strukturiert als Grün- bzw. Ackerflächen und teilweise mehrjährig (Obstbäume, Weinanbau). Damit stellen diese Flächen im Gegensatz zu Ackerflächen weitaus bessere Habitate zur Verfügung, selbst wenn auch der Obst- und Weinanbau sehr intensiv sein kann.

Anteil unkultivierter Bodenfläche an der Gemeindefläche

Unter unkultivierten Bodenflächen werden Heiden, Moore, Sümpfe, sowie vegetationslose Flächen und sonstige Freiraumflächen zusammengefasst. Vegetationslose Flächen sind aufgrund besonderer Bodenbeschaffenheit ohne nennenswerten Bewuchs. Diese Flächen sind von hohem naturschutzfachlichem Wert für hochspezialisierte Arten. Die örtliche Landschaftsplanung kann entscheidende Maßnahmen entwickeln und umsetzen, um diese Flächen zu erhalten (z. B. Heidepflege mit Schafen) und zu revitalisieren (z. B. Wiedervernässung von Mooren). Dieser Indikator wurde aus dem Flächenschema des IÖR-Monitors abgeleitet.

Forstwirtschaftliche Nutzung

Waldanteil an der Gemeindefläche
Die Waldfläche einer Gemeinde vereint alle Wald- und Gehölzflächen. Diese Flächen sind entweder mit Forstpflanzen (Waldbäumen und Waldsträuchern) oder einzelnen Bäumen, Baumgruppen, Büschen, Hecken und Sträuchern bestockt. Bezogen auf die Gemeindefläche gibt dieser Flächenanteil eine Auskunft darüber, wie groß der Lebensraum für Tiere und Pflanzen in der Gemeinde insgesamt ist. Aufforstungen sowie die Pflanzung und Pflege von flächigen Gehölzen sind wirkungsvolle Maßnahmen zur Schaffung neuer Lebensräume, speziell in Regionen mit intensiver Landwirtschaft.

Waldanteil an der Freiraumfläche
Der Indikator berechnet sich aus dem Quotient der IÖR-Monitor-Indikatoren Anteil Wald- und Gehölzfläche und Anteil Freiraumfläche an der Gemeindefläche. Damit wird die Waldfläche lediglich auf die Freiraumfläche bezogen, welche sämtliche Siedlungs- und Verkehrsflächen außer Acht lässt und hauptsächlich land- und forstwirtschaftliche und unkultivierte Flächen sowie Gewässer umfasst. Damit spiegelt dieser Indikator das Verhältnis zwischen Offenland- und Waldlebensräumen wider. Die Landschaftsplanung kann eine steuernde Wirkung, z. B. durch Aufforstungsmaßnahmen, auf das Verhältnis von Freiraumfläche und Wald in einer Gemeinde ausüben.

Anteil Laubwald an der Waldfläche
Bis auf die Mittel- und Hochgebirgsregionen kann für weite Teile Deutschlands als potenzielle natürliche Vegetation ein Laubwald angenommen werden (Bohn & Welß 2003). Der Laubwaldanteil ist damit auch ein Indikator für die Natürlichkeit der Wälder in einer Kommune. Durch Waldumbaumaßnahmen kann der Laubwaldanteil effektiv erhöht werden. Langfristig kann dieses Ziel auch durch Nutzungsverzicht und der daraus folgenden Naturverjüngung erreicht werden. Im Rahmen der örtlichen Landschaftsplanung können geeignete Waldflächen identifiziert werden, wo dies besonders wirkungsvoll ist (z. B. Waldumbau in Bachtälern).

Anteil von Gehölzflächen an der Gemeindefläche
Im Gegensatz zu Wäldern sind Gehölzflächen in der Regel von geringerer Fläche und damit wertvolle inselartige Lebensräume in Agrarlandschaften. Diese Gehölzflächen haben außerdem meist eine besondere Bedeutung für das Land-

schaftsbild bspw. auf Kuppen. Zusätzlich zum Waldanteil an der Gemeindefläche beschreibt dieser Indikator eher kleinere und oft verstreute Flächen, welche mit einzelnen Bäumen, Baumgruppen, Büschen, Hecken und Sträuchern bewachsen sein können. Zum Erhalt und zur Schaffung solcher Brut- und Lebensräume gerade in Kulturlandschaften, kann die örtliche Landschaftsplanung einen bedeutenden Beitrag leisten.

Naturnähe

Hemerobieindex

Die Hemerobie stellt die Gesamtheit aller menschlichen Eingriffe in den Naturhaushalt dar (Sukopp 1972) und kann als ein inverses Maß der Naturnähe verstanden werden, wenn die anthropogenen Eingriffe reversibel sind (Kowarik 2006). Dabei werden Landnutzungsformen den verschiedenen Hemerobiestufen je nach Überprägungsgrad zugeordnet und anhand des Hemerobieindex zusammengefasst dargestellt (Steinhardt et al. 1999). Dieser stellt den flächengewichteten Mittelwert aller Hemerobiestufen einer Gemeinde dar und ist damit ein zusammenfassender Indikator des Kultureinflusses. Der Indikator steht im Rahmen des IÖR-Monitor nach der Berechnungsmethode von Walz & Stein (2014) zur freien Verfügung (vgl. Abb. 3.13).

Anteil naturbetonter Flächen an der Gemeindefläche

Da Flächen, die keinen oder nur mäßigen periodischen Eingriffen des Menschen unterliegen (ahemerobe bis mesohemerob), von besonderem naturschutzfachlichen Interesse sind, gibt der Indikator Anteil naturbetonter Flächen an der Gemeindefläche Auskunft darüber, wie groß der Flächenanteil besonders schützenswerter Biotope ist (vgl. Stein & Walz 2012). Die kommunale Landschaftsplanung kann einen entscheidenden Einfluss nehmen, dass Flächen mit hohem naturschutzfachlichem Wert nicht überbaut werden bzw. stark gestörte Flächen durch verschiedene Maßnahmen aufgewertet werden.

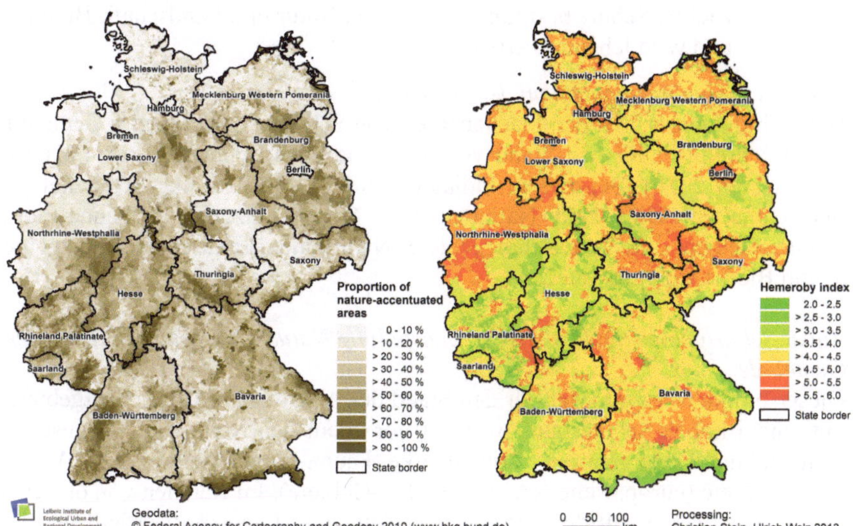

Abb. 3.13: Hemerobieindex (rechts) und Anteil naturbetonter Flächen der Gemeinden (links) in Deutschland 2009, Quelle: Walz & Stein (2014)

Zersiedelung

Gewichtete Dispersion

Die Dispersion ist ein Maß der Streuung und charakterisiert die räumliche Anordnung von Gebäuden bzw. Siedlungsflächen untereinander (Jäger et al. 2010). Hierbei wird die Summe von mittleren gewichteten Abständen zwischen den einzelnen Siedlungspunkten herangezogen, welche innerhalb eines definierten Radius liegen. Gebiete mit höherer Streuung der Siedlungsflächen tragen stärker zur Zersiedlung bei. Dies wird durch eine Gewichtung der Streuungswerte berücksichtigt. Für Deutschland liegen Daten zur gewichteten Dispersion von Schwarzak et al. (2014) vor.

Siedlungskörperdichte der Gemeinde

Die Siedlungskörperdichte ist definiert als Quotient der Anzahl räumlich zusammenhängender Ortslagen (Siedlungskörper) und der Gemeindegröße. Dieser Indikator steht für die Zersplitterung des Siedlungsraumes. Ortslagen werden erst als solche erfasst, wenn eine zusammenhängende Bebauung auf einer Fläche größer als 5 ha gegeben ist.

3.4.2.2 Ziel B: Schutz bestimmter Teile von Natur und Landschaft, Biotope und wild lebender Arten

Anteil Schutzgebietsflächen an der Gemeinde
Dieser Indikator erfasst den Flächenanteil von Schutzgebieten an der Gemeinde und beschreibt damit den Stand von ausgewiesenen Schutzgebieten (Walz & Schumacher 2010). Bei diesem Indikator sind die Flächen aller Schutzkategorien enthalten. Dies sind Nationalparke, Naturschutzgebiete, Fauna-Flora-Habitat-Gebiete und Vogelschutzgebiete, Naturparke, Landschaftsschutzgebiete und Biosphärenreservate.

Anteil Schutzgebietsflächen mit der Zielstellung Natur- und Artenschutz an der Gemeinde
Dieser Indikator ist ein Maß für den Stand der Ausweisung von Schutzgebieten mit einem hohen Schutzstatus, welcher vor allem den Natur- und Artenschutz zum Ziel hat. Dazu gehören Nationalparke, Fauna-Flora-Habitate sowie Vogelschutzgebiete (europäische NATURA 2000-Gebiete). Im Rahmen von örtlichen Landschaftsplänen soll der Zustand von Natur und Landschaft erfasst und bewertet werden. Diese Bewertung kann eine erste Grundlage für die Ausweisung von Naturschutzgebieten sein.

Anteil Schutzgebietsflächen mit der Zielstellung Landschaftsschutz an der Gemeinde
Alle Flächen des Landschaftsschutzes sind in diesem Indikator zusammengefasst und werden auf die Gemeindefläche bezogen. Daraus ergibt sich ein Maß für den Stand der Ausweisung des allgemeinen Landschaftsschutzes. Dazu gehören Naturparke, Landschaftsschutzgebiete und Biosphärenreservate außerhalb der Kernzonen. Im Landschaftsplan werden Schutzgebiete ausgewiesen und es können Bereiche identifiziert werden, welche für eine zukünftige Ausweisung in Betracht kommen.

3.4.2.3 Ziel C: Schutz u. Förderung von Biotopverbünden und „Natura 2000“

Anteil unzerschnittener Freiräume >50 km²
Der Indikator Anteil unzerschnittener Freiräume (UZF) an der Gemeindefläche stellt ein Maß für die Landschaftszerschneidung und damit auch für Erholungseignung, Habitatfunktion und Verlärmung dar (Walz 2006). Dabei stellen alle Straßen und Schienen des überörtlichen Verkehrs Zerschneidungselemente dar. Der Anteil UZF wird üblicherweise in >50 km² bzw. >100 km² klassifiziert. Letztere Maßeinheit findet auch als Indikator zur Nationalen Strategie zur biologischen Vielfalt Verwendung (BMU 2010).

Anteil unzerschnittener Wälder >50 km² an der Gemeindefläche
Die Zerschneidung von Wäldern kann anhand des Indikators Anteil unzerschnittener Wälder größer als 50 km² gut abgebildet werden (Walz et al. 2013). Große zusammenhängende Wälder sind von sehr hohem naturschutzfachlichem Wert und sind überaus schützenswerte Habitate und Wanderungskorridore (Burkhardt et al. 2004). Trassen des überörtlichen Verkehrs, sowohl Straße als auch Schiene, haben eine zerschneidende Wirkung auf diese Flächen. Die Landschaftsplanung ist in der Lage auf Aspekte der Zerschneidung Einfluss zu nehmen und wertvolle Biotope herauszustellen, welche nicht zerschnitten werden sollten bzw. Trassen unterschiedlicher Infrastrukturen zu bündeln um Zerschneidungseffekte zu minimieren.

Verkehrswegedichte
Der Indikator der Verkehrswegedichte berechnet sich aus dem Quotienten der Gesamtlänge des Verkehrsnetzes für den Kraftverkehr und der Gemeindefläche. Die Dichte des Verkehrsnetzes ist ein Indikator für die Erschließung der Landschaft für den Verkehr und damit der Störung von Natur und Landschaft im Hinblick auf landschaftliche Attraktivität, Habitatfunktion und Biotopverbund.

Anteil „Funktionsräume als Kernräume" an der Gemeindefläche
Anteil „National bedeutsamer Funktionsräume" an der Gemeindefläche
Fuchs et al. (2010) haben auf Grundlage der selektiven Biotopkartierungen der Länder (außer Hessen) Flächen für einen länderübergreifenden Biotopverbund identifiziert. Ausgehend von besonders naturnahen Biotopen wie Feucht-, Trocken- und Waldlebensräume wurden anhand von Distanzanalysen Biotopverbundflächen identifiziert. Je nach Distanz zum eigentlichen Biotop wird zwischen Kernräumen und national bedeutsame Funktionsräume unterschieden. Bei den Kernräumen handelt es sich um Funktionsräume der Distanzklasse 250 m. Dabei sind einzelne wertvolle Lebensräume nur 250 m voneinander entfernt und haben somit eine besondere Bedeutung für den Biotopverbund und den Erhalt der Biodiversität. Funktionsräume der Distanzklasse 1500 m zeigen eher großräumige bzw. nationale Verbindungen auf. Diese Flächen wurden jeweils als Flächenanteil je Gemeinde berechnet (vgl. Abb. 3.14). Je höher der Anteil dieser Funktionsräume an der Gemeinde ist, desto höher ist auch der Bedarf, mit Hilfe der örtlichen Landschaftsplanung genau diese Flächen zu sichern, vor Überbauung zu schützen und bestenfalls als Biotopverbundfläche zu optimieren.

Biotopverbund und Wiedervernetzung in Deutschland

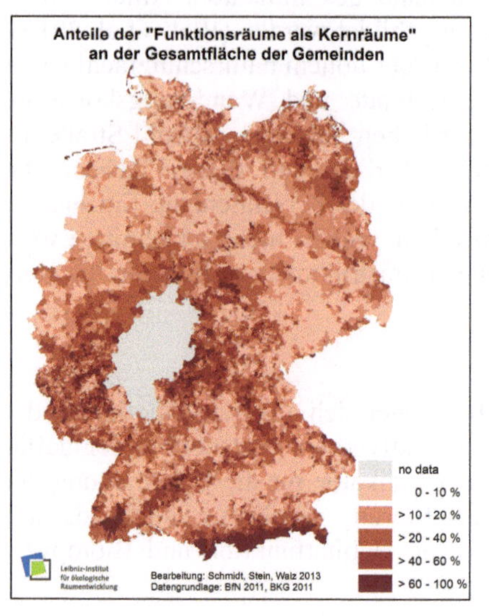

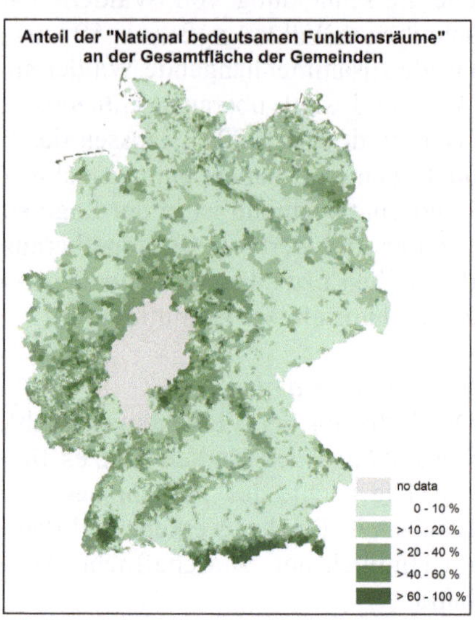

Abb. 3.14: Flächen für Biotopverbund und Wiedervernetzung in Deutschland

3.4.2.4 Ziel D: Erhaltung und Entwicklung von Vielfalt, Eigenart und Schönheit von Natur und Landschaft

Vielfalt der Nutzungsarten

Reichtum

Der Reichtum der Flächennutzung (Richness) ist ein Indikator für die Lebensraumvielfalt und damit indirekt auch der Biodiversität in einer Kommune. Dabei wird allein die Anzahl der auftretenden Flächennutzungsarten herangezogen. Die Größe der einzelnen verschiedenen Landnutzungen bleibt hierbei unbeachtet. Dieser Indikator wurde vom erweiterten Flächenschema des IÖR-Monitors abgeleitet, wobei alle Siedlungsflächen zusammengefasst wurden, sodass hier die Zahl der verschiedenen Landnutzungen im Freiraum zur Geltung kommt. Die örtliche Landschaftsplanung kann auf die Anzahl der Flächennutzungsarten einwirken und in monotonen Landschaften mit geeigneten Maßnahmen Flächen extensivieren oder umwandeln und so die Vielfalt gezielt erhöhen.

Landnutzungsvielfalt

Die Nutzungsvielfalt der Landschaft lässt sich anhand des Shannon Diversity Index beschreiben. Dieser Index ist abhängig von der Anzahl und der Größe der in der Gemeinde vorkommenden Landnutzungsformen und ein Indikator für die Biodiversität (Walz 2013: 194). Als Datengrundlage diente das erweiterte Flächenschema des IÖR-Monitors. Die Methodik zur Berechnung des Shannon Diversity Index für Deutschland ist bei Walz & Stein (2017b) beschrieben. Es zeigt sich, dass die Landnutzungsvielfalt in Regionen mit intensiver agrarischer Nutzung sowie großen Waldflächen besonders gering ist (vgl. Abb. 3.15 rechts).

Landscape Shape-Index

Der Landscape Shape Index gibt das Verhältnis aller Kanten einer Landschaft zum Umfang eines Kreises mit der Fläche der gesamten Landschaft wider (McGarigal & Marks 1995) und stellt damit einen Indikator für die Strukturierung der Landnutzungsübergänge dar. Er beschreibt die Formenkomplexität bzw. die Strukturierung der Landschaften durch Übergänge, jedoch nicht wie viele verschiedene Arten von Übergänge es gibt. Je höher dieser Wert, desto abwechslungsreicher sind die Randlinien der Flächen strukturiert.

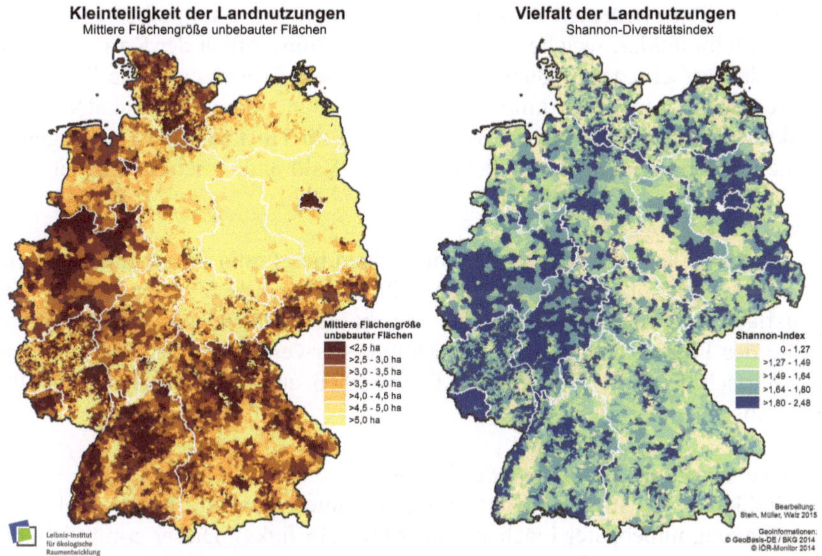

Abb. 3.15: Kleinteiligkeit der Landschaft außerhalb der Siedlungen und Vielfalt der Landnutzungen, Quelle: Walz & Stein (2017b)

Landschaftsstrukturvielfalt

Gehölzdominierte Ökotondichte

Besonders reich ist die Tier- und Pflanzenwelt in Übergangsbereichen, in denen zwei Ökosysteme aufeinandertreffen, den Ökotonen. Für diese Schnittstellen werden Gehölz- und Waldränder, Baumreihen und Hecken herangezogen (vgl. Walz 2012). Diese Ökotone enthalten oft sehr viele ökologische Nischen, daher findet sich hier die größte Vielfalt an Tier- und Pflanzenarten. Die gehölzdominierte Ökotondichte ist daher ein Indikator für die Biodiversität und Habitatqualität. Je mehr dieser Saumbiotope es in einer Landschaft gibt, desto höher ist diese Landschaft aus naturschutzfachlicher Sicht zu bewerten.

Dichte gehölzartiger Landschaftsstrukturelemente

Besonders linienhafte Landschaftsstrukturelemente tragen zu einer vielfältigen und gegliederten Landschaft bei. Dies resultiert in einer für den Menschen attraktiven Landschaft und wichtigen Habitaten für Vögel, Säuger und Insekten. Für die Berechnung wurden die im ATKIS Basis-DLM kartierten Hecken, Knicks und Baumreihen herangezogen. In dem Datensatz werden Hecken und Baumreihen mit einer Länge größer 200 m erfasst, wenn die Hecke landschaftsprägend ist, Baumreihen zusätzlich auch, wenn diese an Verkehrswegen angrenzen. Dies bedeutet, dass nicht alle Hecken und Baumreihen erfasst sind und es bleibt unklar, welche Unterschiede sich hinsichtlich der Kartierung zwischen den verschiedenen Bundesländern ergeben. Trotzdem ist die Dichte von Hecken und Baumreihen (km/km²) einer Kommune ein guter Indikator für den Strukturreichtum von Kulturlandschaften und für Heckenbrüter. Im Gegensatz zur gehölzdominierten Ökotondichte werden Waldränder nicht betrachtet.

Mittlere Flächengröße

Die mittlere Flächengröße der Landnutzungen beschreibt die räumliche Verteilung aller Landnutzungsklassen innerhalb einer Gemeinde. Hier werden Siedlungsflächen ebenso betrachtet wie unbebaute Flächen. Als Datengrundlage diente das Flächenschema des IÖR-Monitors erweitert um die Linienelemente der Wirtschaftswege, Hecken und Baumreihen aus dem ATKIS Basis-DLM (vgl. Abschn. 3.4.1.3)

Mittlere Flächengröße unbebauter Flächen

Als Indikator für Strukturvielfalt des Freiraumes dient die Kleinteiligkeit der Landnutzung unbebauter Flächen (vgl. Abb. 3.15 links). Dieser ermöglicht eine Aussage wie abwechslungsreich eine Landschaft gegliedert ist und genutzt wird. Kleinteilig strukturierte Kulturlandschaften sind außerdem besonders attraktiv für die Erholung des Menschen. Hierzu wurde die mittlere Flächengröße aller Landnutzungen unbebauter Flächen erstmalig für ganz Deutschland berechnet (vgl. Walz & Stein 2017b). Die örtliche Landschaftsplanung kann mit geeigneten Maßnahmen drauf hinwirken, dass große Flächen monotoner Nutzung durch Landschaftselemente gezielt aufgelockert werden. Auch hier diente das modifizierte Flächenschema des IÖR-Monitors als Datengrundlage.

Randliniendichte aller Siedlungsfreiflächen und Freiraumflächen
Die Dichte der Grenzlinien zwischen Siedlungsfreiflächen bzw. Freiraumflächen und angrenzenden Nutzungen beschreibt die Fragmentierung und Heterogenität der Landnutzung. Die Landnutzung von Gemeinden mit einer hohen Randliniendichte ist stärker strukturiert und weniger homogen. Dieser Indikator korreliert positiv mit der mittleren Flächengröße. Die Berechnung basiert ebenfalls auf dem modifizierten Flächenschema des IÖR-Monitors.

Schönheit

Attraktivität der Landschaft
Die landschaftliche Attraktivität beschreibt das Landschaftspotential für eine naturbezogene Erholung und kennzeichnet damit auch die Schönheit einer Landschaft (vgl. Abb. 3.16). Dieser Indikator wurde mithilfe von sieben gleichwertigen Parametern zur menschlichen Nutzung und Landschaftsstruktur abgeleitet. Diese Parameter sind: Reliefvielfalt, Freiraumanteil, Hemerobieindex, gehölzdominierte Ökotondichte, Gewässerranddichte, Küstenanteil und Anteil unzerschnittener Freiräume >50 km². Die detaillierte Methode und ausführliche Ergebnisse sind in Stein & Walz (2018) und Walz & Stein (2017a) beschrieben.

Die örtliche Landschaftsplanung hat zwar in der Regel keinen Einfluss auf wichtige Aspekte des Landschaftsbildes, wie der Reliefvielfalt oder den Anteil an Küstenlinien. Die Landschaftsstruktur und die Vielfalt der Landschaftselemente sowie die Intensität der menschlichen Nutzung kann die Landschaftsplanung aber sehr wohl gestalten.

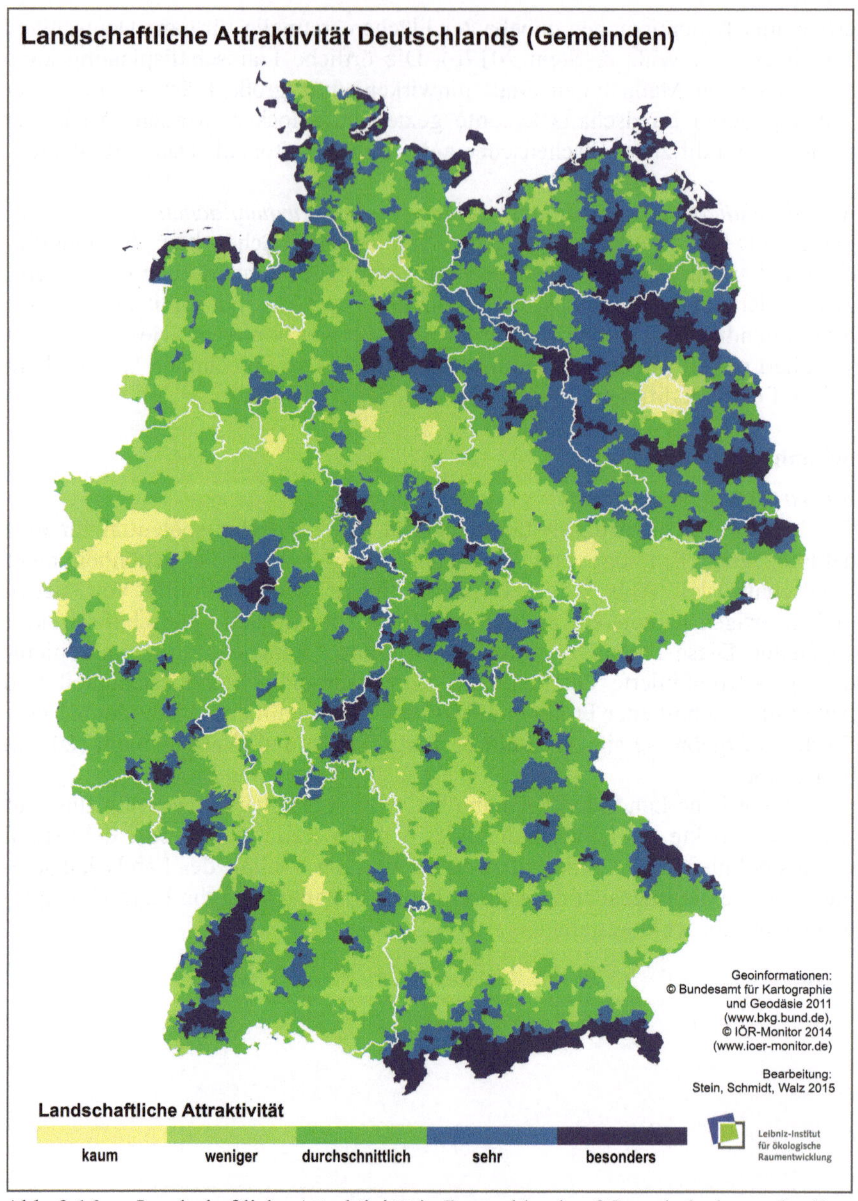

Abb. 3.16: Landschaftliche Attraktivität in Deutschland auf Gemeindeebene, Quelle: Stein & Walz (2018)

3.4.2.5 Ziel E: Erhaltung und Entwicklung von Freiräumen im besiedelten und unbesiedelten Bereich

Siedlungsfreiraumfläche

Anteil Siedlungsfreifläche an der Gemeindefläche
Dieser Indikator spiegelt den Flächenanteil von Grünflächen und Erholungsanlagen innerhalb des Siedlungsraumes (z. B. Park/Grünanlage, Kleingarten, Wochenendsiedlung, Golfplatz) einer Gemeinde wider. Der Indikator ist damit ein Maß für die Durchgrünung von Siedlungsflächen, wobei jedoch darauf zu achten ist, dass die Werte in größeren Städten tendenziell höher sind, da in ruralen Gebieten Freiraumflächen und damit potentielle Erholungsflächen direkt an die Siedlungen angrenzen. Gleichzeitig ist dieser Indikator insgesamt nicht unabhängig vom Anteil der Siedlungsfläche. Die Durchgrünung von Siedlungsflächen ist ein wichtiger Aspekt der Landschafts- und Grünordnungsplanung. So kann die örtliche Landschaftsplanung sicherstellen, dass Grünzüge geschaffen und Brach- und Grünflächen erhalten werden.

Anteil Siedlungsfreifläche an der Siedlungsfläche
Dieser Indikator beschreibt die Siedlungsfreifläche bezogen auf die Siedlungsfläche und ist somit unabhängig von der Größe der Siedlungsfläche bzw. Gemeindegröße. Damit eignet sich dieser Indikator besonders, um die durchschnittliche Durchgrünung der Siedlungsflächen innerhalb einer Kommune zu beschreiben. Methodisch ist zu beachten, dass im ATKIS Basis-DLM teilweise auch Waldflächen innerhalb von Ortslagen nicht als Park, sondern als Wald klassifiziert werden, was sicherlich zu einer Ungenauigkeit führen kann.

Anteil Siedlungsfreifläche pro Einwohner
Die Siedlungsfreifläche je Einwohner ist ein Indikator für die Versorgung der Bewohner einer Kommune mit Sport-, Freizeit- und Erholungsflächen. Je höher dieser Wert ist, desto attraktiver ist die Gemeinde zum Wohnen und desto geringer ist der Nutzungsdruck auf diese Flächen. In Parks und Grünanlagen ist dies mit mehr Ruhe und Erholung verbunden.

Freiraumfläche

Anteil Freiraumfläche an der Gemeindefläche
Der Anteil von Freiraumflächen an der Gemeindefläche repräsentiert das Verhältnis zwischen Siedlungs- und Freiraumfläche und damit zwischen Bereichen starker Versiegelung und Bereichen geringerer Nutzungsintensität. Als Freiraumflächen werden entsprechend des Flächenschemas des IÖR-Monitors (vgl. Abb. 3.9) Landwirtschaftsflächen, Wald- und Gehölzflächen, Gewässer, unkul-

tivierte Bodenfläche sowie Abbau- und Haldenflächen gezählt. Die örtliche Landschaftsplanung kann mit Maßnahmenvorschlägen bspw. zur Entsiegelung und Revitalisierung von Industriebrachen dazu beitragen, dass die Flächenneuinanspruchnahme für Siedlung und Verkehr minimiert wird und folglich der Anteil Freiraumflächen an der Gemeindefläche nicht geringer wird.

Anteil Freiraumfläche pro Einwohner
Der Indikator beschreibt die Größe der Freiraumfläche, bezogen auf die Einwohnerzahl einer Gemeinde. Die Freiraumfläche bezogen auf die Einwohner einer Kommune kann, ähnlich wie beim Anteil Siedlungsfreifläche pro Einwohner, ein Ausdruck dafür sein, wie groß das Angebot für die Erholung der Bewohner im Umfeld der Siedlungen in der Natur- bzw. Kulturlandschaft ist.

3.4.2.6 Ziel F: Ausweisung von geeigneten Kompensationsflächen für die Eingriffsregelung und Ökokonten

Vorhandensein eines Ökokontos
Im Rahmen der Online-Umfrage wurde abgefragt, ob die Gemeinden ein Ökokonto aufgestellt hatten oder nicht. Dabei sollte geprüft werden ob ein aufgestellter Landschaftsplan die Organisation und Koordinierung der Kompensationsflächen in Ökokonten begünstigt.

3.4.3 Indikatorenbündel zur landschaftlichen Vielfalt und Qualität

Die in Abschnitt 3.4.2 vorgestellten Indikatoren, welche die Ziele der Landschaftsplanung beschreiben können, wurden auf Grund ihrer teilweisen Überschneidung und Korrelationen untereinander mit Hilfe einer Faktorenanalyse auf zehn Indikatorenbündel reduziert (vgl. Tab. 3.11). Dazu wurde in SPSS eine Hauptkomponentenanalyse mit Rotation (Varimax) durchgeführt. Es konnten alle Komponenten zweifelsfrei einem Indikatorenbündel zugeordnet werden, d.h. es konnte jeweils nur eine einmalige Ladung von größer 0,5 auf einem Indikatorbündel festgestellt werden.

Ziel dieses Vorgehens ist es, neben der gezielten Prüfung bivariater Zusammenhänge zwischen den einzelnen Indikatoren und der kommunalen Landschaftsplanung auch übergreifende Zusammenhänge mit Hilfe der abgeleiteten Indikatorenbündel aufzuzeigen.

Tab. 3.11: Indikatorenbündel und deren Komponenten und Ladungen aus der Faktorenanalyse

Indikatorenbündel	Komponenten	Ladung
1) „Dichte der Bebauung (+), Freiraumanteil (-)"	Anteil Siedlungs- und Verkehrsfläche an der Gmdfl.	0,989
	Anteil Freiraumflächen an der Gmdfl.	-0,989
	Anteil baulich geprägter Siedlungsfläche an der Gmdfl.	0,973
	Anteil gebäudeüberbauter Fläche an der Gmdfl.	0,970
	Anteil versiegelter Bodenfläche an der Gmdfl.	0,958
	Verkehrswegedichte	0,803
	Anteil Siedlungsfreifläche an der Gmdfl.	0,694
	Anteil Freiraumfläche pro Einwohner	-0,537
2) „Intensität der Nutzung (-) und Vielfältigkeit des Freiraums (+)"	Anteil Wald an Freiraumfläche	0,934
	Anteil Wald an Gemeindefläche	0,930
	Anteil naturbetonter Flächen an der Gmdfl.	0,915
	Anteil Landwirtschaftsfläche an der Gmdfl.	-0,887
	Hemerobieindex	-0,867
	Anteil Ackerland an der Landwirtschaftsfläche	-0,670
	Anteil Grünland an der Landwirtschaftsfläche	0,669
	Shannon Diversity Index	0,584
3) „Siedlungsfreiflächen je Einwohner"	Anteil Siedlungsfreifläche an der Siedlungsfläche	0,934
	Anteil Siedlungsfreifläche pro Einwohner	0,928
4) „Biotopvernetzung und Naturschutzgebiete"	Anteil „Funktionsräume als Kernräume" an der Gmdfl.	0,810
	Anteil "National bedeutsamer Funktionsräume" an der Gmdfl.	0,777
	Anteil Laubwald an Waldfläche	0,644
	Anteil Schutzgebietsflächen, Natur- u. Artenschutz	0,506
5) „Unzerschnittene Freiräume und Attraktivität"	Anteil unzerschnittener Freiräume > 50 km²	0,858
	Anteil unzerschnittener Wälder > 50 km² an der Gmdfl.	0,773
	Attraktivität der Landschaft	0,603
6) „Natur- und Landschaftsschutz"	Anteil Schutzgebietsflächen, Landschaftsschutz	0,910
	Anteil Schutzgebietsflächen an der Gmdfl.	0,836
7) „Waldränder und Hecken"	Gehölzdominierte Ökotondichte	0,895
	Dichte gehölzartiger Landschaftsstrukturelemente	0,739
8) „Anteil unkultivierter Bodenfläche an Gemeindefläche"	Anteil unkultivierter Bodenfläche an der Gmdfl.	0,769
9) Siedlungskörperdichte (+) und Reichtum (-)"	Reichtum	0,738
	Siedlungskörperdichte	-0,590
10) „Gehölz- und Gartenanteil"	Anteil Gartenland, Obst- u. Weinbau an der Gmdfl.	0,790
	Anteil Gehölzflächen an der Gmdfl.	0,542
	Anteil gebäudeüberbauter Fläche an der Siedlungsfläche	0,470

Die aus der Faktorenanalyse abgeleiteten Indikatorenbündel werden im Folgenden kurz beschrieben und in Bezug zur örtlichen Landschaftsplanung gesetzt.

Indikatorenbündel 1: „Dichte der Bebauung, Freiraumanteil"
Auf das Indikatorenbündel 1 „Dichte der Bebauung, Freiraumanteil" laden vor allem die Indikatoren positiv auf, welche die Bebauung und Versiegelung von Bodenfläche widergeben. Dies sind die Indikatoren zur Siedlungs- und Verkehrsfläche, den baulich geprägten Siedlungsflächen sowie den gebäudeüberbauten bzw. versiegelten Flächen. Auch die Verkehrswegedichte und der Anteil an Siedlungsfreiflächen laden positiv auf dieses Indikatorenbündel auf. Der Siedlungsfreiflächenanteil an der Gemeinde korreliert stark mit dem Siedlungsflächenanteil, insofern ist diese Zuordnung nicht verwunderlich. Der Freiraumanteil korreliert per Definition des Flächenschemas des IÖR-Monitors negativ mit der Siedlungs- und Verkehrsfläche.

Damit vereint dieses Indikatorenbündel alle Indikatoren, welche die Versiegelung und Überbauung repräsentieren und demzufolge auch die nichtüberbauten Freiraumflächen. Die örtliche Landschaftsplanung kann durch die konkrete Steuerung der Siedlungsflächenentwicklung und der Renaturierung die Beeinträchtigung von Natur und Landschaft vermeiden oder mindern. Gleichzeitig kann der Erhalt und die Entwicklung von Freiräumen gefördert werden.

Indikatorenbündel 2: „Intensität der Nutzung und Vielfältigkeit des Freiraums"
Das Indikatorenbündel 2 fokussiert auf die Landnutzung des Freiraums und deren Vielfältigkeit. So laden die Indikatoren mit intensivem menschlichen Einfluss negativ und Flächenanteile naturbetonter Landnutzungen positiv auf dieses Indikatorenbündel auf. Zu den Flächennutzungen mit geringerer Nutzungsintensität gehören die Waldanteile, der Anteil naturbetonter Flächen sowie der Grünlandanteil an der Landwirtschaftsfläche. Eher intensiver Landnutzung unterliegen die Landwirtschaftsflächen insgesamt und der Anteil Ackerland an der Landwirtschaftsfläche. Auch der Hemerobieindex, der mit zunehmender Stärke des menschlichen Eingriffs steigt, lädt negativ auf das Indikatorenbündel auf. Der Shannon-Diversitäts-Index, welcher die Vielfältigkeit der Landnutzung mit besonderem Bezug auf den Freiraum beschreibt, lädt positiv auf.

Die kommunale Landschaftsplanung kann auf das Indikatorenbündel 2, welches zusammenfassend die Nutzungsintensität und Nutzungsvielfalt ausdrückt, mit Maßnahmen zur Extensivierung der Landwirtschaft oder zur Aufforstung, Anpflanzung von Gehölzen oder der Strukturanreicherung Einfluss nehmen. Damit kommt diesem Indikatorenbündel eine entscheidende Rolle zu.

Indikatorenbündel 3: „Siedlungsfreiflächen je Einwohner“
Dieses Indikatorenbündel ist Ausdruck des Siedlungsfreiflächenanteils an der gesamten Siedlungsfläche. Im Gegensatz zum Anteil der Siedlungsfreifläche an der Gemeindefläche, welches auf das Indikatorenbündel 1 auflädt, ist dieser Anteil unabhängig von der Siedlungsflächengröße einer Gemeinde. Mit ebenso hoher Stärke lädt der Anteil Siedlungsfreiflächen bezogen auf die Einwohnerzahl auf dieses Indikatorenbündel auf. Dies spiegelt die Grünflächenversorgung der Bewohner einer Gemeinde innerhalb von Siedlungen wider. Der örtliche Landschaftsplan ist in der Lage, dafür zu Sorge zu tragen, Grünflächen, Parks und Erholungsflächen zu schaffen und zu erhalten.

Indikatorenbündel 4: „Biotopvernetzung und Naturschutzgebiete“
Mit einer vorausschauenden Landschaftsplanung können Biotope vernetzt werden und Wanderungskorridore geschaffen und erhalten werden. Dies ist ein wichtiger Beitrag für die Artenvielfalt, da nur so ein Genaustausch zwischen den Populationen ermöglicht wird. Das Indikatorenbündel 4 ist Ausdruck solcher Vernetzungsflächen, den Funktionsräumen. Beide Indikatoren zum Flächenanteil der Funktionsräume laden auf dieses Indikatorenbündel positiv auf. Je größer die Fläche von potentiellen Biotopverbundflächen, desto höher ist auch der Wert dieses Indikatorenbündels. Zusätzlich laden mit geringerer Stärke der Laubwaldanteil an der Waldfläche und der Anteil von Schutzgebieten mit der Zielstellung Natur- und Artenschutz auf. Diese eher streng geschützten Gebiete sind oft auch bedeutende Biotopverbundräume.

Indikatorenbündel 5: „Unzerschnittene Freiräume und Attraktivität“
Unzerschnittene Freiräume sind bedeutend als Lebensräume von Tieren, aber auch für die Erholung des Menschen. Auf das Indikatorenbündel 5 laden der Anteil unzerschnittener Freiräume und unzerschnittener Wälder größer 50 km² an der Gemeindefläche auf. Auch die Attraktivität der Landschaft für die naturbezogene Erholung des Menschen spiegelt sich in diesem Indikatorenbündel wider. Die örtliche Landschaftsplanung kann diese Räume ausweisen und bei Flächenneuinanspruchnahme bzw. Infrastrukturvorhaben darauf hinwirken, dass diese Räume zu schützen sind.

Indikatorenbündel 6: „Natur- und Landschaftsschutz“
Das Indikatorenbündel 6 vereinigt sowohl den Anteil an Schutzgebietsflächen mit dem Schwerpunkt Landschaftsschutz und dem Anteil der gesamten Schutzgebietsfläche an der Gemeindefläche. Gerade beim Landschaftsschutz sind Schutzkategorien wie der Naturpark und das Landschaftsschutzgebiet beinhaltet, welche flächenmäßig sehr umfangreich und weniger restriktiv sind als ein

Naturschutzgebiet. Es ist daher nicht verwunderlich, dass der Indikator zum Anteil der strengeren Naturschutzgebiete auf ein anderes Indikatorenbündel auflädt. Die örtliche Landschaftsplanung hat für die Ausweisung solcher meist gemeindeübergreifenden Schutzgebiete eine eher untergeordnete Funktion, wenngleich die Bestandsaufnahme und die Leitbildentwicklung eine wertvolle Grundlage bilden können.

Indikatorenbündel 7: „Waldränder und Hecken“
Auf das Indikatorenbündel 7 „Waldränder und Hecken“ laden die gehölzdominierte Ökotondichte sowie die Dichte gehölzartiger Landschaftsstrukturelemente auf. Beide Indikatoren korrelieren stark untereinander, da die gehölzartigen Landschaftsstrukturelemente in Form von Hecken und Baumreihen eine Teilmenge der gehölzdominierten Ökotondichte sind, wozu außerdem noch alle Waldränder gezählt werden. Insofern steht dieses Indikatorenbündel für Strukturreichtum in der Kulturlandschaft. Große zusammenhängende Waldgebiete weisen beispielsweise in der Regel wenige solcher Strukturen auf. Die örtliche Landschaftsplanung kann diese Strukturen fördern und zum Schutz beitragen. Durch die konkrete Verortung können so neue Habitate und Wanderungskorridore geschaffen und die Landschaft damit deutlich attraktiver auch für die naturbezogene Erholung gemacht werden.

Indikatorenbündel 8: „Anteil unkultivierter Bodenfläche an der Gemeindefläche“
Der Indikator Anteil unkultivierter Bodenfläche an der Gemeindefläche bildet allein das Indikatorenbündel 8, was damit streng genommen kein „Bündel“ mehrerer Indikatoren ist. Dies zeigt jedoch auch, dass der Anteil dieser aus naturschutzfachlicher Sicht sehr wertvollen Flächen unabhängig von allen sonst betrachteten Indikatoren ist. Dazu gehören Moore, Heiden, Sümpfe und vegetationslose Flächen. Moore und Sümpfe sind in der Regel heute durch Schutzgebiete gesichert, jedoch können hier auch Maßnahmen im Landschaftsplan ergriffen werden, um diese zu pflegen bzw. zu renaturieren. Durch gezielte Wiedervernässung könnten auch diese Flächen zunehmen, was in dem Indikator Niederschlag finden würde. Heiden können durch gezielte Pflege und Entkusselung offen gehalten werden und so vor einer Verbuschung bewahrt werden.

Indikatorenbündel 9: „Siedlungskörperdichte und Reichtum“
Auf dieses Indikatorenbündel laden der Reichtum, also die Anzahl der in einer Kommune auftretenden Landnutzungsarten und die Siedlungskörperdichte auf. Während der Reichtum positiv auflädt, ist der Zusammenhang mit der Siedlungskörperdichte negativ. Der Reichtum ist ein Indikator für die Vielfältigkeit

einer Landschaft. Die Siedlungskörperdichte beschreibt die Anzahl räumlich zusammenhängender Siedlungskörper bezogen auf die Gemeindefläche. Damit ist dies ein Indikator für die Zersiedelung. Besonders zersiedelte Landschaften weisen demnach eine höhere Landnutzungsvielfalt auf. Die örtliche Landschaftsplanung kann mit geeigneten Maßnahmen dazu beitragen die Zersiedelung zu minimieren und Vorschläge entwickeln monoton genutzte Bereiche in ihrer Landnutzung abwechslungsreicher zu strukturieren.

Tab. 3.12: Indikatorenset zur Prüfung der wichtigsten Hypothesen

Wenn Landschaftsplan vorhanden, dann bewirkt dies in der Kommune...	Indikator zur Prüfung der Hypothese
einen höheren Anteil Siedlungsfreiflächen	Anteil Siedlungsfreifläche a. d. Gmdfl.
	Anteil Siedlungsfreifläche a. Siedlfl.
einen höheren Anteil Freiraumflächen	Anteil Freiraumflächen a. d. Gmdfl.
	Anteil Wald a. d. Gmdfl.
	Anteil Wald a. d. Freiraumfläche
	Anteil Laubwald a. d. Waldfläche
einen höheren Anteil Siedlungsfreifläche pro Einw.	Anteil Siedlungsfreifläche pro Einw.
einen höheren Anteil Freiraumfläche pro Einw.	Anteil Freiraumfläche pro Einw.
eine höhere Dichte gehölzartiger Landschaftsstrukturelemente	Dichte gehölzartiger Landschaftsstrukturelemente
einen höheren Anteil naturbetonter Flächen	Anteil naturbetonter Flächen a. d. Gmdfl.
einen niedrigerer Hemerobieindex	Hemerobieindex
einen höheren Anteil Grünlandfläche an der Landwirtschaftsfläche	Anteil Grünland a. d. Landwfl.
	Anteil Landwirtschaftsfläche a. d. Gmdfl.
	Anteil Ackerland a. d. Landwfl.
einen höheren Anteil Schutzgebietsflächen	Anteil Schutzgebietsflächen a. d. Gmdfl.
einen höheren Anteil Schutzgebietsflächen mit der Zielstellung Natur- und Artenschutz	Anteil Schutzgebietsflächen, Natur- u. Artenschutz
einen höheren Anteil Schutzgebietsflächen mit der Zielstellung Landschaftsschutz	Anteil Schutzgebietsflächen, Landschaftsschutz
einen höheren Anteil unzerschnittener Freiräume >50 km²	Anteil unzerschnittener Freiräume >50 km² a. d. Gmdfl.
	Anteil unzerschnittener Wälder >50 km² a. d. Gmdfl.
eine höhere mittlere Diversität der Landnutzungen	Reichtum
	Shannon Diversity Index
	Landscape Shape-Index
eine geringere Zersiedlung	Dispersion
eine kleinteiliger gegliederte Landschaft	Mittlere Flächengröße unbebauter Flächen
	Randliniendichte in der Gemeinde

Indikatorenbündel 10: „Gehölz- und Gartenanteil"

Das zehnte Indikatorenbündel „Gehölz- und Gartenanteil" vereint drei relativ unterschiedliche anmutende Indikatoren, welche ihrerseits relativ schwach aufladen. Der Anteil an Gartenland, Obst- und Weinbau vereint landwirtschaftliche Flächen, welche meist strukturreich und kleinflächig gegliedert sind. Gehölzflächen sind kleinere mit Gebüschen, Gehölzen oder Bäumen bestockte Flächen, welche meist inselartig in ausgeprägten Kulturlandschaften zu finden sind und das Landschaftsbild besonders prägen. Der Anteil gebäudeüberbauter Flächen an der Siedlungsfläche lädt am schwächsten auf dieses Indikatorenbündel auf, sodass der Fokus auf beiden erstgenannten Indikatoren liegt. Gehölzflächen können gerade in intensiv genutzten Agrarlandschaften von besonderer Bedeutung für die Landnutzungsvielfalt sein und sind daher im Rahmen der örtlichen Landschaftsplanung zu erfassen und möglichst vor Abholzung zu schützen.

3.4.4 Indikatorenset zur Prüfung der Hypothesen

Ziel ist es, mit einem Indikatorenset die in Kap. 3.2 formulierten Hypothesen zu prüfen und somit auf die Fragestellungen eine Antwort zu liefern. Dazu wurde entsprechend der Hypothesen ein Set von Indikatoren zusammengestellt (vgl. Tab. 3.12). Indikatoren zur Landschaftsstruktur wurden in Anlehnung an Walz (2013: 191) ausgewählt.

3.5 Statistische Methoden

Um zunächst zu prüfen, ob ein Zusammenhang zwischen der Landschaftsplanung und dem Zustand der Landschaft besteht, wird auf Korrelationsmaße und Zusammenhangsmaße zurückgegriffen. Dabei ist jedoch keine Kausalität ableitbar, da die Korrelation lediglich eine Aussage über den Zusammenhang, nicht jedoch über die Wirkungsrichtung erlaubt. Korrelationen sind demnach Maßzahlen, welche die Enge des Kovariierens von zwei Merkmalen beschreiben (vgl. Bortz et al. 2008: 325). Liegt eine abgesicherte Korrelation zwischen zwei Merkmalen vor, so ist es folgerichtig unmittelbar im Anschluss mit Hilfe einer Regression zu ermitteln, ob ein Merkmal mit dem anderen vorhergesagt werden kann. Dabei unterscheidet man inhaltlich begründet zwischen abhängigen (Kriteriumsvariable) und unabhängigen Merkmalen (Prädiktorvariablen). Für die Regression von kardinalskalierten Merkmalen wird eine Regressionsgleichung ermittelt, welche die Prognose der Kriteriumvariable bei einer bestimmten Ausprägung der Prädiktorvariable auf Grundlage von Wahrscheinlichkeiten erlaubt.

Tab. 3.13: Übersicht bivariater Korrelationen und Zusammenhangsmaße, zusammengestellt nach Bortz & Schuster (2010)

	Intervall-skaliert	Ordinal skaliert	Nominalskaliert dichotom künstlich	Nominalskaliert dichotom natürlich	Nominalskaliert polytom
Intervall-skaliert	Produkt-Moment-Korrelation	Spearmans Rangkorrelation Kendalls-tau	Biseriale Korrelation	Punktbiseriale Korrelation	Eta-Koeffizient
Ordinal-skaliert	-	Spearmans Rangkorrelation Kendalls-tau	biserial Rang-korrelation	biseriale Rang-korrelation biseriales tau-b	Cramér's V Kontingenz-koeffizient C
Nominalskaliert dichotom künstlich	-	-	Tetrachori-sche Korrelation	Cramér's V = Phi-Koeffizient Kontingenz-koeffizient C	Cramér's V Kontingenz-koeffizient C
Nominalskaliert dichotom natürlich	-	-	-	Cramér's V = Phi-Koeffizient Kontingenz-koeffizient C	Cramér's V Kontingenz-koeffizient C
Nominalskaliert polytom	-	-	-	-	Cramér's V Kontingenz-koeffizient C

Soll die Korrelation zwischen einem dichotomen Merkmal und einem ordinal oder intervallskalierten Merkmal ermittelt werden, bieten sich mehrere Korrelationskoeffizienten an (vgl. Tab. 3.13).

Die punktbiseriale Korrelation (r_{pbis}) erlaubt Zusammenhänge zwischen einer natürlich dichotom skalierten Variablen (z. B. Landschaftsplan aufgestellt ja/nein) und einer intervallskalierten Variablen (z. B. Grünlandanteil an der Landwirtschaftsfläche). Die punktbiseriale Korrelation wird berechnet, indem man die Gleichung der Produkt-Moment-Korrelationen für das dichotome Merkmal 0 und 1 einsetzt (Bortz & Schuster 2010: 171).

Die biseriale Korrelation (r_{bis}) ermöglicht den Zusammenhang eines künstlich dichotomisierten Merkmals und einer intervallskalierten Variable. Dabei müssen beide Merkmale ursprünglich normalverteilt (gewesen) sein (Bortz & Schuster 2010: 172). Die biseriale Korrelation stellt dann einen Schätzwert für die Produkt-Moment-Korrelation der intervallskalierten Variablen dar. Diese für die biseriale Korrelation nötige Normalverteilung liegt bei den meisten Landschaftsindikatoren jedoch nicht vor.

Bortz & Schuster (2010: 173) empfehlen immer die punktbiseriale Korrelation zu verwenden, sobald Zweifel bestehen, ob die Merkmale normalverteilt sind, selbst wenn bei vorliegender Normalverteilung der Zusammenhang mit der punktbiserialen Korrelation eher unterschätzt wird.

Die biseriale Rangkorrelation (r_{bisR}) kommt dann zum Einsatz, wenn ein Merkmal dichotom und das andere Merkmal wenigstens ordinalskaliert ist. Diese ist identisch mit der biserialen Korrelation für ordinalskalierte Variablen (Bortz & Schuster 2010: 177).

Mit Hilfe eines Rangkorrelationskoeffizienten, z.B. Spearmans rho, lassen sich zwei ordinalskalierte Merkmale hinsichtlich eines Zusammenhangs überprüfen (Bortz & Schuster 2010: 178). Dabei werden zwei Rangreihen miteinander verglichen und überprüft, ob diese statistisch übereinstimmen. Bei der Berechnung des Rangkorrelationskoeffizienten handelt es sich um eine nichtparametrische Korrelationsanalyse. Es wird gegenüber der Korrelation kein linearer Zusammenhang vorausgesetzt.

Beim Kendalls tau wird im Gegensatz zum Spearman rho anstatt dem Quadrat der Rangziffern die Fehlordnung der Paare untereinander verglichen. Daher ist Kendalls tau wesentlich robuster gegenüber Ausreißern.

Ist ein Merkmal nur biserial und das andere mindestens ordinal skaliert kann auf das verteilungsfreie Zusammenhangsmaß biseriales tau-b zurückgegriffen werden (Bortz et al. 2008: 434).

Zur Bestimmung der Korrelation zweier Nominalskalen eignet sich der Kontingenzkoeffizient C. Dieser Kontingenzkoeffizient ist jedoch nur bedingt mit den Werten der Produkt-Moment-Korrelation vergleichbar. Um einen Vergleich mit anderen Korrelationsmaßen zu gewährleisten, empfehlen Bortz & Schuster (2010: 180) die Verwendung von Cramér's V (auch Cramer Index). Dieser ist eine Chi-Quadrat-basierte Maßzahl und entspricht bei 2x2-Tabelle dem phi-Koeffizienten. Da Cramér's V immer positiv definiert ist und nur Größen zwischen 0 und 1 annimmt, kann jedoch keine Aussage über die Richtung des Zusammenhangs gemacht werden.

Die statistischen Auswertungen erfolgten mit IBM SPSS Statistics 20.

4 Ergebnisse

4.1 Landschaftsplanerische Faktoren – Ergebnisse aus der Online-Umfrage

4.1.1 Ökokonto und Flächenpool

Mit einem Ökokonto bzw. Flächenpool können Gemeinden, aber auch Private, Kompensationsmaßnahmen zeitlich vorziehen, bevorraten und bei späteren ausgleichspflichtigen Eingriffen die bereits durchgeführten Maßnahmen in Form von Ökopunkten verrechnen. Diese Planungsinstrumente beschleunigen nicht nur die Bauvorhaben und schaffen schneller Plan- und Rechtssicherheit, sondern ermöglichen auch, kleinere Kompensationsvolumen zu umfangreichen Naturschutzmaßnahmen zu bündeln. Während beim Ökokonto Maßnahmen direkt umgesetzt werden, dient der Flächenpool zunächst einer Bevorratung von Flächen für die zukünftige Umsetzung einer Kompensationsmaßnahme.

Bei den Gemeinden wurde abgefragt, ob die Gemeinde ein Ökokonto bzw. ein Flächenpool für die Bewältigung der Eingriffsregelung führt. In diesem Zusammenhang waren zwei Fragen von Bedeutung. Gibt es einen Zusammenhang zwischen dem Vorhandensein eines Landschaftsplanes und der Nutzung eines Ökokontos/Flächenpools? Gibt es einen Zusammenhang zwischen dem Vorhandensein eines Ökokontos/Flächenpools und der Landschaftsentwicklung zwischen 2000 und 2014?

Insgesamt 242 Gemeinden beantworteten die Frage nach dem Ökokonto. Davon gaben 106 (44 %) an, dass sie ein Ökokonto nutzen, 136 hatten kein Ökokonto (56 %). Es zeigt sich deutlich, dass in den östlichen Bundesländern weniger oft ein kommunales Ökokonto/Flächenpool genutzt wird als in den westlichen Bundesländern (vgl. Abb. 4.1).

C. Stein, *Steuerungswirkung der kommunalen Landschaftsplanung*,
https://doi.org/10.1007/978-3-658-21885-0_4

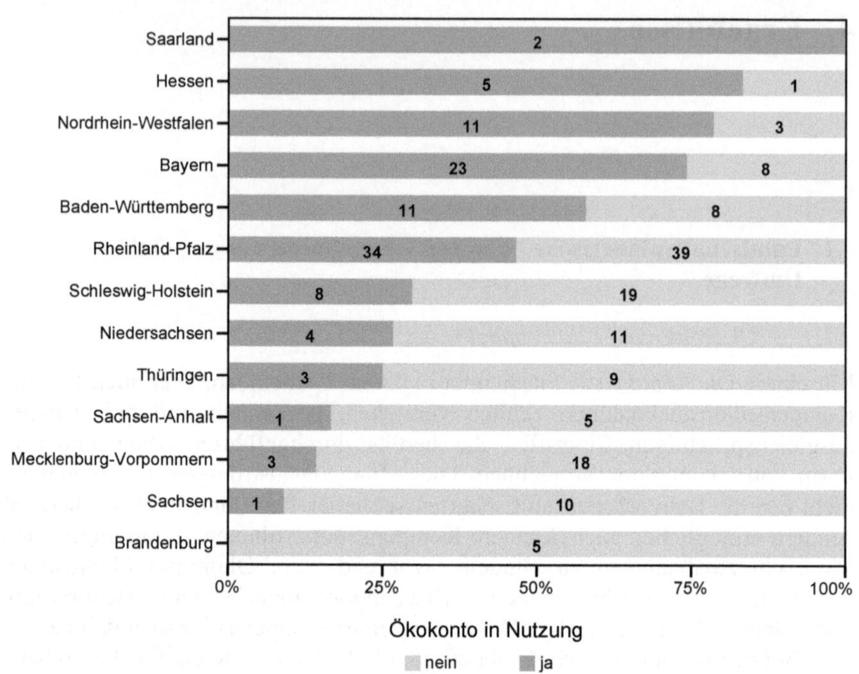

Abb. 4.1: Anzahl/Anteil Gemeinden nach Bundesländern, welche kommunale Ökokontos/Flächenpools nutzen

4.1.2 Eingriffe in Natur und Landschaft, Kompensationsbedarf

Kommunen, in denen ein hoher Kompensationsbedarf besteht, sind meist solche, in denen auch eine hohe Bautätigkeit vorherrscht und Eingriffe in Natur und Landschaft besonders hoch sind. Etwa die Hälfte der Kommunen gab an, dass der Bedarf an neuen Bauplätzen eher gering oder gering sei (vgl. Abb. 4.2 bzw. Tab. 4.1). Auch die abzusehenden Eingriffe in Natur und Landschaft werden von ca. 63 % der Gemeinden als gering bzw. sehr gering eingeschätzt. Dass der Bedarf an Kompensationsflächen die gleiche Verteilung aufweist wie die zur Stärke der Eingriffe in Natur und Landschaft, ist plausibel. Da diese Ergebnisse jedoch Einschätzungen einzelner Personen sind, werden diese Angaben sicherlich kritisch zu interpretieren sein. Die gleiche Befragung bei Umweltschutzverbänden hätte ggf. ein anderes Bild ergeben.

Betrachtet man jedoch die Angaben in Abhängigkeit zu den Raumtypen der Kommunen, so ergibt sich ein recht plausibles Bild (vgl. Anhang A.2).

Wachsende, städtische Kommunen und Kommunen zentraler Lage haben demnach einen höheren Bedarf an Flächen für Kompensationsmaßnahmen und Bauplätze. Auch die Eingriffe in Natur und Landschaft werden von solchen städtischen Kommunen eher größer eingeschätzt als von ländlichen peripheren Kommunen.

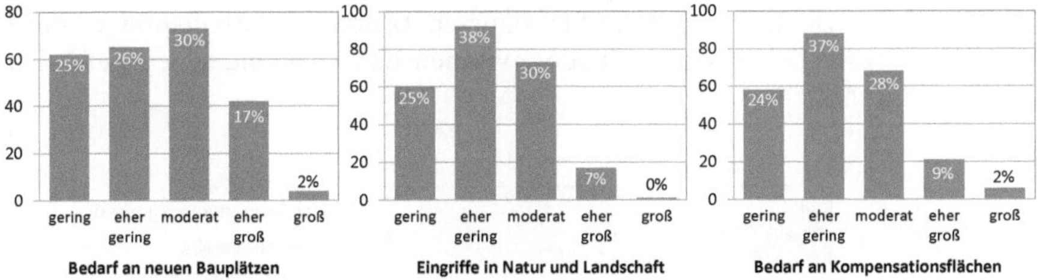

Abb. 4.2: Umfrageergebnisse zum geschätzten Bedarf an Bauplätzen, Kompensationsflächen und zu Eingriffen in Natur und Landschaft, N = 246

Tab. 4.1: Angaben der Kommunen zum geschätzten Bedarf an Bauplätzen, Kompensationsflächen und zu Eingriffen in Natur und Landschaft

	Geschätzter Bedarf an neuen Bauplätzen		geschätzte Eingriffe in Natur und Landschaft		geschätzter Bedarf an Kompensationsflächen	
	N	%	N	%	N	%
gering	62	25,2	60	24,7	58	24,1
eher gering	65	26,4	92	37,9	88	36,5
moderat	73	29,7	73	30,0	68	28,2
eher groß	42	17,1	17	7,0	21	8,7
groß	4	1,6	1	0,4	6	2,5
Gesamt	**246**	**100**	**243**	**100**	**241**	**100**

4.1.3 Engagement für Naturschutz und Landschaftspflege

Neben den landschaftsplanerischen Faktoren wie dem Stand der Landschaftsplanung, der Wirkungsdauer oder der Qualität des Landschaftsplans, sollte auch geprüft werden, ob das Engagement der Bürgerschaft für den Naturschutz einen Effekt auf den Landschaftswandel und die Qualität und Struktur der Landschaft hat, ggf. in Bezug auch zum Vorliegen eines Landschaftsplans oder nicht. Dazu wurden die Gemeindevertreter gebeten, das Engagement von Personen und Vereinen für den Naturschutz und die Landschaftspflege in der jeweiligen Gemeinde einzuschätzen. Reichlich die Hälfte schätzte ein, dass das Engagement von Bürgern und Vereinen für Naturschutz und Landschaftspflege im mittleren möglichen Bereich liegt. Dagegen gaben 29 % an, dass in ihren Kommunen ein großes oder sehr großes Engagement wahrzunehmen ist. Nur 18 % der Kommunen, die geantwortet haben (N = 233), gaben an, dass die Bürger und Vereine sich nicht oder nur sehr gering für den Naturschutz und die Landschaftspflege engagieren. Beim Engagement für Naturschutz und Landschaftspflege konnten keine wesentlichen Unterschiede zwischen den Gemeindetypen gefunden werden (vgl. Abb. 4.3).

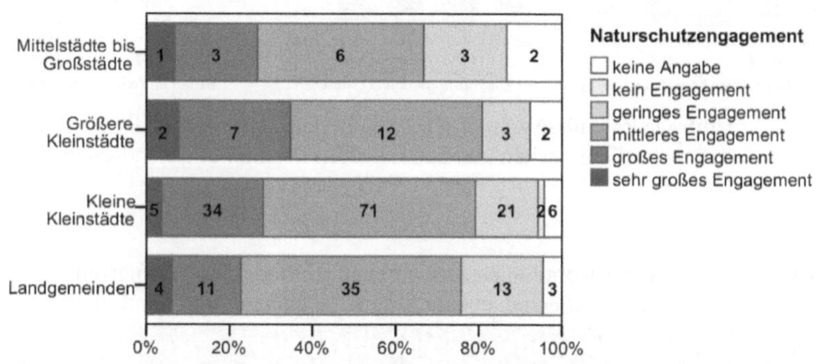

Abb. 4.3: Geschätztes Naturschutzengagement in Abhängigkeit vom Gemeindetyp nach Aussage von Gemeindevertretern

Es konnte ein schwacher Zusammenhang zwischen dem eingeschätzten Naturschutzengagement und dem Anteil der bislang umgesetzten Maßnahmen aus dem Landschaftsplan festgestellt werden ($rho = 0{,}287$; $p < 0{,}01$; $N = 109$). Kommunen mit einem großen Engagement für Naturschutz und Landschaftspflege gaben an, auch mehr Maßnahmen aus dem Landschaftsplan bislang umgesetzt zu haben (vgl. Abb. 4.4).

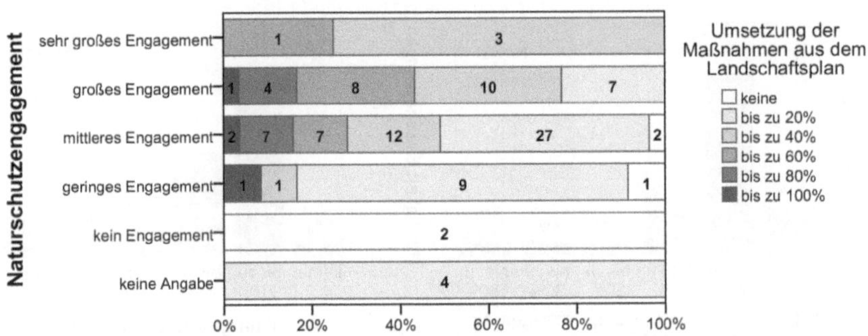

Abb. 4.4: Geschätzter Anteil der umgesetzten Maßnahmen aus dem Landschaftsplan nach eingeschätztem Engagement für Naturschutz

4.1.4 Umsetzung der Maßnahmen und Erfordernisse

Der örtlichen Landschaftsplanung wird für die Vorbereitung und die Umsetzung der Eingriffsregelung eine große Bedeutung zugemessen (Bruns et al. 2005: 155). Daher stellte sich die Frage, in welchem Maße die Erfordernisse und Maßnahmen des örtlichen Landschaftsplanes im Rahmen der Eingriffsregelung erfolgten.

Dazu wurden die Gemeinden im Rahmen der Online-Umfrage gebeten abzuschätzen, in welchem Maße die Erfordernisse und Maßnahmen aus dem Landschaftsplan in der Gemeinde zum einen umgesetzt wurden und zum anderen zu welchem Anteil dies im Rahmen der Eingriffsregelung geschah.

Insgesamt 48 % der Gemeinden, welche Angaben zum Stand der Maßnahmenumsetzung machten (N = 110), gaben an, dass keine oder nur maximal bis zu 20 % aller im Landschaftsplan vorgeschlagenen Maßnahmen und Erfordernisse bereits tatsächlich umgesetzt wurden (vgl. Abb. 4.5 links). Ein Viertel der Gemeinden antwortete, dass bis zu 40 % der Maßnahmen umgesetzt wurden. 15 % gaben an, dass bis zu 60 % der im Landschaftsplan enthaltenen Maßnahmen umgesetzt wurden, während nur 15 Gemeinden (14 %) die Maßnahmenumsetzung auf 80 bis 100 % schätzten. Insofern ist festzuhalten, dass bei dem Großteil der Gemeinden bislang eher weniger als die Hälfte der Maßnahmen umgesetzt worden sind.

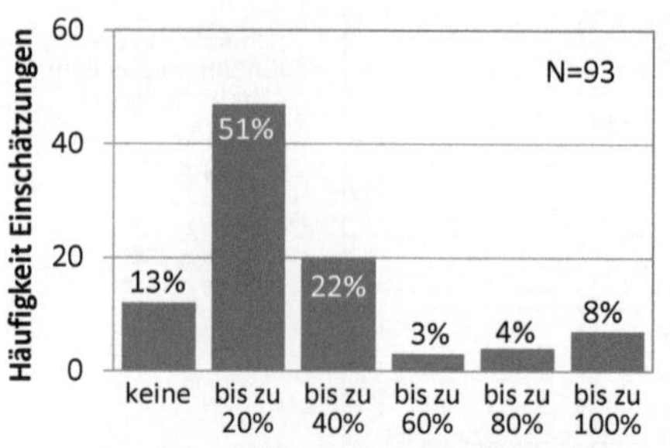

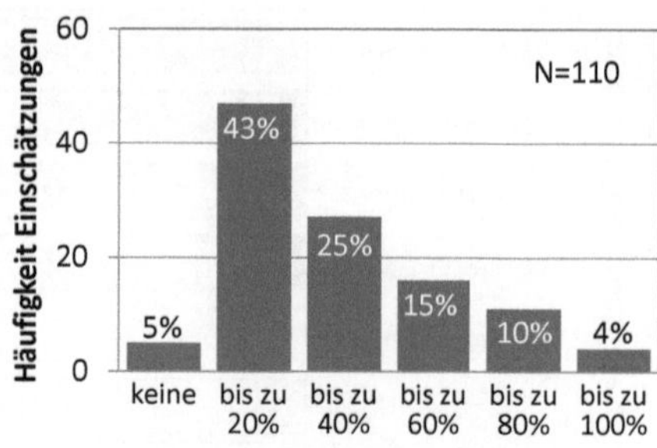

Abb. 4.5: Anteil der Kommunen nach geschätztem Anteil umgesetzter Maßnahmen des Landschaftsplans (links) und Umsetzung im Rahmen der Eingriffsregelung (rechts), eigene Erhebung, nach Stein et al. (2017)

Von allen umgesetzten Maßnahmen des Landschaftsplans wurden nach Angabe von 51 % der Gemeinden bis zu 20 % im Rahmen der Eingriffsregelung realisiert. Insgesamt 12 % gaben an mindestens bis zu 80 % oder bis zu 100 % anhand von Kompensationsmaßnahmen umgesetzt zu haben. Knapp ein Viertel (22 %) der Gemeinden schätzen ein, dass bis zu 40 % der umgesetzten Maßnahmen im Rahmen der Eingriffsregelung realisiert wurden. 3 % gaben an, dass die Eingriffsregelung bei bis zu 60 % das Instrument für die Umsetzung der Maßnahmen war. Für 13 % der Gemeinden spielt die Eingriffsregelung gar keine Rolle für die Umsetzung der im Landschaftsplan vorgeschlagenen Maßnahmen.

Im Rahmen von Ersatzzahlungen aus der Eingriffsregelung wurden bei 26 % der Gemeinden Maßnahmen aus dem Landschaftsplan finanziert (vgl. Tab. 4.2). 69 % der Kommunen finanzieren solche Maßnahmen aus dem kommunalen Haushalt, 27 % nutzen gezielt Fördermittel, 14 % nutzen Gelder des Kreises, nur 2,5 % Spenden und 26 % der Kommunen gaben an, dass Maßnahmen mit Hilfe ehrenamtlicher Naturschutzarbeit umgesetzt wurden.

Tab. 4.2: Finanzierung zur Umsetzung von Maßnahmen aus dem Landschaftsplan

Mit welchen finanziellen Mittel werden Erfordernisse und Maßnahmen des Landschaftsplanes in der Gemeinde ... realisiert?	N	Anteil
kommunaler Haushalt	111	69,4 %
Fördermittel (z. B. LIFE, ELER, Biotopverbund, etc.)	43	26,9 %
Ersatzzahlung (Ausgleichsabgabe) aus der Eingriffsregelung	41	25,6 %
ehrenamtliche Naturschutzarbeit	41	25,6 %
Gelder des Kreises	22	13,8 %
sonstige Mittel	11	6,9 %
Spenden	4	2,5 %
keine Angabe	16	10 %
gesamt	160	100 %

Fragt man die Gemeinden, was die wichtigsten Voraussetzungen dafür sind, dass die Erfordernisse und Maßnahmen aus dem Landschaftsplan umgesetzt werden können, so antworteten 69 %, dass zunächst ausreichende finanzielle Mittel zur Verfügung stehen müssen, 59 % gaben eine ausreichende Flächenverfügbarkeit an und über die Hälfte aller Kommunen antwortete, dass der politische Wille eine wichtige Voraussetzung für die Umsetzung ist (vgl. Tab. 4.3). Mehrfachnennungen waren möglich. Nur 17 % sehen in der Qualität des Landschaftsplans eine wichtige Voraussetzung dafür, dass die darin entwickelten Maßnahmen auch umgesetzt werden. Die Integration des Landschaftsplans in die Bauleitplanung ist für 33 % der Kommunen eine wichtige Grundlage für die Maßnahmenumsetzung. Als sonstige Voraussetzung wurden die Zustimmung der Flächeneigentümer, die generelle Akzeptanz der Landschaftsplanung, ausreichend Kapazitäten der zuständigen Sachbearbeiter sowie das Einvernehmen mit der Landwirtschaft genannt.

Tab. 4.3: Wichtigste Voraussetzungen für die Umsetzung von Erfordernissen und Maßnahmen aus dem Landschaftsplan

Was sind aus Ihrer Sicht die wichtigsten Voraussetzungen dafür, dass Erfordernisse und Maßnahmen aus dem Landschaftsplan in der Gemeinde ... (in Zukunft) umgesetzt werden können?	N	Anteil
ausreichende finanzielle Mittel	113	68,9 %
ausreichende Flächenverfügbarkeit	97	59,1 %
politischer Wille	85	51,8 %
Integration in die Bauleitplanung	54	32,9 %
Engagement von Einzelpersonen und Gruppen	37	22,6 %
qualifizierte Landschaftsplanung	28	17,1 %
sonstige Voraussetzungen	6	3,7 %
keine Angabe	16	9,8 %
gesamt	164	100 %

4.2 Stand der kommunalen Landschaftsplanung in Deutschland

Die Ergebnisse zum Stand der kommunalen Landschaftsplanung wurden teilweise bereits in Stein et al. (2014b) veröffentlicht und werden an dieser Stelle in Gänze und im Kontext der gesamten Arbeit aufgezeigt.

Insgesamt zeigte sich, dass für 72,5 % der zufällig gezogenen 600 Gemeinden ein Landschaftsplan aufgestellt wurde, 21,5 % der untersuchten Gemeinden hatten keine kommunale Landschaftsplanung, für 2 % war diese in Vorbereitung und für weitere 4 % in Bearbeitung (vgl. Tab. 4.4). Insgesamt wurde für 72,1 % der betrachteten Gemeindeflächen ein Landschaftsplan aufgestellt.

Tab. 4.4: Planungsstand der örtlichen Landschaftsplanung in den Kommunen der Stichprobe (08/2013)

Planungsstand	Anzahl	Anteil	Flächenanteil
in Vorbereitung	12	2 %	2,5 %
in Bearbeitung	24	4 %	5,2 %
in Kraft	435	72,5 %	72,1 %
kein Landschaftsplan	129	21,5 %	20,1 %

4.2.1 Planungsstand nach Bundesländern

Zwischen den Bundesländern bestehen teilweise große Unterschiede hinsichtlich des Planungsstandes (vgl. Abb. 4.6 und Abb. 4.7). Während in Mecklenburg-Vorpommern nur 15 % der untersuchten Gemeinden einen Landschaftsplan aufgestellt hatten, wiesen 98 % der Kommunen in Rheinland-Pfalz einen Landschaftsplan auf. In der Zufallsstichprobe waren für die Bundesländer Rheinland-Pfalz, Thüringen, Hessen, Baden-Württemberg sowie Brandenburg und Nordrhein-Westfalen mehr als drei Viertel der untersuchten Kommunen mit einem Landschaftsplan beplant. Nicht für alle Bundesländer lassen sich diese allgemeinen abgesicherten Angaben zum Planungsstand der kommunalen Landschaftsplanung machen, da die Anzahl der zufällig gezogenen Kommunen zu gering ist. So enthält die Gesamtstichprobe nur zwei Gemeinden aus dem Saarland, wovon nur eine Kommune einen Landschaftsplan aufgestellt hat (vgl. Abb. 4.8 und Abschn. 3.3.1.1).

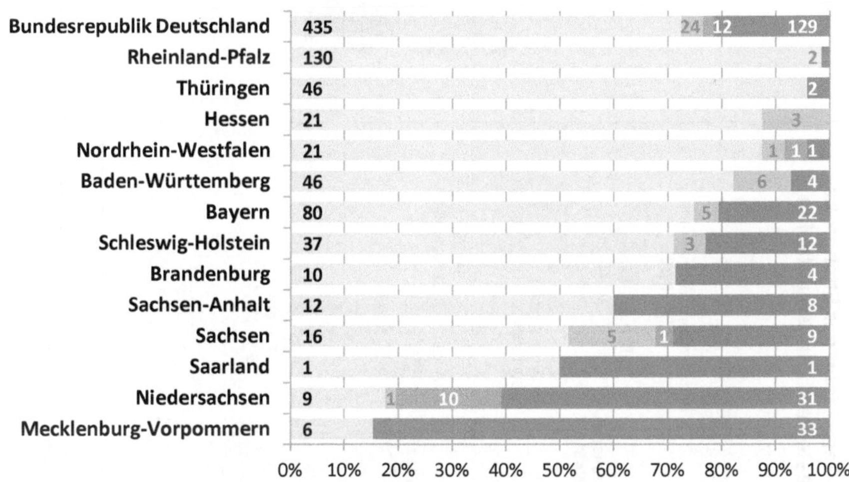

Abb. 4.6: Stand der örtlichen Landschaftsplanung in Deutschland nach Bundesländern, Stand: August 2013, N = 600

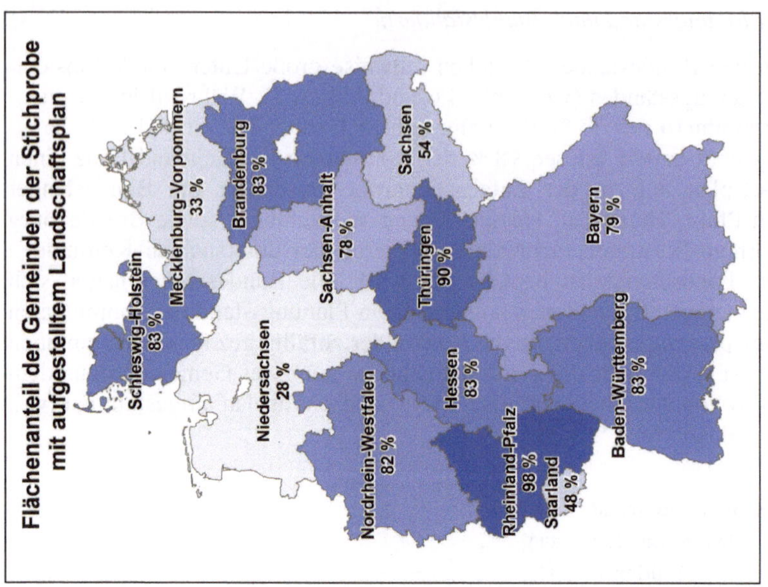

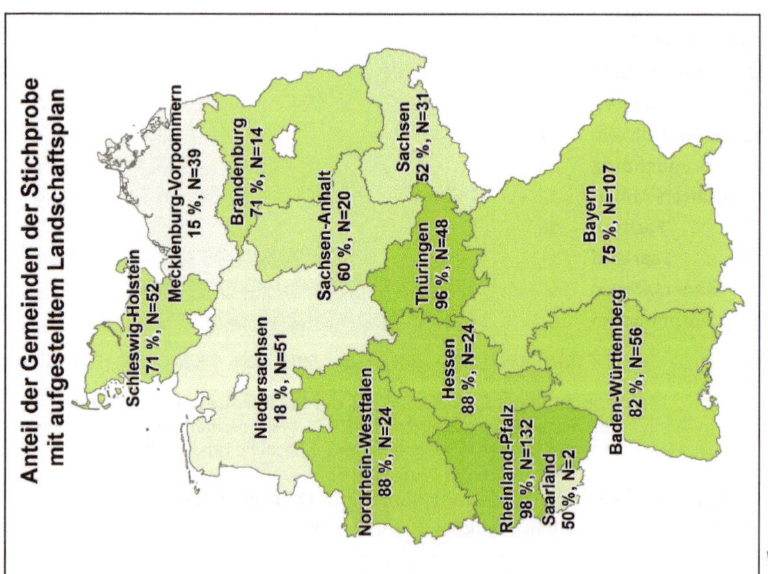

Abb. 4.7: Stand der kommunalen Landschaftsplanung in Deutschland nach Bundesländern, Stand: August 2013, N = 600, Stein et al. (2014b)

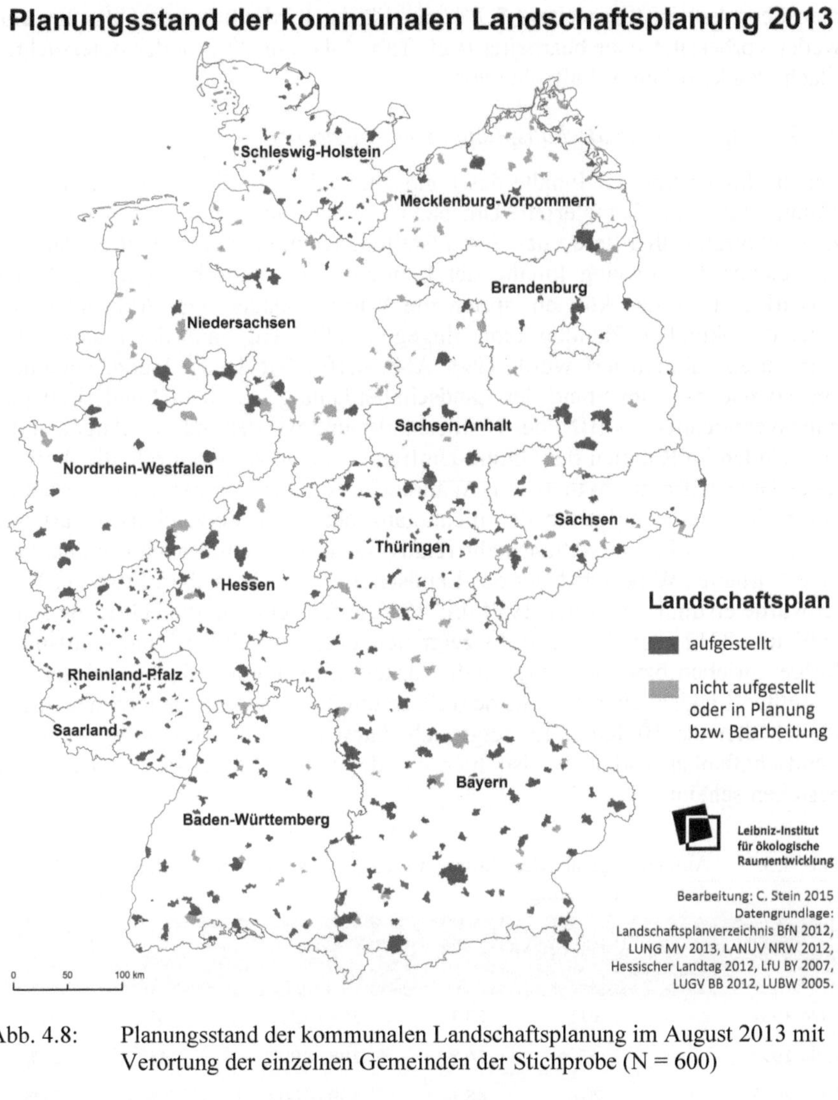

Abb. 4.8: Planungsstand der kommunalen Landschaftsplanung im August 2013 mit Verortung der einzelnen Gemeinden der Stichprobe (N = 600)

4.2.2 Planungsstand nach Flächenanteilen

Die für die Bundesrepublik repräsentative Stichprobe deckt 5,14 % der Fläche Deutschlands ab (18.051,71 km², ohne gemeindefreie Gebiete). Die Auswertung hat gezeigt, dass 72,1 % der untersuchten Fläche von einem Landschaftsplan überplant ist, für weitere 7,7 % der Fläche wird ein Landschaftsplan entweder vorbereitet oder bearbeitet (vgl. Tab. 4.4). Für 20,1 % der untersuchten Fläche lag kein Landschaftsplan vor.

4.2.3 Alter der Landschaftspläne in der Stichprobe

Für die Integration der Inhalte des Landschaftsplans in die räumliche Gesamtplanung bzw. für die materielle Umsetzung in der Landschaft wird eine gewisse Zeit benötigt. Daher liefert das Erstaufstellungsdatum eine Information darüber, in welcher Zeit bislang Inhalte der kommunalen Landschaftsplanung hätten verwirklicht werden können, sprich die Wirkungsdauer (vgl. Abb. 4.9). Das Alter der aktuellen Planung kann hingegen aufzeigen, wann der Landschaftsplan zuletzt aktualisiert wurde (vgl. Abb. 4.10). Die Daten hierzu stammen, ebenso wie die zum Stand der Landschaftsplanung, aus dem Landschaftsplanungsverzeichnis des BfN, der Bundesländer und wurden mit den Angaben der Gemeinden im Rahmen der Online-Umfrage, welche zur Kontrolle die Aufstellungsdaten abfragte, aktualisiert. Während das Alter der aktuellsten Planung unter Umständen aufgrund der nicht ganz aktuellen Verzeichnisse variieren könnte, ist das Erstaufstellungsjahr relativ sicher und somit auch die unabhängige Variable „Wirkungsdauer des Landschaftsplans" belastbar. Etwa ein Viertel wurde erstmals zwischen 1974 und 1982 aufgestellt und die Hälfte zwischen 1993 und 2012 (vgl. Tab. 4.5). Es zeigt sich, dass ein Teil der Landschaftspläne fortgeschrieben bzw. neu aufgestellt wurden. So stammen ein Viertel der aufgestellten Landschaftspläne aus dem Zeitraum 2003 bis 2012 jedoch waren drei viertel älter als 10 Jahre. Es zeigt sich damit deutlich, dass selbst wenn ein Landschaftsplan vorhanden ist, hier ein deutlicher Aktualisierungsbedarf zu bestehen scheint.

Tab. 4.5: Aufstellungsjahr des aktuellen Landschaftsplans im Vergleich zum Jahr der Erstaufstellung

Erstaufstellung			aktueller Stand		
Zeitraum	Anzahl	Anteil	Zeitraum	Anzahl	Anteil
1974-1982	102	23 %	1974-1982	44	10 %
1983-1992	63	14 %	1983-1992	45	10 %
1993-2002	207	48 %	1993-2002	233	54 %
2003-2012	57	13 %	2003-2012	107	25 %
unbekannt	6	1 %	unbekannt	6	1 %
in Kraft	435	100 %	in Kraft	435	100 %

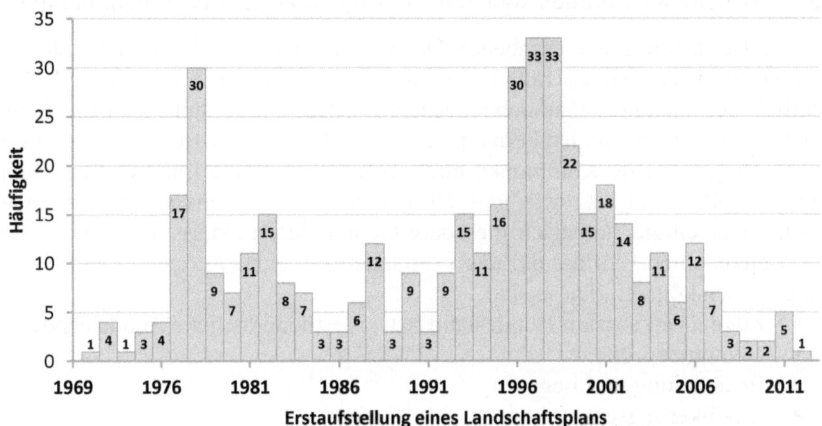

Abb. 4.9: Verteilung des Erstaufstellungsjahres eines Landschaftsplanes, N = 429

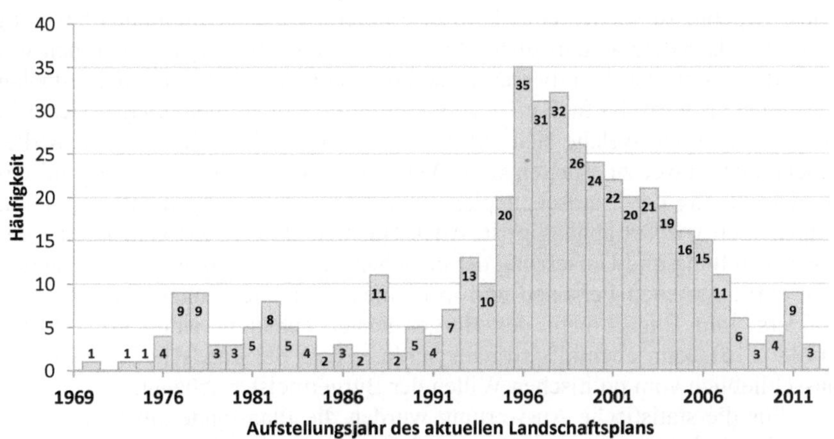

Abb. 4.10: Verteilung des Aufstellungsjahres des aktuellen Landschaftsplans, N = 429

4.3 Welche Kommunen stellen bevorzugt einen Landschaftsplan auf?

Bei der Betrachtung der erhobenen Daten zum Stand der Landschaftsplanung konnten zum Teil starke räumliche und gebietsabhängige Unterschiede hinsichtlich des Planungsstandes beobachtet werden. Daher stellt sich die Frage, welche Kommunen denn überhaupt Landschaftspläne aufstellen, oder umgedreht gefragt, welche Kommunen noch keine kommunale Landschaftsplanung etabliert haben und was mögliche Gründe dafür sein könnten. Im Folgenden sollen daher einige statistisch messbare Gemeindecharakteristika geprüft werden, welche einen Einfluss auf das Vorhandensein eines örtlichen Landschaftsplanes haben könnten. Diese sind:

- Zugehörigkeit zum Bundesland bzw. westliche/östliche Bundesländer
- Gemeindegröße
- Besiedelung und Lage
- Bevölkerungsentwicklung
- Wirtschaftliche Situation
- Aktuelle Flächennutzung
- Engagement der Bürger für Naturschutz

Diese Ergebnisse können erste Hinweise liefern, welche Kommunen bevorzugt einen Landschaftsplan aufstellen. Als Hypothese kann z. B. angenommen werden, dass wirtschaftlich besser gestellte Kommunen eher Landschaftspläne aufstellen als wirtschaftlich nicht so gut gestellte Kommunen. Es gibt sicherlich weitere Faktoren, welche sich auf eine Landschaftsplanaufstellung auswirken, jedoch nur schwer zu erfassen sind. Wende et al. (2009, 2012) zeigten auf, dass die Umsetzung der Landschaftspläne u. a. stark vom Engagement von Schlüsselpersonen vor Ort abhängig ist. Auch Büchter (2002: 165) konstatierte, dass die Aufstellung und Umsetzung der örtlichen Landschaftsplanung entscheidend von einflussreichen Personen und in kleinen ländlichen Gemeinden meist besonders vom Engagement der Bürgermeister abhängig sind. Von Dressler (1988: 116) kam ebenfalls zu dem Schluss, dass die Landschaftsplanung fast ausschließlich vom politischen Willen der Bürgermeister abhängt.

Für die statistische Auswertung wurden die Planstände „in Bearbeitung" und „in Vorbereitung" zur Klasse „nicht aufgestellt" gezählt, da der Landschaftsplan noch nicht vorliegt, selbst wenn auch schon vorgezogene Maßnahmenumsetzungen denkbar sind. Bei der Darstellung ist außerdem zu beachten, dass in Nordrhein-Westfalen und Thüringen die Kreise Planungsträger der örtlichen Landschaftsplanung sind.

4.3.1 Planungsstand nach Bundesländern

Der örtliche Landschaftsplan unterliegt den jeweiligen landesrechtlichen Vorgaben und Förderungspolitiken. Damit ist zu vermuten, dass das Bundesland, welchem eine Gemeinde angehört, ein entscheidender Faktor dafür sein könnte, ob ein Landschaftsplan in einer Kommune aufgestellt wurde oder nicht (vgl. Abschn. 4.2.1).

Es konnte ein signifikanter mittelstarker Zusammenhang zwischen dem Merkmal Bundesland und dem Planungsstand festgestellt werden (Cramérs $V = 0{,}600$; $N = 600$; $p < 0{,}01$). Gleichzeitig wurde nur ein sehr schwacher Zusammenhang zwischen dem Planungsstand der örtlichen Landschaftsplanung sowie den westlichen und östlichen Bundesländern festgestellt (Cramérs $V = 0{,}173$; $N = 600$; $p < 0{,}01$). Das heißt, dass die Bundeslandzugehörigkeit eine bedeutende Rolle spielt, jedoch zwischen östlichen und westlichen Bundesländern weniger Unterschiede bestehen.

Da das Vorhandensein eines Landschaftsplans von den noch im Folgenden untersuchten Faktoren am stärksten vom Bundesland abhängig war, wurde vermutet, dass die unterschiedlichen landesrechtlichen Rahmenbedingungen (vgl. Weiland & Wohlleber-Feller 2007: 162) und Förderpolitiken (vgl. Runge 1998: 223) eine entscheidende Bedeutung haben. In Rheinland-Pfalz wurde die Aufstellung der Landschaftspläne umfangreich gefördert (Gillich 1998), während beispielsweise eine solche Förderung in Mecklenburg-Vorpommern auf wenige Ausnahmen (sieben Pläne im Jahr 2002) beschränkt blieb (Berg et al. 2005). Nach Angaben des SMUL (2005) wurden in Sachsen während einer zwölfjährigen Förderphase (1992-2003) für insgesamt etwa 65 % der Landesfläche Landschaftspläne aufgestellt, welche dieser Förderung unterlagen.

Zwischen der Förderdauer in einem Bundesland und dem Vorhandensein eines Landschaftsplans konnte ein mittlerer positiver Zusammenhang gefunden werden (biseriales tau-b = 0,3534; $N = 600$; $p < 0{,}001$). Die Auswertung zeigt aber auch, dass in Hessen und Baden-Württemberg auch ohne lange finanzielle Förderaktivität ein hoher Anteil von Gemeinden einen Landschaftsplan aufgestellt hat (vgl. Abb. 4.11).

Sicherlich spielen neben der reinen finanziellen Förderung auch die unterschiedlichen Formen der rechtlichen Verankerung und die Maßstabsebene der Landschaftspläne eine Rolle. Während beispielsweise in Niedersachsen der Landschaftsrahmenplan für 52 UNB aufgestellt wird, geschieht dies in Hessen oder Mecklenburg-Vorpommern (Berg et al. 2005) für nur vier Planungsregionen. Damit sind die Landschaftspläne Thüringens in ihrer Planungstiefe weitgehend mit den Landschaftsrahmenplänen in Niedersachsen vergleichbar. Damit dürfte der örtliche Landschaftsplan den niedersächsischen Kommunen ggf. weniger relevant erscheinen.

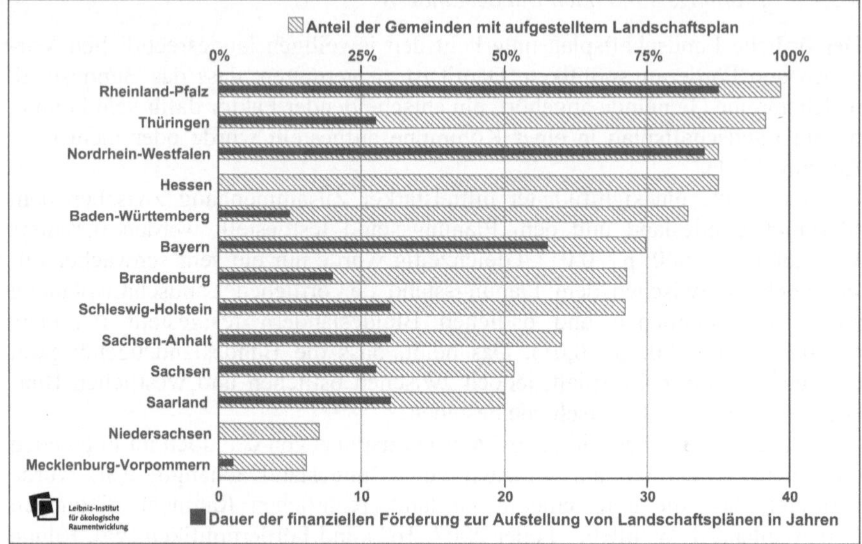

Abb. 4.11: Stand der örtlichen Landschaftsplanung in Abhängigkeit von der finanziellen Förderung der Aufstellung von Landschaftsplänen auf Basis der Stichprobe, N = 600

4.3.2 Planungsstand nach Gemeindegröße

Da die Aufstellung eines Landschaftsplans für flächenmäßig große Kommunen bzw. mit einer geringen Bevölkerungszahl wesentlich kostenintensiver sein kann, wurde vermutet, dass die Gemeinde(flächen)größe einen Effekt auf den Planungsstand der kommunalen Landschaftsplanung hat.

Der Planungsstand der örtlichen Landschaftsplanung in Abhängigkeit von der Einwohnerzahl zeigt, dass Kommunen mit weniger als 20.000 Einwohnern tendenziell seltener mit einem Landschaftsplan beplant sind als Gemeinden mit mehr als 20.000 Einwohnern (vgl. Abb. 4.12). Dabei haben Kommunen mit 500 bis 5.000 Einwohnern den geringsten Anteil an mit einem Landschaftsplan beplanten Gemeinden (64 - 71 %). Besonders kleine Gemeinden mit weniger als 500 Einwohnern weisen dagegen mit 77 % wieder häufiger einen Landschaftsplan auf. Dabei ist zu beachten, dass die Gemeinde(flächen)größe vom Bundesland abhängig ist. So besteht die Gemeindegrößenklasse < 500 Einwohner in der Stichprobe zu 50 % aus rheinland-pfälzischen Kommunen, was den hohen Anteil aufgestellter Landschaftspläne in dieser Klasse erklären könnte.

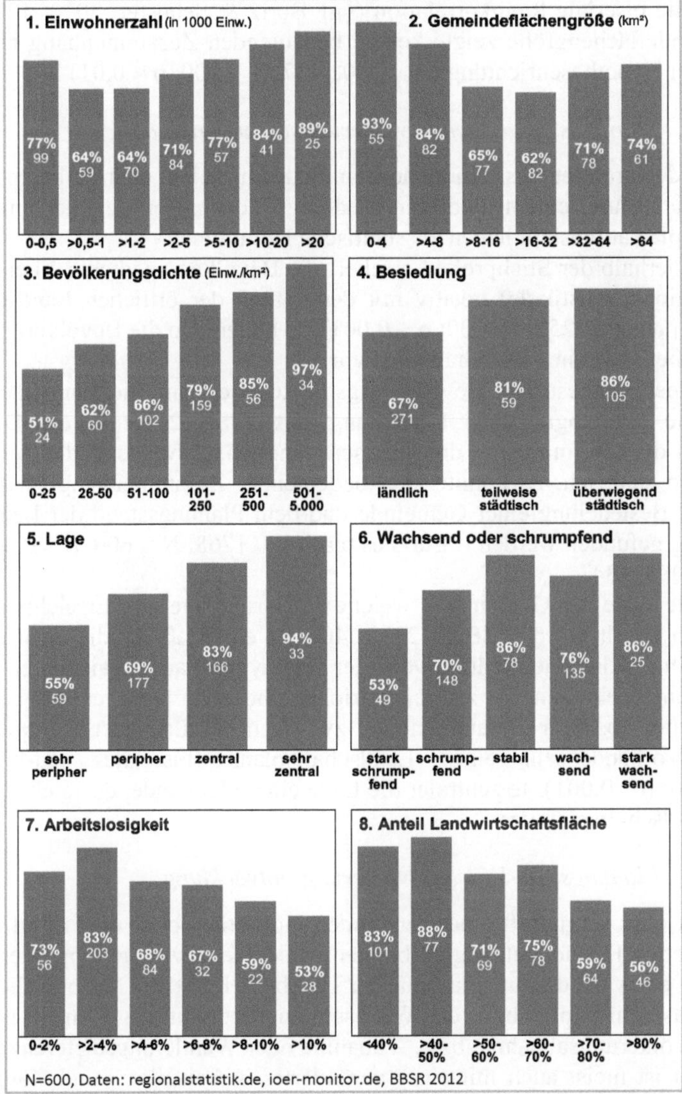

Abb. 4.12: Stand der örtlichen Landschaftsplanung nach strukturellen Merkmalen der Gemeinden, nach Stein et al. (2014b)

Für die Gemeindegröße nach Bevölkerung konnte kein signifikanter linearer Zusammenhang auf die örtliche Landschaftsplanung nachgewiesen werden. Auch die biseriale Rangkorrelation (vgl. Bortz & Schuster, 2010: 177) für die Gemeindeflächengröße zeigte keinen bedeutenden Zusammenhang in der vermuteten Hypothesenrichtung (r_{bisR} = -0,1487; N = 600; p < 0,01).

4.3.3 Planungsstand nach Bevölkerungsdichte und Lage

Es wurde vermutet, dass ländliche Gemeinden mit einer eher geringen Bevölkerungsdichte und einem niedrigen Siedlungsflächenanteil seltener einen Landschaftsplan aufgestellt haben als städtische Kommunen.

Innerhalb der Stichprobe korreliert die Bevölkerungsdichte einer Kommune (regionalstatistik.de) positiv mit dem Stand der örtlichen Landschaftsplanung (r_{bisR} = 0,3225; N = 600; p < 0,001). Je höher also die Bevölkerungsdichte, desto eher liegt ein Landschaftsplan vor.

Eine Synthese der Bevölkerungsdichte und dem Siedlungsflächenanteil stellt die Raumabgrenzung „Besiedlung" des BBSR (2012: 39) dar. Diese klassifiziert die Kommunen in drei Klassen: ländlich, teilweise städtisch und überwiegend städtisch. Es konnte kein bedeutender Zusammenhang zwischen der Art der Besiedelung einer Gemeinde und dem Planungsstand der Landschaftsplanung gefunden werden (biseriales tau-b = 0,1768; N = 600; p < 0,001; Bortz et al. 2008: 434).

Die Lage der Gemeinden, welche auf Grundlage von Erreichbarkeitsanalysen ermittelt wurde (BBSR 2012: 40), ist ein Maß für die Zentralität und liefert eine Klasseneinteilung von vier Lagetypen nach erreichbarer Tagesbevölkerung: sehr zentral, zentral, peripher und sehr peripher. Es besteht ein schwacher positiver Zusammenhang zwischen der Lage der Kommunen und dem Vorhandensein eines Landschaftsplans (biseriales tau-b = 0,2295; N = 600; p < 0,001). Je zentraler die Lage einer Gemeinde, desto eher liegt also ein Landschaftsplan vor.

4.3.4 Planungsstand nach Bevölkerungsentwicklung

Wächst oder schrumpft eine Gemeinde langfristig, so ist dies meist mit einer veränderten Flächennutzung verbunden, welche eine Aufstellung oder Aktualisierung eines Landschaftsplans nach § 11 Abs. 2 BNatSchG erforderlich macht.

Das Schrumpfen bzw. das Wachsen einer Kommune geht nicht nur mit einer Bevölkerungsabnahme bzw. -zunahme oder Wanderungsdifferenzen einher, sondern ist meist auch mit einer veränderten Arbeitsplatz- und Kaufkraftentwicklung verbunden. Die Raumabgrenzung des BBSR „schrumpfende und wachsende Gemeinden" ist ein mehrdimensionales Abbild von Schrumpfungs- bzw. Wachstumsprozessen, wobei neben der Bevölkerungs- und Arbeitsplatzentwicklung auch die Arbeitslosigkeit, die Realsteuerkraft und Kaufkraft mit einfließt (vgl. BBSR 2012: 42).

Es konnte kein bedeutsamer Zusammenhang zwischen der Wachstumsstärke einer Gemeinde und der Aufstellung eines Landschaftsplanes festgestellt werden (biseriales tau-b = 0,1624; N = 600; $p < 0{,}001$). Es ist jedoch auffällig, dass besonders stark schrumpfende Gemeinden durchschnittlich deutlich weniger oft (53 %) einen Landschaftsplan aufgestellt haben als stark wachsende Kommunen (86 %).

4.3.5 Planungsstand nach wirtschaftlicher Situation

Die Aufstellung eines Landschaftsplanes ist für den Planungsträger (i. d. R. Kommunen) in Abhängigkeit zur Größe des Planungsgebiets mit entsprechenden Kosten verbunden. Es wird daher vermutet, dass die finanzielle Situation der Kommunen einen Einfluss auf den Planungsstand der Landschaftsplanung hat.

Die Arbeitslosenzahl (regionalstatistik.de) gilt als ein Indikator für die Beschäftigungssituation und damit als eine Facette der wirtschaftlichen Situation einer Kommune. Mit steigender Arbeitslosigkeit sind geringere Steuereinnahmen und höhere Ausgaben verbunden. Auf Gemeindeebene wurde dazu der Anteil von Arbeitslosen an der Bevölkerung im erwerbsfähigen Alter (15-64) herangezogen.

Es besteht ein schwacher negativer Zusammenhang zwischen dem Verhältnis vom Anteil Arbeitsloser an der Bevölkerung im erwerbsfähigem Alter und dem Planungsstand der örtlichen Landschaftsplanung ($r_{bisR} = -0{,}2164$; N = 600; $p < 0{,}001$). Bei einer Kommune mit einer hohen Arbeitslosigkeit ist es danach weniger wahrscheinlich, dass ein Landschaftsplan aufgestellt wurde, was sich mit explorativen Ergebnissen bei Wende et al. (2005) zur Frage der Umsetzung von Landschaftsplänen in der Praxis deckt.

Die Haushaltsbilanz (regionalstatistik.de) der Gemeinde, vereinfacht berechnet aus Bruttoeinnahmen abzüglich Bruttoausgaben je Einwohner (2010) sowie die Pro-Kopf-Verschuldung der Gemeinde (FDZ 2008), korrelieren nicht mit dem Vorhandensein eines Landschaftsplans.

Die Gewerbesteuer ist die bedeutendste originäre Einnahmequelle einer Kommunen zur Deckung ihrer öffentlichen Ausgaben (DESTATIS 2011). Der Hebesatz der Gewerbesteuer (regionalstatistik.de) ist ein Maß dafür, wie stark eine Kommune versucht Unternehmen anzuwerben (DIHK 2009). Damit sind die Einnahmen durch die Gewerbesteuer und der dazugehörige Hebesatz ein Indikator für die wirtschaftliche Stärke der Gemeinde. Es konnte kein signifikanter Zusammenhang zwischen Gewerbesteuer und dem Stand der Landschaftsplanung gefunden werden. Gleiches gilt für den Gewerbesteuerhebesatz (biseriales tau-b = 0,140; N = 600; p < 0,001).

Die betrachteten Indikatoren der finanziellen und wirtschaftlichen Situation der Kommunen weisen keine Zusammenhänge mit dem Stand der Landschaftsplanung auf, wobei ein schwacher Zusammenhang zur Arbeitslosigkeit besteht.

4.3.6 Planungsstand nach Flächennutzung und Naturnähe

Eine für die Landschaftsplanung bedeutende Charakteristik einer Gemeinde ist die Flächennutzung. Dazu steht im IÖR-Monitor (www.ioer-monitor.de) eine Vielzahl von Indikatoren zur Verfügung.

Es besteht ein schwacher Zusammenhang zwischen dem Anteil der Siedlungs- und Verkehrsfläche der Gemeinde und dem Stand der Landschaftsplanung (r_{bisR} = 0,2196; N = 600; p < 0,001). Dies gilt auch für den Anteil naturbetonter Flächen (vgl. Tab. 4.6). Der Zusammenhang ist mit dem Anteil der Landwirtschaftsfläche am höchsten (r_{bisR} = -0,3013; N = 600; p < 0,001). Das bedeutet, je höher der Anteil der Landwirtschafts- bzw. der Freiraumfläche ist, desto weniger wahrscheinlich ist das Vorhandensein eines Landschaftsplans. Freiraumfläche ist im IÖR-Monitor als Freiraum im baulichen Außenbereich definiert. Davon zu unterscheiden sind die Siedlungsfreiflächen, welche im Innenbereich bzw. im bebauten Bereich liegen. Hingegen ist bei einem höheren Anteil Siedlungs- und Verkehrsflächen sowie bei einem höheren Anteil naturbetonter Flächen an der gesamten Gemeindefläche ein Landschaftsplan eher vorhanden.

Tab. 4.6: Ergebnisse der biserialen Rangkorrelation für Flächennutzungsindikatoren

Indikator der Flächennutzung	Biseriale Rangkorrelation
Anteil Landwirtschaftsfläche an der Gmdfl	-0,3013***
Anteil Siedlungs- und Verkehrsfläche an der Gmdfl	0,2196***
Anteil Freiraumfläche an der Gmdfl	-0,2138***
Anteil naturbetonter Flächen an der Gmdfl	0,2132***
Anteil unzerschnittene Freiräume >50km² an der Gmdfl.	-0,1566***
Anteil Schutzgebietsfläche an der Gmdfl	0,0113

N = 600, *** = p < 0,001; Daten: www.ioer-monitor.de

4.3.7 Planungsstand nach Kompensationsbedarf

Nach § 11 Abs. 2 BNatSchG ist ein Landschaftsplan aufzustellen, *„sobald und soweit dies im Hinblick auf Erfordernisse und Maßnahmen im Sinne des § 9 Absatz 3 Satz 1 Nummer 4 erforderlich ist, insbesondere weil wesentliche Veränderungen von Natur und Landschaft im Planungsraum eingetreten, vorgesehen oder zu erwarten sind."* Damit sind in allen Kommunen Landschaftspläne aufzustellen, in denen eine bauliche Entwicklung und damit Eingriffe in Natur und Landschaft geplant sind. Um zu prüfen, ob diese Anforderung erfüllt ist, wurden die Ergebnisse der Umfrage genutzt. Es wurde überprüft, ob es Zusammenhänge zwischen dem Stand der Landschaftsplanung und den zu erwartenden Eingriffen in Natur und Landschaft sowie dem von Gemeindevertretern eingeschätzten Bedarf an Kompensationsflächen gibt. Erwartet wurde, dass in Kommunen mit einem hohen Bedarf an Kompensationsflächen und Eingriffen in Natur und Landschaft auch ein Landschaftsplan vorhanden ist. Diese Hypothese konnte nicht bestätigt werden, da keine signifikanten Zusammenhänge bestehen (vgl. Tab. 4.7). Auch der geäußerte Bedarf an Bauplätzen, welcher einen zukünftigen Eingriff in Natur und Landschaft beschreibt, steht nicht in einem Zusammenhang damit, ob ein Landschaftsplan in einer Kommune aufgestellt wurde oder nicht.

Gemeinden mit Landschaftsplan führen öfter ein Ökokonto oder einen Flächenpool, um die Kompensationsmaßnahmen vorzuziehen bzw. Flächen für Kompensationsmaßnahmen zu sichern (Cramér's V = 0,286; p < 0,001; N = 246).

Tab. 4.7: Zusammenhang zwischen dem Planungsstand der Landschaftsplanung und dem Kompensationsbedarf

	Ökokonto	Bedarf an Bauplätzen	Eingriffe in Natur und Landschaft	Bedarf an Kompensationsflächen
Vorhandensein Landschaftsplan	0,286***	0,092	0,115	0,158

Cramér's V; N = 246; *** p < 0,001

Dieses Ergebnis ist im Grunde eher ein Zeichen dafür, dass es noch Kommunen zu geben scheint, die trotz erwarteter Eingriffe in Natur und Landschaft und einem hohen Bedarf an Kompensationsflächen noch keinen Landschaftsplan aufgestellt haben.

4.3.8 *Planungsstand nach Engagement für Naturschutz / politische Stimmenverteilung*

Die Vermutung liegt nahe, dass die Aufstellung und Umsetzung eines Landschaftsplans von Einzelpersonen und dem Engagement für Natur und Umwelt der in der Kommune lebenden Bürger abhängig ist. Büchter (2002: 165) und von Dressler (1988: 116) verdeutlichten bereits, dass die Aufstellung und Umsetzung der örtlichen Landschaftsplanung besonders von einflussreichen Personen und in kleinen ländlichen Gemeinden meist vom Engagement der Bürgermeister abhängig sind. Daher soll an dieser Stelle folgende Hypothese getestet werden: Je stärker das Engagement von Personen und Gruppen für Naturschutz und Landschaftspflege, desto wahrscheinlicher ist es, dass ein Landschaftsplan aufgestellt ist oder sich gerade in der Aufstellung befindet.

In diesem Fall wird das dichotome Merkmal „Stand der Landschaftsplanung" im Gegensatz zu den vorangegangenen unabhängigen Einflussfaktoren in die Merkmalsausprägungen „nicht aufgestellt" und „aufgestellt oder in Bearbeitung bzw. Vorbereitung" unterschieden. Wenn ein Plan in Vorbereitung oder Bearbeitung ist, dann kann davon ausgegangen werden, dass eine Aufstellung angestrebt wird.

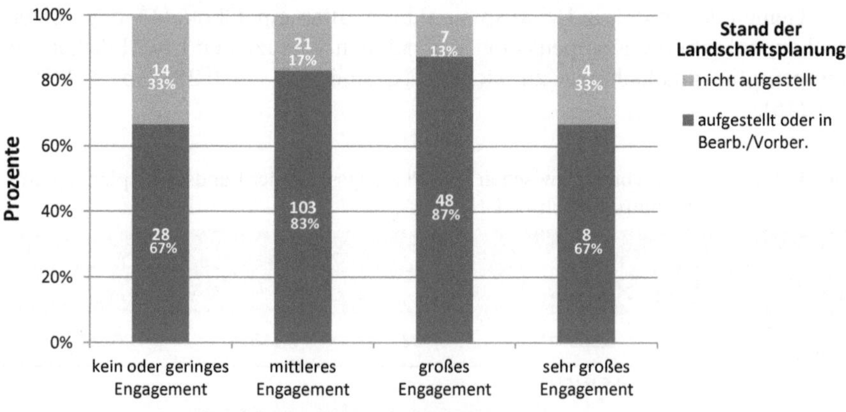

Abb. 4.13: Anteil Kommunen mit Landschaftsplan nach geschätztem Naturschutzengagement (N = 233)

Die Daten zum Engagement für den Naturschutz stammen aus der Umfrage unter den Kommunen der Stichprobe (vgl. Abschn. 3.3.3). Sie spiegeln allerdings nicht unbedingt das tatsächliche Engagement wider, sondern lediglich das von einem Gemeindevertreter vermutete Engagement (siehe Abschn. 4.1.3). In

Kombination mit dem Stand der Landschaftsplanung ergibt sich die Verteilung in Abb. 4.13. Statistisch lässt sich allerdings kein Zusammenhang finden, ob in einer Gemeinde eher ein Landschaftsplan aufgestellt wurde, wenn das eingeschätzte Engagement der Bevölkerung für den Naturschutz hoch ist (r_{bisR} = 0,1438; N = 233; p < 0,097).

Die Wahlbeteiligung kann als ein Indikator für bürgerschaftliches Engagement gewertet werden und die Wahlergebnisse der letzten Landtagswahl geben ein überschlägiges Bild zur politischen Einstellung in den Kommunen. Hierbei wurde extra die Landtagswahl gewählt, da diese weniger eine Personenwahl ist, wie dies bei der Kommunalwahl stärker der Fall ist. Es zeigt sich ein schwacher linearer Zusammenhang zwischen Wahlbeteiligung und dem Vorhandensein eines Landschaftsplans. Außerdem ist es in Kommunen mit einem hohen Wähleranteil von Bündnis 90/Die Grüne bzw. der Linkspartei wahrscheinlicher, dass ein Landschaftsplan aufgestellt wurde (vgl. Tab. 4.8).

Tab. 4.8: Ergebnisse der biserialen Rangkorrelation für den Stand der kommunalen Landschaftsplanung in Abhängigkeit vom Engagement für Naturschutz und der politischen Stimmenverteilung

Indikator der Flächennutzung	Biseriale Rangkorrelation
Naturschutzengagement	r_{bisR} = 0,1438
Wahlbeteiligung [%]	r_{bisR} = 0,197***
CDU/CSU [%]	r_{bisR} = -0,033
SPD [%]	r_{bisR} = 0,044
Bündnis 90/Die Grünen [%]	r_{bisR} = 0,245***
FDP [%]	r_{bisR} = 0,059
DIELINKE [%]	r_{bisR} = 0,208***

N = 600, Naturschutzengagement N=233, *** = p < 0,001; Daten: regionalstatistik.de

4.3.9 *Multiples Wirkungsmodell*

Um die Faktoren zu bestimmen, welche die Aufstellung eines Landschaftsplanes am stärksten erklären, wurde ein multivariates Regressionsmodell aufgestellt. Darin werden die zuvor einzeln geprüften möglichen Einflussfaktoren insgesamt einbezogen.

Dies geschah mit Hilfe des Statistik-Tools GOLDMineR (Graphical Ordinal Logit Displays based on Monotonic Regression), welches in der Lage ist, auch mit dichotomen oder kategorialen Variablen Schlüsse auf Grundlage einer logistischen Regression zu ziehen. Die in das Modell eingehenden Prädiktoren wurden danach ausgewählt, ob sie biserial bereits signifikant mit dem Stand der Landschaftsplanung korrelierten.

Das Bundesland, in dem eine Gemeinde bzw. ein Aufstellungsgebiet eines Landschaftsplans liegt, hat mit Abstand den stärksten Einfluss auf das Vorhandensein eines Landschaftsplans innerhalb der repräsentativen Stichprobe (vgl. Tab. 4.9). Dies wird daran deutlich, dass der ausgegebene Wert Beta im Gegensatz zu allen anderen betrachteten Prädiktoren besonders hoch ist. Beta kann als log-odds ratio interpretiert werden und entspricht dem geschätzten Effekt der unabhängigen Variablen in summierter Form auf das Modell (Magidson 1998).

Die Lage der Gemeinde – sehr peripher bis sehr zentral – (BBSR 2012) hat den zweitstärksten Einfluss auf das Vorhandensein eines Landschaftsplanes. Das aufgestellte monotone Regressionsmodell erklärt insgesamt zumindest 42,8 % der Varianzen.

Tab. 4.9: Prädiktoren des Regressionsmodells mit GOLDMineR

Unabhängige Variable	Beta
Bundesländer	8,55***
Lage der Gemeinde	1,63*
Gemeindeflächengröße [km²]	0,02***
Bevölkerungsdichte [Einw./km²]	0,01***
R^2	**0,428*** **

Ein mit SPSS aufgestelltes logistisches Regressionsmodell konnte ebenfalls vier Prädiktoren identifizieren: Bundesland, Lage der Gemeinde, Gemeindeflächengröße und Anteil der Siedlungs- und Verkehrsflächen an der Gemeindefläche (vgl. Tab. 4.10). Weitere Indikatoren zur Flächennutzung, Raumgliederung, Bevölkerung, finanziellen Situation und politischen Stimmenverteilung in der Gemeinde wurden mit geprüft, lieferten aber keine zusätzlichen Erklärungsinformationen zum Planungsstand.

Anhand der entlogarithmierten logit-Koffizenten Exp(B), den Odd ratios, kann die Stärke des Einflusses der einzelnen Prädiktoren auf das Modell bemessen werden. Dabei bedeutet 1,000, dass der Prädiktor keinen Einfluss hat. Diese Analyse zeigt, dass die Prädiktoren Anteil der Siedlungs- und Verkehrsflächen (Exp(B) = 1,127) sowie Gemeindeflächengröße (Exp(B) = 1,017) nur einen geringen Einfluss haben. Der Einfluss der Lage der Gemeinde kann nicht statistisch signifikant gegen den Zufall abgesichert werden ($p > 0,05$), wobei mit $p = 0,055$ eine Neigung zur Signifikanz besteht. Die Bundesländer haben mit Abstand den stärksten signifikanten Einfluss auf das Vorhandensein eines Landschaftsplans.

Die Erklärungskraft des Gesamtmodells liegt mit einem Pseudo R^2 (Nagelkerke R^2) bei 0,541. Nach Backhaus et al. (2006: 450) deuten Werte über 0,5 daraufhin, dass die Variablen das Modell insgesamt gut erklären.

Tab. 4.10: Variablen in der Gleichung des binären logistischen Regressionsmodells (SPSS)

Prädiktor	Regressions-koeffizient B	Standard-fehler	Wald-Statistik	df	Sig.	Exp(B)
Bundesland (Referenz: Thüringen)			**104,254**	**12**	**0,000**	
Schleswig-Holstein	-2,458	0,795	9,551	1	0,002	0,086
Niedersachsen	-5,960	0,888	45,049	1	0,000	0,003
Nordrhein-Westfalen	-4,140	1,101	14,133	1	0,000	0,016
Hessen	-2,625	1,001	6,875	1	0,009	0,072
Rheinland-Pfalz	1,454	1,245	1,364	1	0,243	4,282
Baden-Württemberg	-2,794	0,840	11,055	1	0,001	0,061
Bayern	-2,963	0,783	14,327	1	0,000	0,052
Saarland	-7,542	1,826	17,067	1	0,000	0,001
Brandenburg	-3,367	1,020	10,908	1	0,001	0,034
Mecklenburg-Vorpommern	-5,282	,897	34,676	1	0,000	0,005
Sachsen	-4,335	,861	25,345	1	0,000	0,013
Sachsen-Anhalt	-3,374	1,008	11,212	1	0,001	0,034
Lage (Referenz: sehr zentral)			**7,589**	**3**	**0,055**	
sehr peripher	-1,756	0,997	3,104	1	0,078	0,173
peripher	-1,842	0,943	3,818	1	0,051	0,159
zentral	-1,095	0,921	1,415	1	0,234	0,334
Gemeindefläche	0,016	0,005	11,340	1	**0,001**	1,017
Siedlungs- und Verkehrsfläche	0,120	0,031	15,359	1	**0,000**	1,127
Konstante	3,906	1,216	10,320	1	0,001	49,697

4.3.10 *Zusammenfassende Überprüfung der Hypothesen*

An dieser Stelle sollen zusammenfassend die Fragen beantwortet werden, welche Kommunen einen Landschaftsplan aufstellen und wie diese Gemeinden charakterisiert werden können (vgl. Abschn. 3.2.1)

Fragestellungen

- Weisen Gemeinden mit bestimmten räumlichen Charakteristika eher Landschaftspläne aus? Existieren hier Zusammenhänge z.B. bezogen auf eher urbane oder rurale Räume/Gemeinden etc. unter Berücksichtigung auch der jeweiligen landesrechtlichen Voraussetzungen zur Landschaftsplanung?
- Ist die Aufstellung eines Landschaftsplans abhängig von der finanziellen oder politischen Situation in der Gemeinde?

BUNDESLAND

Hypothese

Das Vorhandensein eines Landschaftsplans in einer Gemeinde ist abhängig von dem Bundesland.

Indikatoren zur Prüfung der Hypothese

Abhängige Variable:
Vorliegen eines Landschaftsplans
Unabhängige Variable:
Bundesland
Alte/Neue Bundesländer

Statistik

Cramérs V

	Lapla ja/nein
Bundesland	Cramérs V = 0,600**
Alte/Neue Bundesländer	Cramérs V = 0,173**

$*p < 0,05$; $**p < 0,01$; $***p < 0,001$; N = 600

Ergebnis

Das Bundesland hat einen entscheidenden Einfluss auf das Vorhandensein eines Landschaftsplans in einer Kommune. Ein starker Zusammenhang bildet sich mit dem Cramérs V von 0,6 ab. Hingegen konnte kein entscheidender Zusammenhang zwischen den neuen und alten Bundesländern gefunden werden.

GEMEINDETYP

Hypothese

Gemeinden in urbanen/ruralen Räumen, wachsenden/schrumpfenden Räumen etc. stellen bevorzugt Landschaftspläne auf.

Indikatoren zur Prüfung der Hypothese

Abhängige Variable:
Vorliegen eines Landschaftsplans
Unabhängige Variable:
BBSR Raumtypen 2010: Besiedelung
BBSR Raumtypen 2010: Lage
BBSR: Wachsende und schrumpfende Gemeinden
BBSR: Stadt- und Gemeindetypen
Bevölkerungsdichte
Einwohnerzahl
Gemeindeflächengröße

Statistik

biseriales tau-b, biseriale Rangkorrelation

	Lapla ja/nein
Besiedelung	biseriales tau-b = 0,1768***
Lage	biseriales tau-b = 0,2295***
Wachsende und schrumpfende Gemeinden	biseriales tau-b = 0,1624***
Stadt- und Gemeindetypen	biseriales tau-b = 0,1768
Bevölkerungsdichte	r_{bisR} = 0,3225***
Einwohnerzahl	r_{bisR} - nicht signifikant
Gemeindeflächengröße	r_{bisR} = -0,1487**
Anteil Landwirtschaftsfläche an Gemeinde	r_{bisR} = -0,3013*

**p < 0,05; **p < 0,01; ***p < 0,001; N = 600*

Ergebnis

Es scheinen besonders peripher gelegene, landwirtschaftlich geprägte Kommunen zu sein, welche weniger häufig einen Landschaftsplan aufstellen als städtische Kommunen. So zeigen besonders der Anteil der Landwirtschaftsfläche an der Gemeinde, die Bevölkerungsdichte und die Lage der Kommune einen Zusammenhang mit dem Vorhandensein bzw. des nicht Vorhandensein eines Landschaftsplans. Insofern kann die Hypothese bestätigt werden, auch wenn die Zusammenhangsmaße nur geringe bis allenfalls mittlere Zusammenhänge belegen können.

FINANZIELLE LAGE DER KOMMUNEN

Hypothese

Stark verschuldete Gemeinden stellen eher keinen Landschaftsplan auf als finanziell bessergestellte Gemeinden.

Indikatoren zur Prüfung der Hypothese

Abhängige Variable:
Vorliegen eines Landschaftsplans
Unabhängige Variable:
Anteil Arbeitsloser an der Bevölkerung im erwerbsfähigen Alter in der Gemeinde
Haushaltsbilanz der Gemeinde
Pro-Kopf-Verschuldung der Gemeinde
Hebesatz der Gewerbesteuer

Statistik

biseriales tau-b , biseriale Rangkorrelation

	Lapla ja/nein
Anteil Arbeitsloser an der Bevölkerung im erwerbsfähigen Alter in der Gemeinde	r_{bisR} = -0,2164***
Haushaltsbilanz der Gemeinde	r_{bisR} = 0,0749
Pro-Kopf-Verschuldung der Gemeinde	r_{bisR} = -0,0390
Hebesatz der Gewerbesteuer	biseriales Tau-b = 0,140***

**p < 0,05; **p < 0,01; ***p < 0,001; N = 600*

Ergebnis

Neben dem Schuldenstand einer Gemeinde wurden noch weitere Indikatoren für die wirtschaftliche Situation der Gemeinden geprüft. Es konnte ein schwacher negativer Zusammenhang zwischen dem Anteil Arbeitsloser an der Bevölkerung im erwerbsfähigen Alter festgestellt werden. Die Hypothese, dass höher verschuldete Gemeinden eher keine Landschaftspläne aufstellen, muss verworfen werden.

BAUTÄTIGKEIT UND KOMPENSATIONSBEDARF

Hypothese

Kommunen mit einer starken Bautätigkeit und den damit verbundenen Eingriffen in Natur und Landschaft haben eher einen Landschaftsplan aufgestellt.

Indikatoren zur Prüfung der Hypothese

Abhängige Variable:
Vorliegen eines Landschaftsplans
Unabhängige Variable:
geschätzter Bedarf an Bauplätzen
geschätzte Eingriffe in Natur und Landschaft
geschätzter Bedarf an Kompensationsflächen
Ökokonto ja/nein

Statistik

Cramér's V

	Lapla ja/nein
geschätzter Bedarf an Bauplätzen	Cramérs V = 0,092
geschätzte Eingriffe in Natur und Landschaft	Cramérs V = 0,115
geschätzter Bedarf an Kompensationsflächen	Cramérs V = 0,158
Ökokonto ja/nein	Cramérs V = 0,286***

**p < 0,05; **p < 0,01; ***p < 0,001; N = 246*

Ergebnis

Es zeigt sich kein Zusammenhang zwischen dem Vorhandensein eines Landschaftsplans und dem im Rahmen der online-Umfrage abgeschätzten Bedarf an Bauplätzen, Eingriffen in Natur und Landschaft und dem Bedarf an Kompensationsflächen. Jedoch besteht ein Zusammenhang zwischen dem Vorhandensein eines Landschaftsplans und der Verwendung eines Ökokontos bzw. Flächenpools zur Verwirklichung der Eingriffsregelung. Wenn ein Landschaftsplan aufgestellt ist, so ist auch die Verwendung eines Ökokontos wahrscheinlicher.

ENGAGEMENT FÜR NATURSCHUTZ / POLITISCHE STIMMENVERTEILUNG

Hypothese

Die politische Stimmenverteilung in einer Gemeinde und damit die mögliche Priorisierung von Umweltbelangen haben einen Einfluss auf den Planstand der kommunalen Landschaftsplanung.

Indikatoren zur Prüfung der Hypothese

Abhängige Variable:
Vorliegen eines Landschaftsplans
Unabhängige Variable:
Wahlergebnisse für die letzte Landtagswahl der Gemeinden
geschätztes Engagement für Naturschutz

Statistik

biseriale Rangkorrelation

	Lapla ja/nein
geschätztes Engagement für Naturschutz	r_{bisR} = 0,1438
Wahlbeteiligung [%]	r_{bisR} = 0,197***
CDU/CSU [%]	r_{bisR} = -0,033
SPD [%]	r_{bisR} = 0,044
GRÜNE [%]	r_{bisR} = 0,245***
FDP [%]	r_{bisR} = 0,059
DIELINKE [%]	r_{bisR} = 0,208***

**p < 0,05; **p < 0,01; ***p < 0,001; N = 600*

Ergebnis

Die Wahlergebnisse der letzten Landtagswahl zeigen schwache Zusammenhänge mit dem Vorhandensein eines Landschaftsplans. Auch die Wahlbeteiligung korreliert schwach mit dem Vorhandensein von örtlichen Landschaftsplänen. Die stärksten Zusammenhänge zeigen die Stimmenanteile für die Parteien Die Linke und Bündnis 90/Die Grünen. Je höher der Stimmenanteil für die Partei Bündnis90/Die Grüne für die Landtagswahl war, desto öfter war auch ein Landschaftsplan in der jeweiligen Kommune aufgestellt. Hierbei muss jedoch auch beachtet werden, dass hier der Faktor Bundesland stark mit eingehen könnte. Auf die Wirkungsrichtung kann bei Korrelationen nicht geschlussfolgert werden. Insofern kann die Hypothese nicht zweifelsfrei be- oder widerlegt werden. Es kann auch in die andere Hypothesenrichtung interpretiert werden: Dort wo Landschaftspläne aufgestellt sind, tendiert man eher zu einem höheren Stimmenanteil für die Partei Bündnis90/Die Grünen.

4.4 Qualität der kommunalen Landschaftsplanung

Die Qualität von Landschaftsplänen wurde bereits in verschiedenen Studien bewertet und es liegen verschiedene Bewertungsansätze vor (z.B. Gruehn & Kenneweg 1998: 164; Kiemstedt et al. 1999; Mönnecke 2000; Reinke 2002b). Für einen bundesweiten Vergleich ist es wichtig, den gleichen Maßstab zugrunde zu legen, selbst wenn in den einzelnen Bundesländern unterschiedliche Anforderungen an einen solchen Plan gestellt werden (Büchter 2000).

Ziel ist es, zu überprüfen, wie die Planungstiefe und die Qualität unabhängig der landesrechtlichen Anforderungen bundesweit sind. Dabei stellen die Mindestanforderungen der LANA (1995) und die Anforderungen nach HOAI § 23 Anhang 6 die Mindestanforderungen dar.

In der Erfolgskontrolle der örtlichen Landschaftsplanung nach Kiemstedt et al. (1999: 148) ist diese qualitative Bewertung mit der Prüfstelle 1 „Wirksamkeitsvoraussetzung des Landschaftsplanes“ vergleichbar, welche sich nach den Vorgaben des BNatSchG orientiert. Darin wird zunächst eine Ziel-Maßnahmen-Analyse durchgeführt und es werden zum anderen die Inhalte des Texts mit denen der Karte verglichen.

4.4.1 Teilstichprobe und Bewertung

Von der zufällig gezogenen, 600 Gemeinden umfassenden Gesamtstichprobe konnte für 435 Gemeinden ein Landschaftsplan ermittelt werden. Von diesen wurden der zufälligen Reihenfolge nach die ersten 170 Planungsträger gebeten die Planungsunterlagen für eine qualitative Auswertung bereitzustellen. Da für einige Planungsträger (z. B. Verbandsgemeinden, untere Naturschutzbehörden) mehrere Kommunen in der Stichprobe waren, wurde von insgesamt 209 Gemeinden eine kommunale Landschaftsplanung erbeten.

Insgesamt konnten 58 Landschaftspläne analysiert werden. Einige Landschaftspläne aus Rheinland-Pfalz oder Thüringen deckten mehrere Kommunen der Stichprobe ab.

Ein Großteil der Landschaftspläne lag nicht digital vor, sodass diese meist postalisch zugesendet und anschließend für die Untersuchung digitalisiert wurden. Etwa zehn Gemeinden entschieden sich, ihren Landschaftsplan von einem Copyshop in ihrer Nähe auf Projektkosten digitalisieren zu lassen. Mit dieser Möglichkeit konnte gewährleistet werden, dass auch ältere nur analog vorliegende Pläne, welche nicht für den Versand geeignet waren in die Untersuchung eingehen konnten und es diesbezüglich zu keinen Verzerrungen kommt.

Durchschnittlich waren, die untersuchten Landschaftspläne aus dem Jahr 2001 (Mittelwert und Median). Der älteste Plan wurde 1992 aufgestellt, der jüngste 2011 (vgl. Abb. 4.14). Insgesamt konnten Landschaftspläne aus neun Bundesländern für die Untersuchung einbezogen werden, mit 19 Stück stammen die meisten aus Rheinland-Pfalz, 10 aus Bayern und 9 aus Nordrhein-Westfalen (vgl. Tab. 4.11).

Da hinsichtlich der Integration der Landschaftsplanung in die Flächennutzungsplanung große Unterschiede zwischen den Bundesländern bestehen, gingen sowohl eigenständige Landschaftspläne (34, 59 %) als auch Flächennutzungspläne mit integrierter Landschaftsplanung (24, 41 %) in die Untersuchung ein.

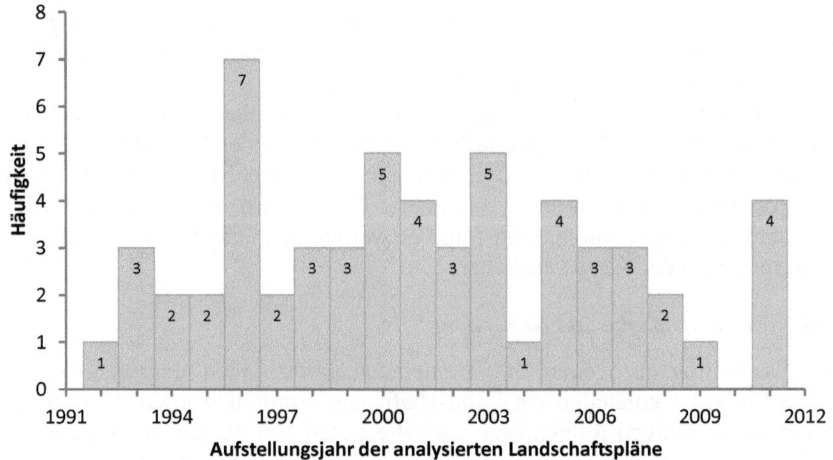

Abb. 4.14: Aufstellungsjahr der hinsichtlich der Qualität analysierten Landschaftspläne (N=58)

Tab. 4.11: Anzahl der hinsichtlich der Qualität untersuchten Landschaftspläne nach Bundesländern

Bundesland	Häufigkeit	Prozent
Schleswig-Holstein	7	12,1
Nordrhein-Westfalen	8	13,8
Hessen	2	3,4
Rheinland-Pfalz	19	32,8
Baden-Württemberg	3	5,2
Bayern	10	17,2
Sachsen	2	3,4
Sachsen-Anhalt	1	1,7
Thüringen	6	10,3
Gesamt	58	100,0

Für eine möglichst objektive Bewertung der Landschaftspläne wurde ein formales Bewertungsschema genutzt. Dieses orientiert sich maßgeblich an der Bewertungsmethodik von Kiemstedt et al. (1999), welches die Autoren für das Bundesamt für Naturschutz entwickelten (siehe Anhang A.8). Darin wird zunächst überprüft, welche Punkte inhaltlich im Landschaftsplan erarbeitet wurden. Ausgehend von dieser Analyse erfolgte im Anschluss eine aggregierte Einschätzung für die jeweiligen Teilbereiche eines Landschaftsplans wie Erfassung der Schutzgüter, Leitbild, Maßnahmen oder Umsetzungsorientierung. Damit soll gewährleistet werden, dass Inhalt und Qualität der kommunalen Landschaftspläne nachvollziehbar und möglichst objektiv erfasst werden. Zusätzlich wurde die Art der Maßnahmen erfasst, um zu überprüfen, ob die Umsetzung dieser auch mithilfe von Geoinformationsdaten abgebildet werden kann.

Um zu überprüfen, ob die von einer Person durchgeführte Bewertung möglichst objektiv erfolgte, wurden von allen bewerteten Landschaftsplänen zufällig sechs Pläne ausgewählt, die eine zweite Person ebenfalls nach den gleichen Kriterien und dem Bewertungsschema bewertete. Vorher erfolgte eine verbale Skalenverankerung, wie die einzelnen Punkte des Erhebungsbogens nach Kiemstedt et al. (1999: 148) zu verstehen seien. Dieses Vorgehen soll zu einer „einheitlichen Handhabung der Skalen durch verschiedene Urteiler in Bezug auf verschiedene Beurteilte führen und individuelle Urteilstendenzen der Urteilenden reduzieren“ (Nerdinger et al. 2011: 263).

Im Anschluss erfolgte ein Vergleich der unabhängig voneinander durchgeführten Bewertungen, welche zum größten Teil zu gleichen Ergebnissen kommen (vgl. Abb. 4.15). Lediglich beim Landschaftsplan Nr. 2 kam es in drei von vier Hauptkategorien zu unterschiedlichen Ergebnissen. Die anschließende Erörterung der Gründe hierfür zeigte, dass dies ein gemeindeübergreifender Landschaftsplan war, welcher von der unteren Naturschutzbehörde aufgestellt wurde. Hier hatten die Bearbeiter in Folge mangelnder Absprache dieses Sonderfalls unterschiedliche Maßstäbe angesetzt. Bearbeiter 1 hat den gesamten Landschaftsplan betrachtet, Bearbeiter 2 nur den Teil des Landschaftsplans, welcher das entsprechende Gemeindegebiet betraf. Diese Maßstabsdifferenzen führten in diesem Fall zu unterschiedlichen Ergebnissen. Bei den übrigen geprüften Landschaftsplänen kamen die Bearbeiter zu fast einheitlichen Bewertungen. Dieses Ergebnis zeigt, dass die aggregierte dreistufige Bewertung der Landschaftspläne hinsichtlich ihrer Qualität unabhängig vom Bearbeiter zu objektiven Ergebnissen führt.

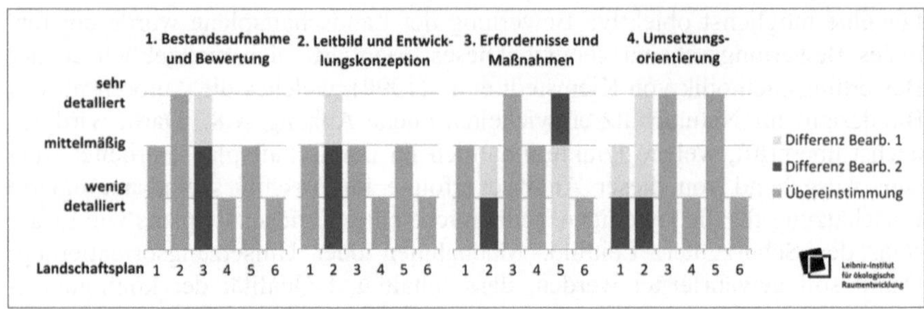

Abb. 4.15: Objektivitätskontrolle der Bewertung von Landschaftsplänen durch einen 2. Bearbeiter

4.4.2 Qualität der untersuchten Landschaftspläne

Eine Bewertung von 58 Landschaftsplänen zeigte, dass es teilweise sehr starke Unterschiede hinsichtlich der Qualität von Landschaftsplänen gibt. Dabei muss jedoch auch beachtet werden, dass die örtliche Landschaftsplanung je nach Bundesland unterschiedlichen Anforderungen und gesetzlichen Rahmenbedingungen unterliegt. Ein Landschaftsplan kann so zwar alle Kriterien des jeweiligen Bundeslandes erfüllen, aber gleichzeitig im bundesdeutschen Vergleich eher von geringerer Detailliertheit und Qualität sein.

Die planerischen Vorgaben der übergeordneten Landschaftsplanung wurde in 91 % der Landschaftspläne aufgenommen, rechtliche Vorgaben in 81 % (vgl. Abb. 4.16).

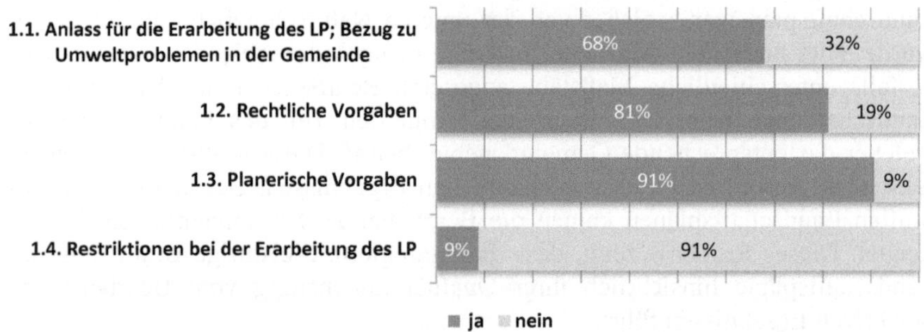

Abb. 4.16: Planerische Rahmenbedingungen der untersuchten Landschaftspläne

Die Bestandsaufnahme und Bewertung der Schutzgüter zeigte, dass den Schutzgütern teilweise unterschiedliches Gewicht beigemessen wird. Dem Schutzgut „Arten und Lebensgemeinschaften" wird demnach die größte Bedeutung zuteil, während das Schutzgut „Klima und Luft" meist nur teilweise (76 %) oder gar nicht (22 %) in den Landschaftsplänen abgearbeitet wurden (vgl. Abb. 4.17).

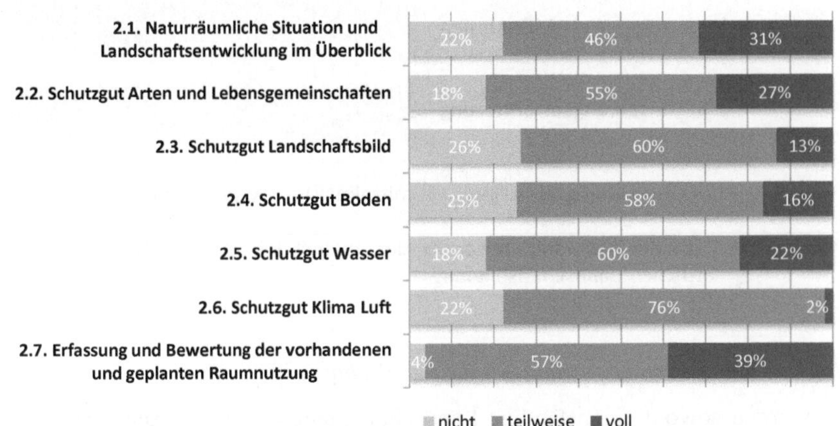

Abb. 4.17: Qualität der Bestandsaufnahme und Bewertung des gegenwärtigen und zukünftigen Zustands von Natur und Landschaft

Bei der Qualität und der Detailliertheit von Landschaftsplänen wurde eine dreistufige Einteilung in wenig detailliert, mittelmäßig detailliert und sehr detailliert vorgenommen. Es zeigte sich eine überschlägige Gleichverteilung der Pläne auf diese drei Kategorien, wobei bei der Bestandsaufnahme und der Umsetzungsorientierung wenig detaillierte Pläne stärker ins Gewicht fielen. Dies lässt sich u.U. auch darauf zurückführen, dass bei Flächennutzungsplänen mit integrierter Landschaftsplanung diese Bereiche eher weniger im Fokus liegen (vgl. Abschn. 4.4.3).

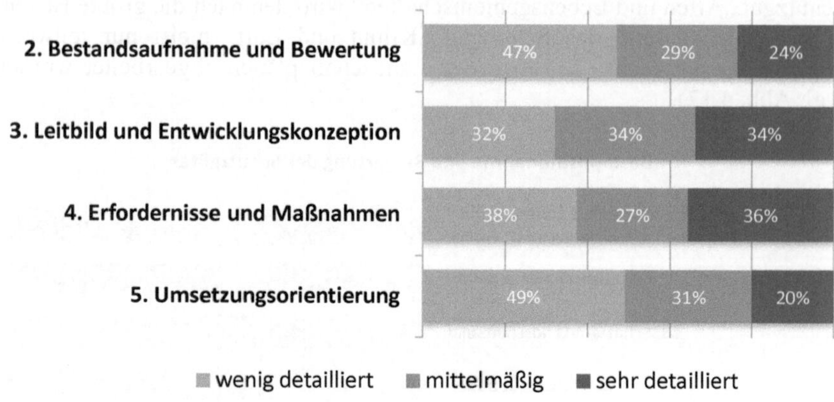

Abb. 4.18: Zusammenfassende Bewertung der Qualität der einzelnen Teile der örtlichen Landschaftsplanung

4.4.3 Unterschiede je nach Art des Landschaftsplans

Es wurden sowohl eigenständige Landschaftspläne als auch Flächennutzungspläne mit integrierter Landschaftsplanung untersucht. Dabei konnte festgestellt werden, dass eigenständige Landschaftspläne wesentlich detailliertere Aussagen zur Bestandsbewertung aufwiesen und dass Leitbild, Entwicklungskonzeption sowie Maßnahmen wesentlich detaillierter formuliert waren. Auch ist die Umsetzungsorientierung höher als bei bereits in den Flächennutzungsplan integrierte Landschaftspläne. Dies ist nicht weiter verwunderlich, da nicht alle Inhalte eines sekundär integrierten Landschaftsplans in den Flächennutzungsplan übernommen werden. Die hohen negativen Rangkorrelationen zwischen der Art des Plans und der Qualität der Pläne zeigen, dass Teilpläne oder bereits in den Flächennutzungsplan integrierte Landschaftsplanungen deutlich weniger detailliert und umfangreicher waren als eigenständige Landschaftspläne (vgl. Tab. 4.12).

Tab. 4.12: Zusammenhang zwischen der Art des Landschaftsplans und der Qualität dessen Inhalts

	Landschaftsplan liegt nur im Rahmen des FNP oder als Teilplan vor, (ja/nein), N = 52	
	Cramers-V	r_{bisR}
2. Bestandsaufnahme und Bewertung des gegenwärtigen und künftigen Zustands von Natur und Landschaft	-0,375*	-0,4086**
3. Leitbild und Entwicklungskonzeption	-0,542***	-0,5187***
4. Erfordernisse und Maßnahmen	-0,628***	-0,6939***
5. Umsetzungsorientierung	-0,476**	-0,5083***

***p < 0,001; **p < 0,01; *p < 0,05

4.5 Einfluss der Landschaftsplanung auf den Zustand und die Struktur der Landschaft

4.5.1 Flächenbezogene Parameter der Landschaft

Wie verhalten sich die Landschafts- sowie Raumnutzungen zueinander und durch welche landschaftsplanerischen Faktoren (z. B. das Vorliegen eines Landschaftsplanes, dessen Qualität, dessen Aufstellungsdatum etc.) wird dieses Verhältnis bestimmt? Wie verhalten sich Freiraum-/Siedlungsraumverhältnisse zueinander und was sind landschaftsplanerische Faktoren, die dies beeinflussen?

4.5.1.1 Wirkungen des Vorliegens eines Landschaftsplans

Allein die Tatsache, dass ein Landschaftsplan in einer Kommune aufgestellt wurde, scheint mit einigen Aspekten der Flächennutzung zusammenzuhängen. Die Hypothese, dass Gemeinden mit einem Landschaftsplan einen höheren Anteil an Siedlungsfreiflächen an der Gemeinde- bzw. Siedlungsfläche haben, konnte jedoch nicht belegt werden. Es ergeben sich zwar geringe Mittelwertsunterschiede, jedoch besteht nur eine unwesentliche signifikante Korrelation (vgl. Tab. 4.13). Im Durchschnitt ist die Siedlungsfreifläche je Einwohner in Gemeinden mit aufgestelltem Landschaftsplan mit 55,15 m²/Einw. geringer als bei Kommunen ohne Landschaftsplan mit 72,84 m²/Einw. Das mag aber eben auch daran liegen, dass Landschaftspläne generell bevorzugt von Gemeinden mit höherer Bevölkerungsdichte aufgestellt werden (siehe Abschn. 4.3.3).

Der Anteil der gesamten Freiraumfläche einer Gemeinde bei Vorliegen eines Landschaftsplans ist im Durchschnitt etwas geringer als in Kommunen ohne Landschaftsplan. Betrachtet man den Anteil der Freiraumfläche je Einwohner, so wird deutlich, dass die Hypothese, wonach der Freiraumflächenanteil in Gemeinden mit Landschaftsplan größer sein sollte als in Gemeinden ohne aufgestellten Landschaftsplan, nicht bestätigt werden kann.

Der Waldanteil ist in Gemeinden mit Landschaftsplan mit 32,22 % im Mittel deutlich höher als in Gemeinden ohne Landschaftsplan (23,45 %), wobei die Korrelation auch hier nur schwach ausgeprägt ist ($r_{pbis} = 0,192$; $N = 600$; $p < 0,05$). Die Wirkungsrichtung bleibt zunächst ungeklärt. Allerdings ist dieser Sachverhalt insofern bemerkenswert, als dass dieser Unterschied bei der gesamten Freiraumfläche nicht festgestellt werden konnte und der Waldanteil eine Teilfläche der Freiraumfläche ist. Bezieht man den Waldanteil auf die Freiraumfläche der Gemeinde, so zeigt sich dieser Zusammenhang noch etwas deutlicher ($r_{pbis} = 0,211$; $N = 600$; $p < 0,05$). Bezüglich des Laubwaldanteils an der gesamten Waldfläche besteht kein Unterschied je nach Planungsstand.

Tab. 4.13: Mittelwertvergleich und biseriale Rangkorrelation zwischen Vorhandensein eines Landschaftsplans (LP) und flächenbezogenen Parametern

Flächenbezogene Indikatoren	Mittelwert mit LP	Mittelwert ohne LP	LP ja/nein r_{pbis}
Anteil Siedlungsfreifläche an Gemeindefläche	0,84 %	0,60 %	0,098*
Anteil Siedlungsfreifläche an Siedlungsfläche	9,31 %	8,66 %	0,036
Anteil Freiraumflächen an Gemeindefläche	89,06 %	91,93 %	-0,168***
Anteil Freiraumfläche an Gemeindefläche je Einwohner	1,27 ha/Einw.	1,96 ha/Einw.	-0,188***
Anteil Siedlungsfreifläche an Gemeindefläche je Einwohner	55,15 m²/Einw.	72,84 m²/Einw.	-0,098***
Anteil Wald an Freiraumfläche	36,07 %	25,59 %	0,211***
Anteil Wald an Gemeindefläche	32,22 %	23,45 %	0,192***
Anteil Laubwald an der Waldfläche	28,77 %	28,64 %	0,002
Anteil Landwirtschaftsfläche an Gemeindefläche	54,61 %	65,32 %	-0,233***
Anteil Grünlandfläche an Landwirtschaftsfläche	39,41 %	32,42 %	0,120**
Anteil Ackerland an Landwirtschaftsfläche	55,99 %	66,55 %	-0,178***

N = 600, *: p < 0,05; **: p < 0,01; ***: p < 0,001

Zwischen dem Anteil der Landwirtschaftsfläche einer Gemeinde und dem Planungsstand der örtlichen Landschaftsplanung konnte ein schwacher negativer Zusammenhang festgestellt werden. Danach haben Gemeinden mit aufgestelltem Landschaftsplan einen geringeren Anteil an Landwirtschaftsfläche. Dies gilt ebenso für den Anteil Ackerland an der gesamten Landwirtschaftsfläche.

Für Gemeinden mit Landschaftsplan deutet sich ein etwas höherer Anteil an Grünland an der Landwirtschaftsfläche an.

4.5.1.2 Einfluss der Wirkungsdauer des Landschaftsplans

Die Wirkungsdauer des Landschaftsplans (Dauer vom Erstaufstellungsdatum bis 2013) erlaubt die Darstellung der zeitlichen Dimension, in der der Landschaftsplan seine Wirkung entfalten konnte. Hierbei werden nur Kommunen mit einem aufgestelltem Landschaftsplan betrachtet (N = 435).

Es zeigt sich, dass die Wirkungsdauer des Landschaftsplans allein keinen bzw. nur einen sehr schwachen Zusammenhang zwischen flächenbezogenen Indikatoren eines Zeitschnitts aufzeigt (vgl. Tab. 4.14). Dabei ist der Zusammenhang zwischen der Wirkungsdauer des Landschaftsplans und dem Waldanteil bzw. dem Anteil der Landwirtschaftsfläche am größten.

Tab. 4.14: Einfluss der Wirkungsdauer des Landschaftsplans (LP) auf flächenbezogene Parameter

Flächenbezogene Parameter	Spearmans rho mit Wirkungsdauer des LP bis 2013
Anteil Siedlungsfreifläche an Gemeindefläche	0,047
Anteil Siedlungsfreifläche an Siedlungsfläche	-0,012
Anteil Freiraumflächen an Gemeindefläche	-0,097*
Anteil Freiraumfläche an Gemeindefläche je Einwohner	-0,151**
Anteil Siedlungsfreifläche an Gemeindefläche je Einwohner	-0,099*
Anteil Wald an Freiraumfläche	0,194**
Anteil Wald an Gemeindefläche	0,180***
Anteil Laubwald an der Waldfläche	0,151**
Anteil Landwirtschaftsfläche an Gemeindefläche	-0,189***
Anteil Grünlandfläche an Landwirtschaftsfläche	0,089
Anteil Ackerland an Landwirtschaftsfläche	-0,174***

N = 429, *: p < 0,05; **: p < 0,01; ***: p < 0,001

4.5.1.3 Wirkungen aufgrund der Qualität des Landschaftsplans

Es konnten mehrere mittlere Zusammenhänge zwischen der Qualität der einzelnen Kapitel des Landschaftsplans und einigen Landschaftsindikatoren ermittelt werden (vgl. Tab. 4.15).

Es zeigen sich bei den Siedlungsfreiflächen und Freiraumflächen, bis auf einen schwachen Zusammenhang zwischen der Qualität der Bestandsbewertung und dem Anteil an Freiraumfläche pro Einwohner (rho = 0,276; $p < 0,05$; N = 56) keine Korrelationen. Der Waldanteil scheint insgesamt unabhängig von der Planqualität zu sein. Der Anteil von Laubwald an der gesamten Waldfläche hängt jedoch mittelstark mit der Qualität der Ausarbeitungen zum Leitbild (rho = 0,433; p < 0,01; N = 56) und zu den Erfordernisse und Maßnahmen zusammen. Auch die Anteile an Grünland bzw. Ackerland an der Landwirtschaftsfläche zeigen teilweise mittelstarke Zusammenhänge mit verschiedenen Aspekten der Planqualität. So gibt es mittelstarke Zusammenhänge zwischen dem Anteil Ackerland an der Landwirtschaftsfläche und der Qualität der im Landschaftsplan enthaltenen Erfordernisse und Maßnahmen (rho = 0,424; p < 0,01; N = 56) sowie der Umsetzungsorientierung (rho = 0,433; p < 0,01; N = 56). Die Wirkungsrichtung bleibt hierbei ungeklärt. Die Befunde deuten aber an, dass gerade in Kommunen mit einem geringen Grünlandanteil und mit einem hohen Anteil Ackerland an der Landwirtschaftsfläche versucht wird, mit Hilfe detaillierterer Schilderungen zu Erfordernissen und Maßnahmen sowie zur Umsetzungsorientierung in den Landschaftsplänen gegenzusteuern. Spannend hierbei ist, dass es demgegenüber keinen signifikanten Zusammenhang zwischen der gesamten Landwirtschaftsfläche und der Planqualität zu geben scheint.

Tab. 4.15: Zusammenhang zwischen flächenbezogener Parameter und der Qualität des Landschaftsplans

Flächenbezogene Parameter	Bestandsaufnahme und Bewertung von NuL	Leitbild und Entwicklungskonzeption	Erfordernisse und Maßnahmen	Umsetzungsorientierung
Anteil Siedlungsfreifläche an Gemeindefläche	-0,065	-0,046	0,046	-0,087
Anteil Siedlungsfreifläche an Siedlungsfläche	0,082	0,069	0,001	-0,009
Anteil Freiraumflächen an Gemeindefläche	0,192	0,179	-0,112	0,080
Anteil Freiraumfläche an Gemeindefläche je Einwohner	**0,276***	0,209	0,016	0,154
Anteil Siedlungsfreifläche an Gemeindefläche je Einwohner	0,206	0,163	0,088	0,086
Anteil Wald an Freiraumfläche	-0,062	-0,220	-0,209	-0,105
Anteil Wald an Gemeindefläche	-0,057	-0,183	-0,195	-0,096
Anteil Laubwald an der Waldfläche	0,212	**0,348****	**0,327***	0,158
Anteil Landwirtschaftsfläche an Gemeindefläche	0,068	0,215	0,180	0,157
Anteil Grünlandfläche an Landwirtschaftsfläche	-0,152	-0,229	**-0,331***	**-0,416****
Anteil Ackerland an Landwirtschaftsfläche	0,123	**0,265***	**0,424****	**0,433*****

Spearman-rho, N = 56, *: p < 0,05; **: p < 0,01; ***: p < 0,001

4.5.1.4 Zusammenfassende Überprüfung der Hypothesen

SIEDLUNGSFREIFLÄCHE

Hypothese

Wenn eine Gemeinde einen Landschaftsplan aufstellt, integriert oder in-Kraft setzt, dann weist diese Gemeinde einen höheren Anteil der Siedlungsfreiflächen an der Gemeindegebietsfläche oder an der Siedlungsfläche auf als eine Gemeinde ohne Landschaftsplan.

Indikatoren zur Prüfung der Hypothese

Abhängige Variable:
Anteil der Siedlungsfreifläche an Gemeindefläche
Anteil Siedlungsfreifläche an Siedlungsfläche
Unabhängige Variable:
Vorliegen eines Landschaftsplans, Wirkungsdauer eines Landschaftsplans

Statistik

Mittelwerte, Punktbiseriale Korrelation, Spearman rho

	Mean Lapla	Mean kein Lapla	Lapla ja/nein r_{pbis}	Wirkungsdauer Lapla, *rho*
Anteil der Siedlungsfreifläche an Gemeindefläche	*0,84 %*	0,60 %	0,098*	0,047
Anteil Siedlungsfreifläche an Siedlungsfläche	*9,31 %*	8,66 %	0,036	-0,012

**p < 0,05; **p < 0,01; ***p < 0,001; Lapla ja/nein N = 600, Wirkungsdauer N = 429*

Ergebnis

Zwischen dem Anteil der Siedlungsfreifläche an der Gemeinde- bzw. Siedlungsfläche und dem Vorhandensein bzw. der Wirkungsdauer eines Landschaftsplanes konnte kein bedeutender statistischer Zusammenhang gefunden werden. Anhand der Mittelwerte zeigt sich, dass der Anteil der Siedlungsfreifläche an Gemeinde-/Siedlungsfläche bei Vorliegen eines Landschaftsplanes etwas höher ist.

Freiraumfläche

Hypothese

Wenn eine Gemeinde einen Landschaftsplan aufstellt, integriert oder in Kraft setzt, dann weist diese Gemeinde einen höheren Anteil Freiraumflächen an der Gemeindefläche auf als eine Gemeinde ohne Landschaftsplan.

Indikatoren zur Prüfung der Hypothese

Abhängige Variable:
Anteil Freiraumflächen an der Gemeindefläche
Unabhängige Variable:
Vorliegen eines Landschaftsplans, Wirkungsdauer eines Landschaftsplans

Statistik

Mittelwerte, Punktbiseriale Korrelation, Spearman rho

	Mean Lapla	Mean kein Lapla	Lapla ja/nein r_{pbis}	Wirkungsdauer Lapla, *rho*
Anteil Freiraumflächen an Gemeindefläche	89,06 %	91,93 %	-0,168***	-0,097*

**p < 0,05; **p < 0,01; ***p < 0,001; Lapla ja/nein N = 600, Wirkungsdauer N = 429*

Ergebnis

Zwischen dem Anteil der Freiraumflächen an der Gemeinde und dem Vorhandensein bzw. der Wirkungsdauer besteht kein statistisch bedeutsamer Zusammenhang. Es deutet sich an, dass Gemeinden mit einem Landschaftsplan einen etwas geringeren Anteil an Freiraumflächen an der Gemeindefläche aufweisen.

Land- und Forstwirtschaft

Hypothese

Wenn eine Gemeinde einen Landschaftsplan aufstellt, integriert oder in Kraft setzt, dann weist diese Gemeinde (nach einer gewissen Zeit) einen höheren Anteil Grünlandfläche und einen geringeren Anteil Ackerland an der Landwirtschaftsfläche auf als eine Gemeinde ohne Landschaftsplan.

Wenn eine Gemeinde einen Landschaftsplan aufstellt, integriert oder in Kraft setzt, dann weist diese Gemeinde einen höheren Waldanteil an der Freiraum- bzw. Gemeindefläche auf als eine Gemeinde ohne Landschaftsplan.

Wenn eine Gemeinde einen Landschaftsplan aufstellt, integriert oder in Kraft setzt, dann weist diese Gemeinde einen höheren Laubwaldanteil an der Waldfläche auf als eine Gemeinde ohne Landschaftsplan.

Indikatoren zur Prüfung der Hypothese

Abhängige Variable:
Anteil Grünlandfläche an Landwirtschaftsfläche
Anteil Ackerland an Landwirtschaftsfläche
Anteil Landwirtschaftsfläche an Gemeindefläche
Waldanteil an der Freiraumfläche
Waldanteil an der Gemeindefläche
Laubwaldanteil an der Waldfläche
Unabhängige Variable:
Vorliegen eines Landschaftsplans, Wirkungsdauer eines Landschaftsplans

Statistik

Mittelwerte, Punktbiseriale Korrelation, Spearman rho

	Mean Lapla	Mean kein Lapla	Lapla ja/nein r_{pbis}	Wirkungsdauer Lapla, *rho*
Anteil Grünlandfläche an Landwirtschaftsfläche	39,41 %	32,42 %	0,120**	0,089
Anteil Ackerland an Landwirtschaftsfläche	55,99 %	66,55 %	-0,178***	-0,174***
Anteil Landwirtschaftsfläche an Gemeindefläche	54,61 %	65,32 %	-0,233***	-0,189***
Waldanteil an der Freiraumfläche	36,07 %	25,59 %	0,211***	0,194**
Waldanteil an der Gemeindefläche	32,22 %	23,45 %	0,192***	0,180***
Laubwaldanteil an der Waldfläche	28,77 %	28,64 %	0,002	0,151**

**p* < 0,05; ***p* < 0,01; ****p* < 0,001; Lapla ja/nein N = 600, Wirkungsdauer N = 429*

Ergebnis

Es besteht ein schwacher Zusammenhang zwischen dem Anteil der Landwirtschaftsfläche und dem Vorhandensein bzw. der Wirkungsdauer eines kommunalen Landschaftsplans. Auch der Waldanteil an der Freiraumfläche steht in einem schwachen Zusammenhang mit dem Vorhandensein eines Landschaftsplans. Die Wirkungsrichtung bleibt jedoch ungeklärt, da eine lineare Regression zwischen der Wirkungsdauer des Landschaftsplans und den abhängigen Variablen keinen Zusammenhang belegen konnte. Anhand der Mittelwerte zeigt sich, dass der Anteil der Landwirtschaftsfläche bei Gemeinden mit Landschaftsplan in der Stichprobe durchschnittlich um 11 % geringer ist. Der Grünlandanteil ist in Gemeinden mit Landschaftsplan höher.

BEVÖLKERUNG

Hypothese

Wenn eine Gemeinde einen Landschaftsplan aufstellt, integriert oder in Kraft setzt, dann weist diese Gemeinden einen größeren Anteil von Freiraumfläche pro Einwohner auf als eine Gemeinde ohne Landschaftsplan.

Wenn eine Gemeinde einen Landschaftsplan aufstellt, integriert oder in Kraft setzt, dann weist eine Gemeinde eine größere Siedlungsfreifläche pro Einwohner auf als eine Gemeinde ohne Landschaftsplan.

Indikatoren zur Prüfung der Hypothese

Abhängige Variable:
Anteil der Freiraumfläche pro Einwohner
Siedlungsfreifläche je Einwohner
Unabhängige Variable:
Vorliegen eines Landschaftsplans, Wirkungsdauer eines Landschaftsplans

Statistik

Mittelwerte, Punktbiseriale Korrelation, Spearman rho

	Mean Lapla	Mean kein Lapla	Lapla ja/nein r_{pbis}	Wirkungsdauer Lapla, *rho*
Freiraumfläche je Einwohner	1,27 ha /Einw.	1,96 ha/Einw.	-0,188***	-0,151**
Siedlungsfreifläche je Einwohner	55,15 m²/Einw.	72,84 m²/Einw.	-0,098***	-0,099*

**p < 0,05; **p < 0,01; ***p < 0,001; Lapla ja/nein N = 600, Wirkungsdauer N = 429*

Ergebnis

Es besteht ein negativer Zusammenhang zwischen der Wirkungsdauer des Landschaftsplans und der Freiraumfläche je Einwohner. Damit lässt sich die Hypothese nicht bestätigen. In Gemeinden ohne Landschaftsplan ist die Freiraumfläche je Einwohner höher, was auch der Vergleich der Mittelwerte zeigt. Zwischen der Siedlungsfreifläche je Einwohner und dem Landschaftsplan und dessen Wirkungsdauer besteht kein Zusammenhang.

4.5.2 Struktur- und Qualitätsparameter der Landschaft

Die hier zu erörternde Forschungsfrage ist, ob die landschaftliche Vielfalt, Strukturvielfalt bzw. qualitative Landschaftsaspekte mit dem Vorhandensein, der Qualität und der Wirkungsdauer der kommunalen Landschaftsplanung in Zusammenhang stehen. Stellen sich qualitative Aspekte wie die „Naturnähe", der „Anteil an Schutzgebieten" oder auch der Anteil „unzerschnittener Räume" in Abhängigkeit zur kommunalen Landschaftsplanung unterschiedlich dar? Zu den ausführlichen Forschungsfragen und Hypothesen siehe Abschnitt 3.2.3.

4.5.2.1 Wirkungen des Vorliegens eines Landschaftsplans

Die örtliche Landschaftsplanung hat zum Ziel, die Belange des Naturschutzes und der Landschaftspflege wahrzunehmen und konzeptuelle Vorschläge zur Verbesserung darzulegen. Damit wird an den Landschaftsplan der Anspruch gestellt, dass nach dessen Umsetzung die landschaftliche Qualität, Struktur und Vielfalt gesteigert wird. Demzufolge wird hier ein Zusammenhang zwischen dem Vorhandensein eines Landschaftsplans und der landschaftlichen Qualität und Struktur vermutet. Die Untersuchung von Struktur- und Qualitätsparametern in Abhängigkeit vom Vorhandensein eines Landschaftsplans erbrachte nur schwache Zusammenhänge (vgl. Tab. 4.16). Der Vergleich der Mittelwerte und die Korrelation zwischen dem Hemerobieindex (vgl. Abschn. 3.4.2.1) und dem Vorhandensein eines Landschaftsplans zeigen auf, dass in Kommunen mit Landschaftsplan der Kultureinfluss des Menschen (Hemerobie, vgl. Walz & Stein 2014) geringer ist als in Kommunen ohne Landschaftsplan. Ebenso ist der Anteil naturbetonter Flächen in Kommunen mit aufgestelltem Landschaftsplan höher (32,77 %) als in solchen ohne kommunale Landschaftsplanung (25,91 %). Selbst wenn die Korrelation eher schwach ist, so wird doch die Richtung des Zusammenhangs bestätigt.

Zwischen dem Flächenanteil von Schutzgebieten und dem Vorhandensein eines kommunalen Landschaftsplans konnte kein Wirkungszusammenhang gefunden werden. Dies gilt für die gesamte Schutzgebietsfläche als auch für die Flächen des strengeren Naturschutzes (Nationalparke, Naturschutzgebiete, Fauna-Flora-Habitat-Gebiete und Vogelschutzgebiete) und des Landschaftsschutzes (Naturparke, Biosphärenreservate und Landschaftsschutzgebiete). Da die Ausweisung von Schutzgebieten nachdem BNatSchG nicht primäres Ziel des Landschaftsplanes ist, verwundert dieser Befund nicht sonderlich.

Der Anteil unzerschnittener Freiräume größer 50 km² steht in keinen Zusammenhang zum Planungsstand der örtlichen Landschaftsplanung. Damit konnte die Hypothese, nach der dieser Anteil in Kommunen mit Landschaftsplan höher sei, nicht bestätigt werden. Durchschnittlich betrachtet wiesen alle untersuchten Kommunen mit Landschaftsplan einen Anteil von 11,16 % unzerschnittener Freiräume größer 50 km² an der Gemeinde auf und damit weniger als alle Kommunen ohne aufgestellten Landschaftsplan (18,35 %). Auch für die Zersiedelung konnte kein Zusammenhang zum Vorhandensein eines Landschaftsplans aufgezeigt werden. Die gewichtete Dispersion, welche die Streuung der Bebauung beschreibt (Schwarzak et al. 2014) steht scheinbar nicht im Zusammenhang mit dem Vorhandensein eines örtlichen Landschaftsplans. Zur Zerschneidung tragen vor allem Straßen des überörtlichen Verkehrs bei und damit liegt hier die Vermutung nahe, dass die Aspekte der Zerschneidung und damit der unzerschnittenen Freiräume auf einer räumlich höheren Ebene der Landschaftsplanung (vor allem die des Regionalplans und des Landschaftsrahmenplans) wirksamer gesteuert werden können als auf kommunaler Ebene.

Die Landnutzungsvielfalt (gemessen mit dem Shannon Diversity-Index) gibt Auskunft darüber, wie viele verschiedene Landnutzungstypen in einer Gemeinde vorkommen und welche Flächenanteile diese haben. Damit ist dieses Maß ein Indikator für die Biodiversität, da die unterschiedlichen Landnutzungstypen jeweils einen charakteristischen Habitattyp für Flora und Fauna darstellen. Die Landschaftsplanung kann dazu beitragen, die Anzahl und Verteilung dieser Landnutzungstypen zu beeinflussen.

Im Mittel konnte ein etwas höherer Shannon Diversity-Index bei Kommunen mit Landschaftsplan (0,44) festgestellt werden als bei Kommunen ohne Landschaftsplan (0,40). Die bestehende biseriale Rangkorrelation bietet hierfür einen schwachen Erklärungsgehalt ($r_{pbis} = 0{,}201$; $p < 0{,}05$; $N = 594$). In diesem Zusammenhang ist auch die Kleinteiligkeit der Landnutzung in Form der mittleren Flächengröße der unbebauten Fläche ein bedeutender Indikator für die Strukturvielfalt einer Landschaft. Diese zeigt einen schwach negativen Zusammenhang mit dem Stand der örtlichen Landschaftsplanung ($r_{pbis} = -0{,}181$; $p < 0{,}01$; $N = 594$). Kommunen welche einen Landschaftsplan aufgestellt haben, weisen im Mittel eine kleinteiliger strukturierte Flächennutzung auf. Diese Beobachtung wird auch dadurch gestützt, dass die Randliniendichte aller Siedlungsfreiflächen und Freiraumflächen in Kommunen mit Landschaftsplan durchschnittlich höher ist ($r_{pbis} = 0{,}216$; $p < 0{,}01$; $N = 594$).

Es deutet sich ein sehr schwacher Zusammenhang zwischen der gehölzdominierten Ökotondichte (vgl. Abschn. 3.4.2.4) und dem Vorhandensein eines Landschaftsplans an ($r_{pbis} = 0{,}127$; $p < 0{,}01$; $N = 594$), wobei hier schon fast kaum mehr von einem Zusammenhang gesprochen werden kann. Kommunen mit aufgestelltem Landschaftsplan wiesen im Mittel eine etwas höhere Dichte an gehölzdominierten Ökotonen auf (3,80 km/km²) als solche ohne Landschaftsplan (3,28 km/km²). Die Dichte gehölzartiger Landschaftsstrukturelemente scheint nicht mit dem Vorhandensein eines Landschaftsplans zusammenzuhängen. Im Gegensatz zur Dichte gehölzartiger Landschaftsstrukturelemente werden bei der gehölzdominierten Ökotondichte neben linearen Hecken und Baumreihen auch die Säume von Waldgebieten beachtet. Eine Waldfragmentierung würde damit die Dichte gehölzdominierter Ökotone steigern.

Die landschaftliche Attraktivität (nach Stein & Walz 2018) ist unabhängig vom Vorhandensein eines kommunalen Landschaftsplanes.

Tab. 4.16: Mittelwertvergleich und biseriale Rangkorrelation zwischen Vorhandensein eines Landschaftsplans (LP) und den Struktur- und Qualitätsparametern

Struktur- und Qualitätsparameter	Mittelwert - mit LP	Mittelwert - ohne LP	LP ja/nein r_{pbis}
Anteil naturbetonter Flächen	32,77 %	25,91 %	0,148***
Hemerobieindex	4,10	4,25	-0,175***
Anteil Schutzgebiete gesamt an Gemeindefläche	50,01 %	48,08 %	0,022
Anteil Schutzgebietsfläche „Natur- und Artenschutz" an Gemeindefläche	15,30 %	16,37 %	-0,023
Anteil Schutzgebietsflächen „Zielstellung Landschaftsschutz" an Gemeindefläche	34,71 %	31,71 %	-0,037
Anteil unzerschnittener Freiräume >50 km² an Gemeindefläche	11,16 %	18,35 %	-0,128**
Gewichtete Dispersion	0,995	0,950	0,089*
Shannon Diversity-Index	0,44	0,40	0,201**
Reichtum	15,14	15,16	-0,005
Landscape Shape-Index	50,08	48,67	0,023
Attraktivität der Landschaft	1,82	1,84	-0,020
Mittlere Flächengröße unbebauter Flächen	3,45 ha	4,13 ha	-0,181**
Mittlere Flächengröße	26.339 m²	31.388 m²	-0,187***
Randliniendichte aller Siedlungsfreiflächen und Freiraumflächen	39,77 km/km²	34,93 km/km²	0,216**
Dichte gehölzartiger Landschaftsstrukturelemente	0,76 km/km²	1,16 km/km²	r_{pbis} = -0,096*
Gehölzdominierte Ökotondichte	3,80 km/km²	3,28 km/km²	r_{pbis} = 0,127**

N = 600, *: p < 0,05; **: p < 0,01; ***: p < 0,001

4.5.2.2 Einfluss der Wirkungsdauer des Landschaftsplans

Die Wirkungsdauer eines Landschaftsplans zeigt einen schwachen Zusammenhang mit der mittleren Flächengröße unbebauter Flächen und der Randliniendichte aller Siedlungsfreiflächen und Freiraumflächen (vgl. Tab. 4.17). Diese Zusammenhänge sind jeweils negativ, sodass mit einer längeren Wirkungsdauer eines Landschaftsplanes die Kleinteiligkeit der Landnutzung zunimmt. Dies bestätigt die Hypothese, dass die Landschaftsplanung einen Beitrag zur Strukturierung der Landschaft beiträgt. Auch der Shannon Diversity-Index zeigt einen schwachen Zusammenhang mit der Wirkungsdauer des Landschaftsplanes. Dies deutet darauf hin, dass sich die Landnutzungsvielfalt mit zunehmender Wirkungsdauer und damit Entfaltungsmöglichkeit des Landschaftsplanes erhöht.

Tab. 4.17: Einfluss der Wirkungsdauer des Landschaftsplans auf Struktur- und Qualitätsparameter

Struktur- und Qualitätsparameter	Spearmans rho mit Wirkungsdauer LP bis 2013
Anteil naturbetonter Flächen	0,168***
Hemerobieindex	-0,167***
Anteil Schutzgebiete gesamt an der Gmdfl.	0,140**
Anteil Schutzgebietsfläche „Natur- und Artenschutz“ an der Gmdfl.	0,014
Anteil Schutzgebietsflächen „Zielstellung Landschaftsschutz“ an der Gmdfl.	0,121*
Anteil unzerschnittener Freiräume >50 km² an der Gmdfl.	-0,182**
Gewichtete Dispersion	0,091
Shannon Diversity-Index	0,195***
Reichtum	-0,087
Landscape Shape-Index	-0,191***
Attraktivität der Landschaft	0,005
Mittlere Flächengröße unbebauter Flächen	**-0,271*** **
Mittlere Flächengröße	**-0,299*** **
Randliniendichte aller Siedlungsfreiflächen und Freiraumflächen	**0,244*** **
Dichte gehölzartiger Landschaftsstrukturelemente	-0,178***
Gehölzdominierte Ökotondichte	0,104*

N = 429, *: p < 0,05; **: p < 0,01; ***: p < 0,001

4.5.2.3 Wirkungen aufgrund der Qualität des Landschaftsplans

Die Qualität und Detailliertheit der vier Hauptkapitel eines Landschaftsplanes wurden in einen Zusammenhang mit den Struktur- und Qualitätsparametern gestellt. Insgesamt zeigen sich hier schwache, teilweise aber auch mittlere Zusammenhänge zwischen der Planqualität und der Struktur und Qualität der Landschaft (vgl. Tab. 4.18).

Die Qualität der Ausarbeitung zur Bestandsaufnahme von Natur und Landschaft korreliert mittelstark negativ mit dem Anteil der Fläche für den Landschaftsschutz (Naturparke, Landschaftsschutzgebiete und Biosphärenreservate) in der Gemeinde (rho = -0,435; N = 55; p < 0,01). Dieser Befund ist eventuell damit erklärbar, dass meist gerade dann, wenn viele Bestandsinformationen vorliegen, wie dies beispielsweise durch einen hohen Anteil von Landschaftsschutzgebieten gegeben sein sollte, im Landschaftsplan auf diese zurückgegriffen werden kann und damit in selbigen ein geringerer Detaillierungsgrad ausreichend sein kann. Dagegen spricht, dass dies dann auch bei dem Flächenanteil von Naturschutzgebieten und der Schutzgebietsfläche insgesamt der Fall sein müsste. Naturschutzgebiete sind jedoch meist wesentlich kleiner und punktueller als Landschaftsschutzgebiete und decken damit eine Gemeinde bei weitem nicht ab, wie dies ein Landschaftsschutzgebiet teilweise tut. Zwischen der Landnutzungsvielfalt (Shannon-Index) und der Qualität der Bestandsaufnahme des Landschaftsplanes besteht ein schwacher negativer Zusammenhang (rho = -0,288; N = 55; p < 0,05). Ebenso besteht ein schwacher negativer Zusammenhang zwischen der Qualität der Bestandsaufnahme des Landschaftsplans und dem Reichtum der Flächennutzung sowie dem Landscape-Shape-Index.

Die Qualität und der Detailgrad der Ausformulierungen des Leitbildes und der Entwicklungskonzeption im Landschaftsplan steht jeweils in einem Zusammenhang mit dem Flächenanteil für den strengen Naturschutz, dem Laubwaldanteil, dem Shannon-Index, die Attraktivität der Landschaft und die Dichte gehölzartiger Landschaftsstrukturelemente (vgl. Tab. 4.18).

Tab. 4.18: Zusammenhang zwischen Struktur- und Qualitätsparametern und der Qualität des Landschaftsplans

Struktur- und Qualitätsparameter	Bestandsaufnahme und Bewertung von NuL	Leitbild und Entwicklungskonzeption	Erfordernisse und Maßnahmen	Umsetzungsorientierung
Anteil naturbetonter Flächen	-0,030	-0,146	-0,184	-0,068
Hemerobieindex	-0,042	-0,004	0,196	0,057
Anteil Schutzgebiete gesamt an Gmdfl.	-0,221	0,136	0,082	-0,051
Anteil Schutzgebietsfläche „Natur- und Artenschutz" an Gmdfl.	0,128	**0,321***	**0,307***	0,161
Anteil Schutzgebietsflächen „Zielstellung Landschaftsschutz" an Gemeindefläche	**-0,435****	-0,096	-0,019	-0,072
Anteil unzerschnittener Freiräume >50 km² an Gmdfl.	0,103	0,227	0,050	0,118
Gewichtete Dispersion	-0,096	-0,163	0,032	-0,265
Shannon Index	**-0,288***	**-0,373****	-0,197	-0,239
Reichtum	**-0,382****	-0,202	0,073	-0,041
Landscape Shape-Index	**-0,360****	-0,141	0,211	0,147
Attraktivität der Landschaft	0,242	**0,282***	-0,033	0,077
Mittlere Flächengröße unbebauter Flächen	-0,020	0,142	0,164	**0,301***
Mittlere Flächengröße	0,005	0,200	0,212	**0,354****
Randliniendichte aller Siedlungsfreiflächen und Freiraumflächen	0,095	-0,073	-0,105	-0,230
Dichte gehölzartiger Landschaftsstrukturelemente	0,090	**0,265***	**0,406****	**0,314***
Gehölzdominierte Ökotondichte	-0,007	0,198	0,224	0,140

N = 55, *: p < 0,05; **: p < 0,01; ***: p < 0,001

Es besteht ein schwacher Zusammenhang mit der Qualität der Leitbildformulierung im Landschaftsplan und der landschaftlichen Attraktivität in einer Gemeinde (rho = 0,282; N = 55; p < 0,05). Jedoch bleibt hier die kausale Richtung der Hypothese ungeklärt. Einerseits kann der Landschaftsplan mit einer qualitativ hochwertigen Leitbildformulierung tatsächlich zur Entwicklung einer höheren Attraktivität der Landschaft beigetragen haben. Andererseits kann es aber auch sein, dass gerade in Gemeinden mit einer hohen attraktiven Landschaftsausstattung besonders viel Wert auf eine qualitativ hochwertige Leitbildformulierung und Entwicklungskonzeption im Landschaftsplan gelegt wurde.

Weiterhin gibt es einen Zusammenhang zwischen der Qualität und dem Detailgrad der formulierten Erfordernisse und Maßnahmen des Landschaftsplans sowie dem Anteil von Naturschutzgebietsflächen und dem Laubwaldanteil an der gesamten Waldfläche einer Gemeinde. Dieser Befund lässt sich ggf. dadurch erklären, dass Erfordernisse und Maßnahmen, die im Zusammenhang mit Naturschutzgebiets- und Waldflächen stehen, sich besser und einfacher im Sinne des Naturschutzfachplanungsauftrages des Landschaftsplanes umsetzen lassen.

Interessant erscheint auch der etwas höhere Zusammenhang im Hinblick auf den Indikator Dichte gehölzartiger Landschaftsstrukturelemente. Die Qualität der Ausarbeitung der Erfordernisse und Maßnahmen (rho = 0,406; N = 55; $p < 0{,}01$) und der konkreten Umsetzungsvorschläge (rho = 0,314; N = 55; $p < 0{,}05$) im Landschaftsplan stehen im mittleren Zusammenhang mit der Dichte gehölzartiger Landschaftsstrukturelemente. Dieser Zusammenhang scheint auch Ergebnisse einer früheren Studie von Wende et al. (2009) zu stützen, worin die Umsetzung von Landschaftsplänen untersucht wurde. Diese zeigte, dass eher punktuelle und lineare Maßnahmen des Landschaftsplans umgesetzt werden (und weniger flächige Maßnahmen). In Gemeinden, welche einen Landschaftsplan aufgestellt haben, scheint es gerade dessen Qualität der Formulierung von Erfordernissen und Maßnahmen sowie dessen Hinweise zur Umsetzungsorientierung zu sein, die in erster Linie einen positiven Einfluss auf die Dichte von gehölzartigen Landschaftsstrukturen nehmen.

Ein weiterer positiver Zusammenhang besteht zwischen der Qualität der Umsetzungsorientierung des Landschaftsplanes und der mittleren Flächengröße unbebauter Flächen (rho = 0,301; N = 55; $p < 0{,}05$). Dieser Zusammenhang lässt sich unter Umständen damit erklären, dass gerade in Gemeinden mit besonders großen Flächen monotoner Landnutzung der Bedarf an einer hohen Umsetzungsorientierung von Maßnahmen besteht. Dies würde sich auch mit dem Zusammenhang zwischen der Qualität der Umsetzungsorientierung und dem Anteil von Ackerland an der Landwirtschaftsfläche decken (vgl. Abschn. 4.5.1.3.)

4.5.2.4 Zusammenfassende Überprüfung der Hypothesen

NATURNAHE FLÄCHEN, KULTUREINFLUSS

Hypothesen

Wenn eine Gemeinde einen Landschaftsplan aufstellt, integriert oder in Kraft setzt, dann weist diese Gemeinde (nach einer gewissen Zeit) einen höheren Anteil naturbetonter Flächen an der Gemeindegebietsfläche auf als eine Gemeinde ohne Landschaftsplan.

Wenn eine Gemeinde einen Landschaftsplan aufstellt, integriert oder in Kraft setzt, dann weist diese Gemeinde (nach einer gewissen Zeit) eine höhere Naturnähe auf als eine Gemeinde ohne Landschaftsplan.

Indikatoren zur Prüfung der Hypothese

Abhängige Variable:
Anteil naturbetonter Flächen an der Gemeindefläche
Hemerobieindex der Gemeinde
Unabhängige Variable:
Vorliegen eines Landschaftsplans, Wirkungsdauer eines Landschaftsplans

Statistik

Mittelwerte, Punktbiseriale Korrelation, Biseriale Rangkorrelation, Spearman rho

	Mittelwert LP	Mittelwert kein Lapla	LP ja/nein r_{pbis}	Wirkungsdauer Lapla, *rho*
Anteil naturbetonter Flächen	32,77 %	25,91 %	0,148***	0,168***
Hemerobieindex	4,10	4,25	-0,175***	-0,167**

**p < 0,05; **p < 0,01; ***p < 0,001; Lapla ja/nein N = 600, Wirkungsdauer N = 429*

Ergebnis

Es besteht ein schwacher Zusammenhang zwischen dem Kultureinfluss des Menschen und dem Vorhandensein bzw. der Wirkungsdauer eines kommunalen Landschaftsplans. Die Wirkungsrichtung bleibt jedoch ungeklärt, da eine lineare Regression zwischen der Wirkungsdauer des Landschaftsplans und den abhängigen Variablen keinen bzw. nur einen nicht vermuteten negativen Zusammenhang belegen konnte. Anhand der Mittelwerte zeigt sich, dass der Anteil naturbetonter Flächen einer Kommunen mit Landschaftsplan in der Stichprobe durchschnittlich 7 % höher ist. Beim Hemerobieindex zeigen sich keine wesentlichen Mittelwertsunterschiede, jedoch deutet sich hier ein schwacher negativer Zusammenhang an. Die vermutete Richtung des Zusammenhangs, wonach bei einem vorhandenen Landschaftsplan der Anteil naturbetonter Flächen höher und der Hemerobieindex niedriger ist, kann bestätigt werden. Eine Kausalität kann mit der Korrelation jedoch nicht abgeleitet werden.

SCHUTZGEBIETE

Hypothesen

Wenn eine Gemeinde einen Landschaftsplan aufstellt, integriert oder in Kraft setzt, dann weist diese Gemeinde einen höheren Anteil Schutzgebietsflächen an der Gemeindegebietsfläche auf als eine Gemeinde ohne Landschaftsplan.

Wenn eine Gemeinde einen Landschaftsplan aufstellt, integriert oder in Kraft setzt, dann weist diese Gemeinde einen höheren Anteil Schutzgebietsflächen mit der Zielstellung Natur- und Artenschutz sowie Landschaftsschutz an der Gemeindegebietsfläche auf als eine Gemeinde ohne Landschaftsplan.

Indikatoren zur Prüfung der Hypothese

Abhängige Variable:
Anteil Schutzgebiete gesamt an Gemeindefläche
Anteil Schutzgebietsfläche „Natur- und Artenschutz" an Gemeindefläche
Anteil Schutzgebietsflächen „Zielstellung Landschaftsschutz" an Gemeindefläche
Unabhängige Variable:
Vorliegen eines Landschaftsplans, Wirkungsdauer eines Landschaftsplans

Statistik

Mittelwerte, Punktbiseriale Korrelation, Spearman rho

	Mean Lapla	Mean kein Lapla	Lapla ja/nein r_{pbis}	Wirkungsdauer Lapla, *rho*
Anteil Schutzgebiete gesamt an Gemeindefläche	50,01 %	48,08 %	0,022	0,140**
Anteil Schutzgebietsfläche „Natur- und Artenschutz" an Gemeindefläche	15,30 %	16,37 %	-0,023	0,014
Anteil Schutzgebietsflächen „Zielstellung Landschaftsschutz" an Gemeindefläche	34,71 %	31,71 %	-0,037	-0,121*

**p < 0,05; **p < 0,01; ***p < 0,001; Lapla ja/nein N = 600, Wirkungsdauer N = 429*

Ergebnis

Anhand der Mittelwertvergleiche sowie der Berechnung der Korrelation konnte kein Zusammenhang zwischen dem Vorhandensein bzw. nur ein sehr schwacher Zusammenhang zwischen der Wirkungsdauer eines Landschaftsplans (rho = 0,140; N = 429; p < 0,01) und dem Anteil von Schutzgebieten an der Gemeindefläche gefunden werden.

LANDSCHAFTSZERSCHNEIDUNG

Hypothese

Wenn eine Gemeinde einen Landschaftsplan aufstellt, integriert oder in Kraft setzt, dann weist diese Gemeinde einen höheren Anteil unzerschnittener Freiräume größer 50 km² an der Gemeindegebietsfläche auf als eine Gemeinde ohne Landschaftsplan.

Wenn eine Gemeinde einen Landschaftsplan aufstellt, integriert oder in Kraft setzt, dann weist diese Gemeinde eine geringere Zersiedelung auf als eine Gemeinde ohne Landschaftsplan.

Indikatoren zur Prüfung der Hypothese

Abhängige Variable:
Anteil unzerschnittener Freiräume >50 km² an Gemeindefläche,
Dispersion
Unabhängige Variable:
Vorliegen eines Landschaftsplans, Wirkungsdauer eines Landschaftsplans

Statistik

Mittelwerte, Punktbiseriale Korrelation, Spearman rho

	Mittelwert LP	Mittelwert kein LP	Lapla ja/nein r_{pbis}	Wirkungsdauer LP, *rho*
Anteil unzerschnittener Freiräume >50 km² an Gemeindefläche	*11,16 %*	*18,35 %*	$-0{,}128^{**}$	$-0{,}182^{***}$
Gewichtete Dispersion	*0,9947*	*0,9503*	$0{,}089^{*}$	*0,091*

$^{*}p < 0{,}05$; $^{**}p < 0{,}01$; $^{***}p < 0{,}001$; *Lapla ja/nein N = 600, Wirkungsdauer N = 429*

Ergebnis

Es besteht ein schwach negativer Zusammenhang zwischen dem Anteil unzerschnittener Freiräume (UZF) >50 km² an der Gemeindefläche und der Wirkungsdauer des Landschaftsplans, womit die obenstehende Hypothese verworfen werden muss. Gemeinden, die einen Landschaftsplan aufgestellt haben, weisen durchschnittlich einen eher niedrigen Anteil an UZF >50 km² auf.

Zwischen dem Vorhandensein eines Landschaftsplans sowie der Wirkungsdauer und der gewichteten Dispersion, welche als ein Maß der Kompaktheit von Siedlungsflächen gelten kann, konnten keine Zusammenhänge gefunden werden.

Diversität der Landnutzung

Hypothese

Wenn eine Gemeinde einen Landschaftsplan aufstellt, integriert oder in Kraft setzt, dann weist diese Gemeinde eine höhere mittlere Diversität der Landnutzungen (Shannon Diversity Index), einen höheren Reichtum der Flächennutzungen und eine höhere landschaftliche Attraktivität auf als eine Gemeinde ohne Landschaftsplan.

Indikatoren zur Prüfung der Hypothese

Abhängige Variable:
Shannon Diversitäts Index
Reichtum
Landscape Shape-Index
Attraktivität der Landschaft
Unabhängige Variable:
Vorliegen eines Landschaftsplans, Wirkungsdauer eines Landschaftsplans

Statistik

Mittelwerte, Punktbiseriale Korrelation, Spearman rho

	Mittelwert LP	Mittelwert kein LP	LP ja/nein r_{pbis}	Wirkungsdauer Lapla, *rho*
Shannon Diversity-Index	0,44	0,40	0,201**	-0,191***
Reichtum	15,14	15,16	-0,005	-0,087
Landscape Shape-Index	50,08	48,67	0,023	-0,162**
Attraktivität der Landschaft	1,82	1,84	-0,020	0,005

**p < 0,05; **p < 0,01; ***p < 0,001; Lapla ja/nein N = 600, Wirkungsdauer N = 429*

Ergebnis

Zwischen der Diversität der Landnutzung und dem Vorhandensein eines Landschaftsplanes besteht ein schwach positiver und zwischen der Wirkungsdauer eines Landschaftsplanes ein schwacher positiver Zusammenhang. Gemeinden mit aufgestelltem Landschaftsplan weisen im Durchschnitt eine etwas höhere Anzahl verschiedener Landnutzungen und deren mögliche größenmäßige Gleichverteilung auf.

Der Reichtum der Landnutzungstypen, der Landscape Shape Index sowie die Attraktivität der Landschaft sind unabhängig vom Vorhandensein eines Landschaftsplans und dessen Wirkungsdauer.

LANDSCHAFTSSTRUKTUR

Hypothese

Wenn eine Gemeinde einen Landschaftsplan aufstellt, integriert oder in Kraft setzt, dann weist diese Gemeinde eine höhere Dichte gehölzartiger Landschaftsstrukturelemente (Baumreihen, Hecken, etc.) auf als eine Gemeinde ohne Landschaftsplan.

Wenn eine Gemeinde einen Landschaftsplan aufstellt, integriert oder in Kraft setzt, dann weist diese Gemeinde eine kleinteiliger gegliederte Landschaft (Patchsize) und eine höhere Randliniendichte auf als eine Gemeinde ohne Landschaftsplan.

Indikatoren zur Prüfung der Hypothese

Abhängige Variable:
Dichte von gehölzartigen Landschaftsstrukturelementen in der Gemeinde
Mittlere Flächengröße; mittlere Flächengröße unbebauter Flächen
Randliniendichte
Unabhängige Variable:
Vorliegen eines Landschaftsplans, Wirkungsdauer eines Landschaftsplans

Statistik

Mittelwerte, Punktbiseriale Korrelation, Spearman rho

	Mean Lapla	Mean kein Lapla	Lapla ja/nein r_{pbis}	Wirkungsdauer Lapla, *rho*
Dichte gehölzartiger Landschaftsstrukturelemente in der Gemeinde	756,04 m/km²	1159,79 m/km²	-0,096*	-0,178***
Mittlere Flächengröße	26.339 m²	31.388 m²	-0,187***	-0,299***
Mittlere Flächengröße unbebauter Flächen	34.476 m²	41.334 m²	-0,181***	-0,271***
Randliniendichte	397,7 m/ha	349,3 m/ha	0,216***	0,244***
Gehölzdominierte Ökotondichte	3,80 km/km²	3,28 km/km²	0,127**	0,104*

**p* < 0,05; ***p* < 0,01; ****p* < 0,001; *Lapla ja/nein N = 600, Wirkungsdauer N = 429*

Ergebnis

Es konnte kein Zusammenhang zwischen der Vorhandensein eines Landschaftsplans und der Dichte gehölzartiger Landschaftsstrukturelemente gefunden werden, womit die Hypothese abgelehnt werden muss. Diese Elemente, wie Hecken oder Baumreihen kommen vor allem in landwirtschaftlich geprägten Kulturlandschaften vor. Der Mittelwertvergleich zwischen Gemeinden mit und Gemeinden ohne Landschaftsplan zeigt, dass die durchschnittliche Dichte gehölzartiger Landschaftsstrukturelemente in Gemeinden ohne Landschaftsplan in der Stichprobe höher ist. Die Wirkungsrichtung bleibt dabei ungeklärt. Das bloße Vorhandensein eines Landschaftsplans reicht also nicht aus, um höhere Dichten von gehölzartigen Landschaftsstrukturelementen zu erzeugen.

Bei der mittleren Flächengröße der Landnutzungen, sowohl aller als auch lediglich der unbebauten, zeichnet sich ein negativer Zusammenhang mit dem Vorhandensein eines Landschaftsplans bzw. dessen Wirkungsdauer ab. Das bedeutet, dass die Flächengrößen in Kommunen mit Landschaftsplan durchschnittlich geringer sind und mit der Wirkungsdauer des Landschaftsplans abnehmen. Damit kann die Hypothese nicht verworfen werden, wonach der Landschaftsplan die mittlere Flächengröße der Landnutzung dahingehend beeinflusst, dass die Flächen insgesamt kleiner werden.

Es besteht ein positiver Zusammenhang zwischen der Randliniendichte und dem Vorhandensein einer örtlichen Landschaftsplanung sowie deren Wirkungsdauer, sodass die Hypothese bestätigt werden kann.

Das Vorhandensein eines Landschaftsplans und dessen Wirkungsdauer zeigen keinen Zusammenhang mit der gehölzdominierten Ökotondichte, selbst wenn diese in Gemeinden mit Landschaftsplan in der Stichprobe durchschnittlich höher ist.

QUALITÄT DER ÖRTLICHEN LANDSCHAFTSPLANUNG

Hypothese

Je höher die Qualität eines Landschaftsplanes ist, desto höher sind auch die Landschaftstrukturdichten und die Landschaftsqualität.

Indikatoren zur Prüfung der Hypothese

Abhängige Variable:
Indikatoren der Hemerobie, Schutzgebiete, Diversität der Landnutzung, Landschaftsstruktur
Unabhängige Variable:
Qualität der örtlichen Landschaftsplanung (N = 55)

Statistik

Siehe Tab. 4.18: Zusammenhang zwischen Struktur- und Qualitätsparametern und der Qualität des Landschaftsplans

Ergebnis

Es bestehen jeweils mittlerer Zusammenhänge zwischen der Qualität der Ausarbeitung der Erfordernisse und Maßnahmen (rho = 0,406; N = 56; p < 0,01) und der konkreten Umsetzungsvorschläge (rho = 0,314; N = 55; p < 0,05) im Landschaftsplan und der Dichte gehölzartiger Landschaftsstrukturelemente. Die Qualität des Plans ist daher von Bedeutung.

Weiterhin bestehen mittlere positive Zusammenhänge zwischen der Qualität der Umsetzungsorientierung des Landschaftsplanes und der mittleren Flächengröße unbebauter Flächen (rho = 0,301; N = 55; p < 0,05) sowie der mittleren Flächengröße insgesamt (rho = 0,354; N = 55; p < 0,01).

4.5.3 Indikatorenbündel zur landschaftlichen Vielfalt und Qualität

4.5.3.1 Wirkungen des Vorliegens eines Landschaftsplans auf die Indikatorenbündel

Das Vorliegen eines Landschaftsplans zeigt kaum Zusammenhänge mit den aggregierten Indikatorenbündeln zur landschaftlichen Vielfalt und Qualität (vgl. Tab. 4.19). Lediglich beim Indikatorenbündel 2 „Intensität der Nutzung und Vielfalt des Freiraums" besteht ein schwacher Zusammenhang ($r_{pbis} = 0,214$; $p < 0,001$; $N = 551$) und die Mittelwerte unterscheiden sich deutlich, je nachdem ob ein Landschaftsplan in der Gemeinde vorliegt oder nicht. Der positive Zusammenhang deutet darauf hin, dass Gemeinden mit einem Landschaftsplan einen vielfältigeren Freiraum und eine geringere Nutzungsintensität aufweisen. Dieses Indikatorenbündel fasst Indikatoren zur Natürlichkeit der Landnutzung zusammen und es ist daher bezogen auf die Ziele der Landschaftsplanung der bedeutendste Indikatorenbündel. Dass gerade dieser einen Zusammenhang mit dem Planungsstand der Landschaftsplanung aufweist, ist ein möglicher Hinweis darauf, dass die Landschaftsplanung ihre Aufgaben diesbezüglich erfüllt.

Ein solch positiver Zusammenhang, wenn auch etwas schwächer, deutet sich auch bei den Indikatorenbündeln 1 „Dichte der Bebauung, Freiraumanteil" und 10 „Gehölz- und Gartenanteil" an. Demnach ist der Freiraumanteil in Gemeinden ohne Landschaftsplan höher und deren Bebauung dichter. In der Stichprobe ist der Gehölz- und Gartenanteil bei Gemeinden mit Landschaftsplan höher als in Gemeinden ohne Landschaftsplan. Die Wirkungsrichtung kann hier nicht bestätigt werden.

Tab. 4.19: Mittelwertvergleich und biseriale Rangkorrelation zwischen Vorhandensein eines Landschaftsplans und den Indikatorenbündeln zur landschaftlichen Vielfalt und Qualität

Indikatorenbündel	Mittelwert mit LP	Mittelwert ohne LP	Landschaftsplan ja/nein
1) „Dichte der Bebauung (+), Freiraumanteil (-)"	0,110	-0,279	$r_{pbis} = 0{,}175^{***}$
2) „Intensität der Nutzung (-) und Vielfältigkeit des Freiraums (+)"	0,135	-0,341	$r_{pbis} = \mathbf{0{,}214}^{***}$
3) „Siedlungsfreiflächen je Einwohner"	-0,031	0,079	$r_{pbis} = -0{,}050$
4) „Biotopvernetzung und Naturschutzgebiete"	0,039	-0,099	$r_{pbis} = 0{,}062$
5) „Unzerschnittene Freiräume und Attraktivität"	-0,028	0,072	$r_{pbis} = -0{,}045$
6) „Natur- und Landschaftsschutz"	-0,035	0,088	$r_{pbis} = -0{,}055$
7) „Waldränder und Hecken"	0,039	-0,099	$r_{pbis} = 0{,}063$
8) „Anteil unkultivierter Bodenfläche an Gemeindefläche"	-0,061	0,153	$r_{pbis} = -0{,}096^{*}$
9) Siedlungskörperdichte (+) und Reichtum (-)"	-0,028	0,070	$r_{pbis} = -0{,}044$
10) „Gehölz- und Gartenanteil"	0,111	-0,281	$r_{pbis} = 0{,}177^{***}$

N = 551, *: p < 0,05; **: p < 0,01; ***: p < 0,001

4.5.3.2 Einfluss der Wirkungsdauer des Landschaftsplans

Die Indikatorenbündel zur landschaftlichen Vielfalt und Qualität zeigen bis auf zwei Ausnahmen keine Korrelation zur Wirkungsdauer des Landschaftsplans. Dazu wurde Spearmans rho und die Produkt-Moment-Korrelation berechnet. Es zeigt sich ein schwacher positiver Zusammenhang zwischen der Biotopvernetzung und den Flächenanteilen von Naturschutzgebieten an der Gemeindefläche sowie der Wirkungsdauer (r = 0,218; N = 389; p < 0,001). Dieser Zusammenhang besteht, obwohl die einzelnen Indikatoren zu den Schutzgebietsanteilen keine Zusammenhänge zeigten (vgl. Abschn. 4.5.2.2). Auf das Indikatorenbündel „Biotopvernetzung und Naturschutzgebiete" laden jedoch neben den Flächen für den strengen Naturschutz auch die der Funktionsräume und des Laubwaldanteils auf. Gerade die Funktionsräume (national bedeutsame und Kernräume, vgl. Fuchs et al. 2010) können durch die Landschaftsplanung gefördert werden. Insofern ist ein schwacher Zusammenhang mit der Wirkungsdauer des Landschaftsplans ein positives Signal.

Mit zunehmender Wirkungsdauer eines Landschaftsplans nehmen auch die Biotopvernetzung, der Anteil von Schutzgebieten und der Anteil von Gehölzen und Gärten zu. Aufgrund der zeitlichen Variablen „Wirkungsdauer" ist hier die Hypothesenrichtung klar. Die Wirkungsdauer beeinflusst die Biotopvernetzung, die Flächenanteile für Schutzgebiete und den Anteil von Gehölzen und Gärten, nicht anders herum.

Tab. 4.20: Einfluss der Wirkungsdauer des Landschaftsplans (bis 2013) auf die Indikatorenbündel zur landschaftlichen Vielfalt und Qualität, Spearmans rho und Produkt-Moment-Korrelation

Indikatorenbündel	Wirkungsdauer des Landschaftsplans rho	r
1) „Dichte der Bebauung (+), Freiraumanteil (-)"	0,072	**0,041**
2) „Intensität der Nutzung (-) und Vielfältigkeit des Freiraums (+)"	0,154**	**0,140****
3) „Siedlungsfreiflächen je Einwohner"	-0,080	**-0,015**
4) „Biotopvernetzung und Naturschutzgebiete"	**0,206*****	0,218***
5) „Unzerschnittene Freiräume und Attraktivität"	-0,151**	**-0,158****
6) „Natur- und Landschaftsschutz"	0,039	**0,077**
7) „Waldränder und Hecken"	0,054	**0,006**
8) „Anteil unkultivierter Bodenfläche an Gemeindefläche"	-0,073	**-0,035**
9) Siedlungskörperdichte (+) und Reichtum (-)"	-0,139**	**-0,143****
10) „Gehölz- und Gartenanteil"	0,172***	0,220***

N = 389, *: p < 0,05; **: p < 0,01; ***: p < 0,001

4.5.3.3 Wirkungen aufgrund der Qualität des Landschaftsplans

Zwischen der Qualität der untersuchten Landschaftspläne und den Indikatorenbündel zur landschaftlichen Vielfalt und Qualität konnten teils mittelstarke Zusammenhänge gefunden werden. Die Detailliertheit der Bestandsaufnahme und Bewertung von Natur und Landschaft war in Kommunen mit einem hohen Anteil an Schutzgebieten und einer hohen Bebauungsdichte signifikant weniger umfangreich als in Gemeinden mit geringen Schutzgebietsanteilen bzw. einer geringen Bebauungsdichte (vgl. Tab. 4.21). Gleichzeitig wird in Kommunen mit einem höheren Freiraumanteil die Bestandsaufnahme und Bewertung von Natur und Landschaft detaillierter durchgeführt. Auch in eher unzerschnittenen und landschaftlich attraktiven Gemeinden sind die wesentlichen Grundlagen des Landschaftsplans signifikant detaillierter ausgearbeitet.

Auf das Indikatorenbündel 2 „Intensität der Nutzung und Vielfältigkeit des Freiraums" laden vor allem der Waldanteil, der Anteil naturbetonter Flächen und der Anteil Ackerflächen an der Landwirtschaftsfläche auf (vgl. Tab. 3.11). Es besteht damit ein mittlerer positiver Zusammenhang zwischen der Nutzungsintensität der Freiraumflächen und der Qualität der formulierten Leitbilder (rho = -0,399; N = 50; p < 0,01), Erfordernisse und Maßnahmen (rho = -0,477; N = 50; p < 0,01) und Umsetzungsmöglichkeiten (rho = -0,373; N = 50; p < 0,01). Je höher die Nutzungsintensität, desto höher war auch die beobachtete Qualität der Landschaftspläne im Hinblick auf die Entwicklungskonzeption,

Darstellung der Erfordernisse und Maßnahmen sowie der konkreten Vorschläge zur Umsetzung dieser. Die Kausalrichtung kann aber auch umgekehrt sein. Dieser Befund zeigt auf, dass die Hypothese, wonach gerade Kommunen mit einer hohen Nutzungsintensität und dem damit verbundenen hohen Bedarf an landschaftlichen struktur- und qualitätsverbessernden Maßnahmen (z. B. Extensivierung oder Pflanzung von Gehölzen) in Form einer detaillierteren Landschaftsplanung begegnen.

In Gemeinden mit unzerschnittenen Freiräumen und einer hohen landschaftlichen Attraktivität ist auch eine hohe Qualität der Bestandsaufnahme von Natur und Landschaft (rho = 0,311; N = 50; p < 0,05) sowie des Leitbilds und der Entwicklungskonzeption zu beobachten (rho = 0,421; N = 50; p < 0,05). Gleichzeitig stehen die Qualität der Ausarbeitung von Erfordernissen und Maßnahmen sowie die Umsetzungsorientierung in keinem Zusammenhang zum Indikatorenbündel 5. Bei Kommunen mit einer hohen landschaftlichen Attraktivität und einem hohen Anteil unzerschnittener Freiräume und der damit verbundenen hohen Qualität des Naturraumes, scheint der Schwerpunkt der örtlichen Landschaftsplanung auf der Erfassung und Würdigung der Natur und Landschaft sowie der Entwicklung eines Leitbilds zu liegen. Konkrete Maßnahmen und deren Umsetzung sind hier in den Landschaftsplänen weniger bearbeitet, da deren Bedarf unter Umständen nicht so dringend ist, wie in anderen Kommunen. Bei Kommunen mit einem hohen Anteil von Schutzgebieten (Indikatorenbündel 6) ist die Bestandsaufnahme und Bewertung von Natur und Landschaft weniger qualitativ (rho = -0,317; N = 50; p < 0,05). Im Rahmen der Schutzgebietsausweisung können diese Informationen bereits vorliegen und werden im Landschaftsplan eventuell weniger selbst erarbeitet.

In Kommunen mit einer hohen Siedlungskörperdichte und einem geringen Reichtum an Landnutzungstypen ist die Qualität der Ausarbeitung zu den konkreten Maßnahmen und Erfordernissen (rho = 0,288; N = 50; p < 0,05) sowie deren Umsetzungsorientierung (rho = 0,408; N = 50; p < 0,05) höher.

Tab. 4.21: Zusammenhang zwischen den Indikatorenbündeln zur landschaftlichen Vielfalt und Qualität und der Qualität der Landschaftspläne

Indikatorenbündel zur landschaftlichen Vielfalt und Qualität	Bestandsaufnahme und Bewertung von NuL	Leitbild und Entwicklungskonzeption	Erfordernisse und Maßnahmen	Umsetzungsorientierung
1) „Dichte der Bebauung (+), Freiraumanteil (-)“	**-0,297***	-0,185	0,054	-0,093
2) „Intensität der Nutzung (-) und Vielfältigkeit des Freiraums (+)“	-0,224	**-0,399****	**-0,447****	**-0,373****
3) „Siedlungsfreiflächen je Einwohner“	0,156	0,085	-0,101	-0,090
4) „Biotopvernetzung und Naturschutzgebiete“	0,265	**0,296***	**0,282***	0,218
5) „Unzerschnittene Freiräume und Attraktivität“	**0,311***	**0,421****	0,183	0,227
6) „Natur- und Landschaftsschutz“	**-0,317***	0,017	0,153	0,070
7) „Waldränder und Hecken“	0,073	0,200	0,224	0,185
8) „Anteil unkultivierter Bodenfläche an Gemeindefläche“	-0,190	-0,085	-0,132	-0,217
9) Siedlungskörperdichte (+) und Reichtum (-)“	-0,121	0,017	**0,288***	**0,408****
10) „Gehölz- und Gartenanteil“	-0,093	-0,072	-0,232	-0,197

N = 50, *: p < 0,05; **: p < 0,01; ***: p < 0,001

4.6 Einfluss der kommunalen Landschaftsplanung auf die Entwicklung der Landnutzung und Landschaftsstruktur zwischen 2000 und 2014

Bislang wurde im Rahmen dieser Arbeit untersucht, ob das Vorhandensein eines Landschaftsplanes sich auf den Zustand der landschaftlichen Qualität und Struktur auswirkt. Es wurde geprüft, ob die Verteilung der Flächennutzungen eine andere ist, wenn ein kommunaler Landschaftsplan aufgestellt war und ob es Unterschiede in Abhängigkeit zur Wirkungsdauer gibt. Hier soll nun die Entwicklung der Landnutzung zwischen 2000 und 2014 untersucht werden. Verläuft der Landschaftswandel in Kommunen unterschiedlich je nachdem ob ein Landschaftsplan aufgestellt wurde? Dazu wurde der Zeitraum 2000 bis 2014 mit Hilfe von Geodaten betrachtet und die Entwicklungen der jeweiligen Indikatoren in Beziehung zur kommunalen Landschaftsplanung gesetzt, um mögliche Zusammenhänge aufzudecken.

Ein Landschaftsplan gilt für diese Untersuchung des Landschaftswandels dann als aufgestellt, wenn dieser bis 2000 in Kraft trat bzw. integriert wurde. Hat eine Kommune z. B. erst 2006 einen Landschaftsplan erstmalig aufgestellt, so wird diese Kommune so behandelt als hätte sie keinen Landschaftsplan.

Hintergrund dieser Herangehensweise ist, dass Maßnahmen aus dem Landschaftsplan in der Regel ohnehin erst mit einiger Verzögerung umgesetzt werden und diese Änderung sich nochmals zeitversetzt in den Geodaten niederschlagen. Insofern scheint es berechtigt, alle Landschaftspläne, welche nach 2000 aufgestellt wurden, nicht zu beachten bzw. als noch nicht wirksam anzusehen.

Zusätzlich zu diesem Vorgehen sollen in einem weiteren Untersuchungsansatz nur solche Kommunen betrachtet werden, die zwischen 1995 und 2000 einen Landschaftsplan erstmals aufgestellt haben im Vergleich zu solchen, die noch nie eine kommunale Landschaftsplanung beschlossen haben. Anstatt 2000 wird das Jahr 1995 herangezogen, da der ATKIS-Datensatz lediglich im Jahr 2000 ausgeliefert wurde, wobei der tatsächliche Stand dieser Daten deutlich älter ist. Genaue Angaben zur Grundaktualität fehlen jedoch in diesem Datensatz. Dieser Ansatz bietet die Möglichkeit wirklich nur solche Kommunen zu betrachten, welche in dem Untersuchungszeitraum 2000-2014 gerade erst einen Landschaftsplan aufgestellt hatten und diese mit Kommunen ohne Landschaftsplan zu vergleichen.

Tab. 4.22: Indikatoren der landschaftlichen Entwicklung von 2000 bis 2014 abgeleitet aus dem ATKIS Basis-DLM

Indikatoren der landschaftlichen Entwicklung 2000-2014	
S12RG	Anteil baulich geprägter Siedlungs- und Verkehrsflächen an Gemeindefläche
S15RG	Anteil baulich geprägter Siedlung an Gemeindefläche
S11RG	Anteil Siedlungs- und Verkehrsfläche an Gemeindefläche
S08RG	Anteil Siedlungsfreifläche an Gemeindefläche
S08RT	Anteil Siedlungsfreifläche an Siedlungsfläche
F01RG	Anteil Freiraumfläche an Gemeindefläche
F03RG	Anteil Ackerfläche an Gemeindefläche
F04RG	Anteil Grünlandfläche an Gemeindefläche
F04_F02	Anteil Grünlandfläche an Landwirtschaftsfläche
F02RG	Anteil Landwirtschaftsfläche an Gemeindefläche
F07RG	Anteil Wald an Gemeindefläche
F11RG	Anteil Wasserfläche an Gemeindefläche

Da nicht alle Indikatoren, welche im Rahmen der Faktorenanalyse (vgl. Abschn. 3.4.3) in die Indikatorenbündel zur landschaftlichen Vielfalt und Qualität eingegangen sind, auch für den Zeitschnitt 2000 abgeleitet werden konnten, war nur die Prüfung bivariater Zusammenhänge zwischen den einzelnen Indikatoren und dem Planungsstand möglich. Indikatoren welche aus dem Datensatz des Basis-DLM Stand 2000 und 2014 gleichermaßen abgeleitet werden konnten und die landschaftliche Entwicklung zwischen 2000 und 2014 widergeben, sind in Tab. 4.22 aufgeführt. Da der Datensatz von 2000 erst seit Anfang 2015 verfügbar ist, konnte die Berechnung nicht für alle Struktur- und Qualitätsparameter durchgeführt werden. Einige Daten, z. B. die der Schutzgebiete, liegen für 2000 nicht vor.

4.6.1 Einfluss des Vorhandenseins eines Landschaftsplans auf den Landschaftswandel zwischen 2000 und 2014

4.6.1.1 Betrachtung nach Stand der Landschaftsplanung im Jahr 2000

Betrachtet man den Landschaftswandel zwischen 2000 und 2014 anhand von Indikatoren und in Abhängigkeit davon, ob in der jeweiligen Kommune bis zum Jahr 2000 ein Landschaftsplan aufgestellt worden ist oder nicht, so werden teilweise große Unterschiede deutlich (vgl. Abb. 4.19). Während der Anteil der Ackerflächen zwischen 2000 und 2014 in Kommunen mit Landschaftsplan durchschnittlich um -3,97 % zurückgingen, waren es in Kommunen ohne Landschaftsplan nur -1,36 % (N = 594, vgl. Tab. 4.22). In Kommunen ohne Landschaftsplan gingen damit prozentual betrachtet mehr Ackerflächen verloren als in Kommunen mit Landschaftsplan. Der Grünlandanteil an der Gemeinde nahm zwischen 2000 und 2014 in Kommunen mit Landschaftsplan um 1,44 % zu, während er in Kommunen ohne Landschaftsplan nur um 0,70 % zunahm. Auch der Anteil des Grünlands an der Landwirtschaftsfläche erhöhte sich in Kommunen mit Landschaftsplan durchschnittlich um 0,44 % während in Kommunen ohne Landschaftsplan eine Abnahme von -1,38 % zu beobachten war. Seit dem Wegfall von Stilllegungsprämien für Ackerbrachen und den Bestrebungen zur Energiewende werden Grünlandflächen immer häufiger in Ackerland umgebrochen. Selbst Wasserschutzgebiete, Natura-2000-Gebiete und Überschwemmungsbereiche werden teilweise davon nicht ausgespart (BfN 2009: 8).

Die Entwicklung des Indikators Grünlandanteil an der Gemeindefläche ist demnach von 2000 bis 2014 positiv, was den aktuellen Beobachtungen (vgl. BfN 2014: 11) zum Grünlandumbruch widerspricht. Die Ursache hierfür ist mit großer Sicherheit in den Daten des ATKIS Basis-DLM zu suchen. Die ATKIS Daten können die Änderungsdynamik des Grünlands nicht direkt abbilden, da diese Klassen nicht zur höchsten Aktualisierungspriorität gehören. Eine weitere mögliche Erklärung ist, dass dieser umgedrehte Trend datengetrieben ist, d. h. seit 2000 konnten Grün- und Ackerland deutlich besser erfasst und differenziert werden, sodass hier von einer Präzisierung der Daten ausgegangen werden kann. Diese Datenproblematik sollte jedoch auf alle Gemeinden der Stichprobe gleichermaßen Auswirkungen haben, ungeachtet dessen, ob diese einen Landschaftsplan aufgestellt haben oder nicht. Insofern ist hier weniger der absolute Wert der Veränderung zu betrachten, sondern vielmehr die unterschiedlich starke Entwicklung, welche doch eher aufzeigt, dass sich das Vorhandensein eines Landschaftsplans positiv auf den Grünlandanteil auswirkt. In Zukunft und damit zeitversetzt sollte sich dieser abnehmende Trend des Grünlandanteils auch in den Daten des ATKIS Basis-DLMs niederschlagen und sichtbar werden. Gegenwärtig gibt es aber zu diesen Daten keine praktikablen Alternativen (vgl. Walz & Stein 2017b: 67).

Es bleibt hervorzuheben, dass der Landschaftsplan scheinbar in Verbindung mit der Entwicklung des Grünlandanteils an der Landwirtschaftsfläche steht. Statt einer generellen Abnahme gemittelt über alle Kommunen konnte in Kommunen mit Landschaftsplan eine positive Entwicklung des Grünlandanteils an der Landwirtschaftsfläche aufgezeigt werden.

Bei der Entwicklung der Siedlungs- und Verkehrsflächenanteile, der Wasserflächen sowie der Wald scheint es keine Unterschiede hinsichtlich der örtlichen Landschaftsplanung (vorhanden oder nicht vorhanden) zu geben. Zwar können gerade Artenschutzmaßnahmen aus dem Landschaftsplan zu Gewässern führen (z. B. Amphibienlaichgewässer), allerding sind diese flächenmäßig meist von geringer Bedeutung.

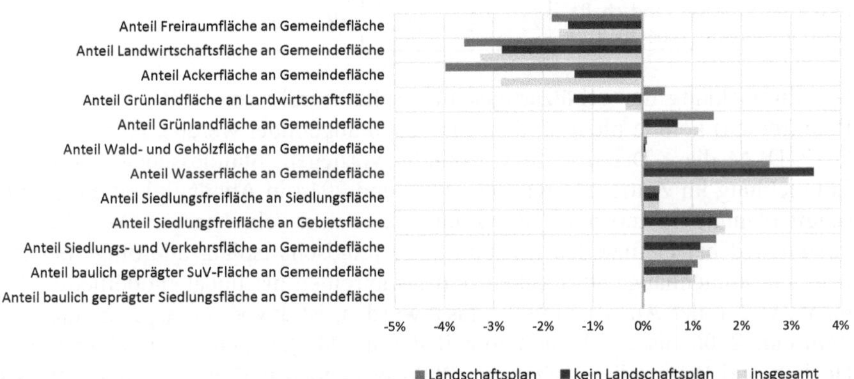

Abb. 4.19: Mittelwertsunterschiede von Indikatoren landschaftlicher Entwicklung zwischen 2000 und 2014 je nachdem, ob ein Landschaftsplan vorhanden ist oder nicht, N = 594

Tab. 4.23: Deskriptive statistische Auswertung von Indikatoren landschaftlicher Entwicklung zwischen 2000 und 2014, N = 594

Differenz Anteile 2000 und 2014 in %	Mittelwert (%)			Min (%)		Max (%)		N	
	LP	kein	gesamt	LP	kein	LP	kein	LP	kein
Anteil Freiraumfläche an Gmdfl.	-1,82	-1,49	-1,67	-14,35	-8,80	12,79	1,88	340	254
Anteil Landwirtschaftsfläche an Gmdfl.	-3,59	-2,83	-3,27	-27,53	-52,84	3,45	4,50	340	254
Anteil Ackerfläche an Gmdfl.	-3,97	-1,36	-2,85	-51,87	-23,23	47,72	38,37	340	254
Anteil Grünlandfläche an Landwirtschaftsfläche	0,44	-1,38	-0,34	-51,20	-52,84	53,24	19,12	340	254
Anteil Grünlandfläche an Gmdfl.	1,44	0,70	1,12	-5,03	-1,70	24,93	4,85	340	254
Anteil Wald an Gmdfl.	0,08	0,05	0,07	-0,54	-12,22	3,67	1,31	340	254
Anteil Wasserfläche an Gmdfl.	2,57	3,45	2,95	-21,67	-11,37	38,78	42,87	340	254
Anteil Siedlungsfreifläche an Siedlungsfläche	0,33	0,32	0,33	-1,18	-0,77	8,09	5,31	340	254
Anteil Siedlungsfreifläche an Gmdfl.	1,82	1,49	1,67	-12,79	-1,88	14,35	8,80	340	254
Anteil Siedlungs- und Verkehrsfläche an Gmdfl.	1,48	1,16	1,35	-12,80	-2,61	6,40	8,10	340	254
Anteil baulich geprägter Siedlungs- und Verkehrsfläche an Gmdfl.	1,10	0,98	1,05	-12,81	-2,30	5,75	6,92	340	254
Anteil baulich geprägter Siedlungsfläche an Gmdfl.	0,04	0,01	0,03	-0,65	-0,44	0,65	0,51	340	254
Dichte gehölzartiger Landschaftsstrukturelemente (2006-2014)	29,6	96,9	50,00	-84,2	-47,4	1209,0	7074,4	265	208

Die Entwicklung der gehölzartigen Landschaftsstrukturelemente (Hecken und Baumreihen) konnte nicht ab dem Jahr 2000 abgebildet werden, da im ATKIS Basis-DLM diese Daten nicht vollständig vorliegen. Stattdessen wurde deren Entwicklung im Zeitraum zwischen 2006 und 2014 in Abhängigkeit zur Landschaftsplanung untersucht. Es zeigt sich zwar ein starker Mittelwertsunterschied bei Gemeinden mit und ohne Landschaftsplan, allerdings besteht kein Zusammenhang. Da Hecken und Baumreihen als linear modellierte Elemente erst in der Ausbaustufe 2 erfasst wurden, ist davon auszugehen, dass im Zeitraum 2006 bis 2014 ein Großteil der im Modell neu hinzugekommenen Hecken und Baumreihen schon vor 2006 bestanden und erst verzögert erfasst wurden. Es handelt sich hierbei also nicht zwangsläufig immer um Neupflanzungen. Damit ist die Aussagekraft sehr begrenzt.

Anhand des Mann-Whitney-U-Tests kann geprüft werden, ob die zentrale Tendenz zweier unterschiedlicher Stichproben unterschiedlich ist. Da die Variablen der Grundgesamtheit jeweils nicht normalverteilt sind, wird dieser Test genutzt (Voraussetzung für t-Test ist Normalverteilung), um Mittelwertunterschiede zwischen den Kommunen mit und ohne Landschaftsplan hinsichtlich ihrer Landschaftsentwicklung zwischen 2000 und 2014 zu untersuchen.

Es zeigt sich, dass sich Kommunen mit und ohne Landschaftsplan signifikant unterschiedlich in einer Vielzahl von Aspekten zwischen 2000 und 2014 entwickelt haben (vgl. Tab. 4.24). Dazu gehören der Anteil der Freiraumfläche, Landwirtschaftsfläche, Ackerfläche, Grünlandfläche, Siedlungsfreifläche an der Gemeindefläche sowie der Anteil Grünland an der Landwirtschaftsfläche. Dies zeigt zunächst auf, dass es signifikant unterschiedliche Entwicklungen gibt, je nachdem, ob ein Landschaftsplan existiert. Aussagen darüber, ob ein Zusammenhang positiv oder negativ ist, sind damit jedoch nicht möglich. Diese Wirkungsrichtung (nicht die Kausalität) kann anhand der punktbiserialen Korrelation (r_{bis}) beschrieben werden (vgl. Tab. 4.24).

Tab. 4.24: Überprüfung der zentralen Tendenz zwischen Kommunen mit und ohne Landschaftsplan hinsichtlich des Landschaftswandels zwischen 2000 und 2014

Entwicklung 2000-2014 in %	Mann-Whitney-U	Wilcoxon-W	Z	Asym. Sig. (2-seitig)	r_{bis}
Anteil Freiraum an Gmdfl.	35827	93797	-3,553	**0,000**	-0,099*
Anteil Landwirtschaftsfläche an Gmdfl.	34519	92489	-4,186	**0,000**	-0,112**
Anteil Acker an Gmdfl.	31921	89891	-5,441	**0,000**	**-0,195*** **
Anteil Grünland an Landwirtschaftsfläche	37380	69765	-2,803	**0,005**	0,132**
Anteil Grünland an Gmdfl.	34419	66804	-4,234	**0,000**	**0,189*** **
Anteil Wald an Gmdfl.	32269	90239	-5,280	**0,000**	0,017
Anteil Wasserfläche an Gmdfl.	39347	97317	-1,853	0,064	-0,065
Anteil Siedlungsfreifläche an Siedlungsfläche	42035	100005	-0,554	0,580	0,007
Anteil Siedlungsfreifläche an Gmdfl.	35828	68213	-3,553	**0,000**	0,099*
Anteil Siedlungs- und Verkehrsfläche an Gmdfl.	35922	68307	-3,508	**0,000**	0,113**
Anteil baulich geprägter Siedlungs- und Verkehrsfläche an Gmdfl.	40212	72597	-1,434	0,151	0,047
Anteil baulich geprägter Siedlungsfläche an Gmdfl.	35405	67790	-3,764	**0,000**	**0,158*** **
Dichte gehölzartiger Landschaftsstrukturelemente (2006-2014)	22289	77900	-1,335	0,182	-0,089

*N=600; *** p<0,001; ** p<0,01; * p<0,05*

Hier zeigt sich, dass die linearen Zusammenhänge zwar in vier Fällen (Freiraum, Landwirtschaftsfläche, Ackerfläche, baulich geprägte Siedlungsfläche) signifikant, aber zugleich sehr schwach negativ sind. Die höchsten Werte zeigen sich beim Zusammenhang zwischen dem Vorhandensein eines Landschaftsplanes und dem Ackerflächenanteil in der Gemeinde ($r_{bis} = -0{,}195$; $p < 0{,}001$; $N = 600$) sowie dem Grünlandanteil an der Gemeinde ($r_{bis} = 0{,}189$; $p < 0{,}001$; $N = 600$). Dies bedeutet, dass in Gemeinden mit Landschaftsplan der Anteil von Ackerflächen stärker ab- und der Anteil Grünlandflächen an der Gemeinde stärker zunahmen als in Gemeinden ohne Landschaftsplan.

4.6.1.2 Betrachtung nach Aufstellung eines Landschaftsplan zwischen 1995 und 2000

Während bei der Betrachtung zum Stand der Landschaftsplanung zum Zeitpunkt 2000 alle Gemeinden betrachtet werden, die bis zu diesem Zeitpunkt einen Landschaftsplan aufgestellt hatten (vgl. Abs. 4.6.1.1), werden bei diesem Ansatz nur die Gemeinden die zwischen 1995 und 2000, also dem Zeitpunkt der Datenerhebung, erstmals einen Landschaftsplan aufgestellt haben mit denen ohne Landschaftsplan verglichen. Damit ist die landschaftliche Entwicklung aller betrachteten Kommunen bis mindestens 1995 ohne Landschaftsplan erfolgt und die Frage ist, ob ab diesem Zeitpunkt das Aufstellen eines Landschaftsplanes signifikante unterschiedliche landschaftliche Entwicklung bewirkt, als wenn kein Landschaftsplan in der Kommune vorliegt. Auch bei diesem Ansatz konnten teilweise unterschiedliche Landschaftsentwicklungen zwischen den Kommunen, welche erstmals einen Landschaftsplan zwischen 1995 und 2000 aufgestellt haben und solchen, die bislang noch gar keinen Landschaftsplan aufgestellt haben, festgestellt werden (vgl. Tab. 4.25). Bei der Entwicklung des Freiraumflächenanteils und des Anteils der Landwirtschaftsfläche an der Gemeinde konnten keine Unterschiede festgestellt werden. Die zentrale Tendenz der Werte von Kommunen mit Landschaftsplan und denen ohne unterscheidet sich nicht signifikant (Mann-Whitney-U-Test) und es besteht keine Korrelation.

Die Entwicklung des Ackeranteils an der Gemeinde verlief unterschiedlich, je nachdem ob ein Landschaftsplan in einer Kommune aufgestellt wurde oder nicht. In Kommunen mit Landschaftsplan hat der Ackeranteil um durchschnittlich -3,56 % abgenommen, während es bei Kommunen ohne Landschaftsplan nur -1,15 % waren. Diese deutliche Differenz von 2,41 % zeigt, dass der Verlust an Ackerflächen in Kommunen mit Landschaftsplan deutlich dynamischer war. Gleichzeitig nahm in diesen Kommunen mit Landschaftsplan entgegen des generellen Trends der Grünlandanteil an der Landwirtschaftsfläche um 0,55 % zu, während er in Kommunen ohne Landschaftsplan um 1,73 % deutlich abnahm. Dies deutet stark darauf hin, dass die örtliche Landschaftsplanung Grünlandumbruch verhindern und sogar den Grünlandanteil fördern kann. Dies bestätigt die Hypothesenrichtung, auch wenn die Korrelation eher schwach ist. Betrachtet man auch hier den Grünlandanteil an der gesamten Gemeindefläche so ergibt sich ein ähnliches Bild wie bei der Betrachtung aller Kommunen aus der Stichprobe (vgl. Tabelle 4.23), wonach der Grünlandanteil an der Gemeinde in der Stichprobe zwischen 2000 und 2014 schwach zunahm. Auch hier nahm in Kommunen mit Landschaftsplan der Grünlandanteil stärker zu als in Gemeinden ohne Landschaftsplan. Die Datenproblematik zum Grünland ist auch hier, wie oben bereits angeführt, zu beachten.

Tab. 4.25: Mittelwertsvergleich und Zusammenhang zwischen Kommunen mit erstmals zwischen 1995 und 2000 aufgestelltem Landschaftsplan und keinem Landschaftsplan

Entwicklung 2000-2014 in %	Mittelwert (%)aufgestellt			N aufgestellt		Mann-Whitney-U-Test, Signifikanz	LP ja/nein, r_{bis}
	ja	nein	total	ja	nein		
Anteil Freiraum an Gmdfl.	-1,66	-1,44	-1,55	149	165	0,0798	-0,059
Anteil Landwirtschaftsfläche an Gmdfl.	-3,21	-2,96	-3,08	149	165	0,1868	-0,032
Anteil Acker an Gmdfl.	**-3,56**	**-1,15**	**-2,29**	**149**	**165**	**0,0007**	**-0,166****
Anteil Grünland an Landwirtschaftsfläche	**0,55**	**-1,73**	**-0,64**	**149**	**165**	**0,0049**	**0,147****
Anteil Grünland an Gmdfl.	**1,10**	**0,67**	**0,87**	**149**	**165**	**0,0146**	**0,169****
Anteil Wald an Gmdfl.	0,11	0,04	0,07	149	165	0,0000	0,047
Anteil Wasserfläche an Gmdfl.	3,39	3,90	3,66	149	165	0,4032	-0,033
Anteil Siedlungsfreifläche an Siedlungsfläche	0,40	0,33	0,36	149	165	0,9563	0,041
Anteil Siedlungsfreifläche an Gmdfl.	1,66	1,44	1,55	149	165	0,0798	0,059
Anteil Siedlungs- und Verkehrsfläche an Gmdfl.	1,27	1,11	1,19	149	165	0,1629	0,050
Anteil baulich geprägter Siedlungs- und Verkehrsfläche an Gmdfl.	0,92	0,98	0,95	149	165	0,5598	-0,022
Anteil baulich geprägter Siedlungsfläche an Gmdfl	**0,04**	**0,00**	**0,02**	**149**	**165**	**0,0011**	**0,179****
Dichte gehölzartiger Landschaftsstrukturelemente[1]	22,43	96,88	62,1	127	145	0,0798	-0,059

*[1]Bezugsjahr 2006-2014 und Landschaftsplan aufgestellt zwischen 2000-2006; ** p<0,01, * p<0,05; N = 314*

Ein weiterer Unterschied deutet sich beim Anteil baulich geprägter Siedlungsflächen an der Gemeindefläche an, also jenen Flächen im Bereich der Siedlungen, welche tatsächlich durch Bebauung von Versiegelung geprägt sind. In Gemeinden mit Landschaftsplan hat dieser Anteil zwischen 2000 und 2014 etwas zugenommen (0,04 %), jedoch stärker als in Kommunen ohne Landschaftsplan (<0,00 %). Dies spiegelt auch das Ergebnis des Mann-Whitney-U-Tests wider und es deutet sich eine schwache Korrelation an ($r_{bis} = 0{,}179$; $p < 0{,}01$; $N = 600$). Dies könnte ein Beleg dafür sein, dass Kommunen mit stärkerer baulicher Entwicklung sich im Vorfeld der Bebauung folgerichtig zu einer örtlichen Landschaftsplanung veranlasst sehen.

Es ist festzustellen, dass die Entwicklung des Freiraumanteils und des Anteils der Siedlungs- und Verkehrsfläche nicht von der Landschaftsplanung abhängig zu seien scheint. Dies ist insofern verwunderlich, als dass in allen Kommunen mit erwarteten baulichen Eingriffen ein Landschaftsplan nach BNatSchG zwingend vorgeschrieben ist. Insofern wäre hier ein deutlich stärkerer Anstieg der Siedlungs- und Verkehrsfläche (SuV) und Abnahme der Freiraumfläche zu erwarten gewesen. Auch wenn dies minimal in den Werten angedeutet ist (SuV aufgestellt: 1,27 %, nicht aufgestellt: 1,11 %, Freiraum aufgestellt: -1,66 %, nicht aufgestellt: -1,44 %), so bestehen keine unterschiedliche zentrale Tendenzen je nach Planungsstand und auch keine Korrelation. Dies lässt den Schluss zu, dass in den Kommunen, wo trotz fehlender örtlicher Landschaftsplanung die Siedlungs- und Verkehrsflächenanteile zunehmen, Handlungsbedarf besteht. Ohne eine ökologisch orientierte Planungsgrundlage sollten solche Siedlungsflächenentwicklungen nicht möglich sein.

Die zentrale Tendenz der Entwicklung des Anteils der Siedlungsfreiflächen an der Gemeindefläche bzw. an der Siedlungsfläche ist in Kommunen mit und ohne Landschaftsplan nicht signifikant unterschiedlich.

Der Anteil der Wasserfläche an der Gemeinde nimmt in Gemeinden mit und ohne Landschaftsplan zwischen 2000 und 2014 durchschnittlich zu. Neue Wasserflächen können beispielsweise durch die Offenlegung von zuvor verrohrten Bächen, die Anlage von Amphibiengewässern aber auch in größerem Maßstab durch die Flutung von ehemaligen Abbaugruben entstehen. Es konnte kein signifikanter Zusammenhang zwischen der Entwicklung des Wasserflächenanteils und dem Vorhandensein eines Landschaftsplans festgestellt werden.

Der Waldanteil in den Gemeinden hat sich zwischen 2000 und 2014 insgesamt erhöht. In Kommunen mit Landschaftsplan nahm der Waldanteil in der Stichprobe zwar durchschnittlich etwas stärker zu als in Kommunen ohne, jedoch besteht kein signifikanter Zusammenhang mit dem Vorhandensein eines Landschaftsplanes.

Die Entwicklung der Dichte gehölzartiger Landschaftsstrukturelemente zeigte zwar Unterschiede beim Mittelwert, je nachdem, ob ein Landschaftsplan aufgestellt worden ist, aber keine Korrelation und die zentrale Tendenz ist auch nicht signifikant unterschiedlich.

Auffällig sind die hohen Werte bei der Entwicklung der Dichte gehölzartiger Landschaftsstrukturelemente zwischen 2006-2014 in %. Es deutet vieles darauf hin, dass diese Entwicklung und der Unterschied hinsichtlich eines Landschaftsplanes datengetrieben sind. In den letzten 10 Jahren sind vor allem bestehende Hecken und Baumreihen neu digitalisiert worden. Obwohl hier der Datensatz von 2000 ausgelassen wurde, da die Daten hierfür zu unvollständig sind (vgl. Abschn.3.4.1.1), scheinen selbst die Daten aus dem Jahr 2006 für eine Auswertung der linearen Gehölze ungeeignet zu sein. Die Dichte von Hecken und Baumreihen ist besonders in ländlichen Kommunen peripherer Lage hoch, welche weniger oft einen Landschaftsplan aufgestellt haben (vgl. Kap. 4.3). Wenn ein Großteil der Hecken und Baumreihen zwischen 2006 und 2014 neu erfasst wurde, so führt dies zu stärkeren Zunahmen bei Gemeinden ohne Landschaftsplan. Allein die hohen Werte sind in der Realität kaum vorstellbar und nicht plausibel, danach hätte sich die Dichte an Hecken und Baumreihen in diesen acht Jahren insgesamt um 62,1 % erhöht und bei Kommunen ohne Landschaftsplan sogar fast verdoppelt (96,88 %).

Insgesamt liefert dieser Ansatz ähnliche Korrelationswerte wie bei der Betrachtung aller Kommunen, die bis zum Jahr 2000 einen Landschaftsplan aufgestellt haben. Auch wenn die statistischen Zusammenhänge eher schwach ausgeprägt sind.

Im Vergleich zum breiten Ansatz, welcher alle Kommunen mit Landschaftsplan, ungeachtet des Aufstellungsdatums einbezieht und diesem Ansatz sind die Werte, was die Entwicklung der einzelnen Indikatoren zwischen 2000 und 2014 betrifft, sehr ähnlich.

4.6.1.3 Einfluss der örtlichen Landschaftsplanung auf die Landschaftsstruktur

Um zu untersuchen, ob der Landschaftsplan einen Einfluss auf die Landschaftsstruktur hat, wurden auf Grundlage des ATKIS-Basis-DLMs für die Jahre 2006 und 2013 die Landschaftsstruktur beschreibenden Indikatoren bundesweit berechnet. Für den Datensatz von 2000 konnte dies nicht erfolgen, da Objekte von Hecken und Baumreihen in großem Maße fehlen und gerade diese die Landschaft besonders strukturieren. Daher wurde hier auf den nächst ältesten Datensatz von 2006 zurückgegriffen.

Tab. 4.26: Zusammenhang zwischen der Entwicklung der Landschaftstruktur und dem Stand/Wirkungsdauer der kommunalen Landschaftsplanung

Entwicklung der Landschaftsstruktur 2006-2013	Stand der kommunalen Landschaftsplanung	Wirkungsdauer des Landschaftsplans
Reichtum	-0,005	-0,091
Randliniendichte aller Siedlungsfreiflächen und Freiraumflächen	**0,216***	**0,213***
Shannon Diversity Index	**0,205***	0,198***
Mittlere Flächengröße	-0,187***	**-0,236***
Mittlere Flächengröße unbebauter Flächen	-0,181***	**-0,210***
Landscape Shape Index	0,023	-0,162**
Attraktivität der Landschaft	-0,020	-0,023

*Punktbiseriale Korrelation, ***. p < 0,001, **. p < 0,01; Stand: N = 600, Wirkungsdauer: N = 429*

Es besteht ein schwacher Zusammenhang zwischen dem Vorhandensein eines Landschaftsplans und der Randliniendichte aller Siedlungsfreiflächen und Freiraumflächen ($r_{pbis} = 0,216$; $p < 0,001$; $N = 429$) sowie mit der Landnutzungsvielfalt (Shannon Diversity Index; $r_{pbis} = 0,205$; $p < 0,001$; $N = 429$). Diese Zusammenhänge sind jeweils positiv, sodass eine Kommune mit einem aufgestellten Landschaftsplan auch eine Entwicklung hin zu einer stärker strukturierten und in ihrer Nutzung vielfältigeren Landschaft aufweist. Bezüglich der mittleren Flächengröße besteht ein schwacher negativer Zusammenhang mit dem Vorhandensein eines Landschaftsplans und dessen Wirkungsdauer, sodass bei einem aufgestellten Landschaftsplan von einer Entwicklung hinzu insgesamt kleinteiliger gegliederten Flächen ausgegangen werden kann. Die Wirkungsrichtung ist bei diesem zeitlichen Verlauf klar. Dieser Befund lässt daher den Schluss zu, dass die Hypothese, wonach die kommunale Landschaftsplanung beispielsweise durch das Initiieren von strukturierenden Landschaftselementen die Qualität der Landschaft entscheidend verbessern kann, zutrifft.

4.6.2 Einfluss der Wirkungsdauer der kommunalen Landschaftsplanung auf den Landschaftswandel zwischen 2000 und 2014

Es konnten nur wenige Zusammenhänge zwischen der Wirkungsdauer eines Landschaftsplans und der Entwicklung der verschiedenen Landschaftsindikatoren zwischen 2000 und 2014 gefunden werden. Allerdings konnten nicht alle Indikatoren überprüft werden, da diese teilweise nur für einen Zeitschnitt vorliegen, z.B. Hemerobie für 2010.

Die Entwicklung des Anteils der Landwirtschafts- und Ackerfläche an der Gemeindefläche zwischen 2000 und 2014 steht jeweils in einem negativen Zusammenhang mit der Wirkungsdauer des Landschaftsplans (vgl. Tab. 4.27). Je länger also ein Landschaftsplan wirkt, desto stärker nimmt der Anteil an Ackerfläche ($rho = -0,207$; $N = 429$; $p < 0,01$) und Landwirtschaftsfläche ($rho = -0,251$; $N = 429$; $p < 0,01$) insgesamt ab und der Grünlandanteil zu (aber nur sehr schwacher Zusammenhang: $rho = 0,099$; $N = 429$; $p < 0,05$). Alle weiteren Indikatoren zeigen keinen signifikanten Zusammenhang zur Wirkungsdauer des Landschaftsplans auf.

Tab. 4.27: Einfluss der Wirkungsdauer eines Landschaftsplans auf Indikatoren des Landschaftswandels zwischen 2000 und 2014

Veränderung 2000-2014 in % zu 2000	Spearman-Rho
Anteil Freiraum an Gemeindefläche	-0,090
Anteil Landwirtschaftsfläche an Gemeindefläche	**-0,251*****
Anteil Acker an Gemeindefläche	**-0,207*****
Anteil Grünland an Landwirtschaftsfläche	0,099*
Anteil Grünland an Gemeindefläche	0,051
Anteil Wald an Gemeindefläche	0,055
Anteil Wasserfläche an Gemeindefläche	-0,058
Anteil Siedlungsfreifläche an Siedlungsfläche	-0,069
Anteil Siedlungsfreifläche an Gemeindefläche	-0,059
Anteil Siedlungs- und Verkehrsfläche an Gemeindefläche	0,063
Anteil baulich geprägter Siedlungs- und Verkehrsfläche an Gemeindefläche	0,084
Anteil baulich geprägter Siedlungsfläche an Gemeindefläche	0,070

*N = 429; *** p < 0,001, * p < 0,05*

Bezüglich der Landschaftsstruktur zeigt sich, dass vor allem die mittlere Flächengröße in einem schwachen Zusammenhang zur Wirkungsdauer des Landschaftsplans steht (vgl. Tab. 4.26).

Demnach nahm die mittlere Flächengröße in Kommunen mit aufgestelltem Landschaftsplan zwischen 2006 und 2013 stärker ab als in Gemeinden ohne Landschaftsplan. Dies ist am stärksten bei der Entwicklung der mittleren Flächengröße unbebauter Flächen zu beobachten. Auch zwischen der mittleren Flächengröße (gesamt, sowie auch nur unbebaut) und der Wirkungsdauer der Landschaftspläne besteht ein negativer schwacher Zusammenhang. Entsprechend ergibt sich ein schwacher positiver Zusammenhang zwischen der Randliniendichte und der Wirkungsdauer. Dies ist insofern schlüssig, als dass mit einer geringeren mittleren Flächengröße im Allgemeinen auch die Randliniendichte zunimmt.

4.6.3 Zusammenfassende Überprüfung der Hypothesen

Hypothese: *Es gibt signifikante Unterschiede zwischen der Landschaftsentwicklung von Kommunen mit kommunaler Landschaftsplanung und solchen ohne Landschaftsplanung. Dazu verläuft die Landschaftsentwicklung insgesamt im ökologischen und nachhaltigen Sinne positiver.*

Es konnten einige Belege gefunden werden, die darauf hindeuten, dass die Hypothese insgesamt nicht abgelehnt werden kann (vgl. Abschn. 4.6.1). Beim Vergleich von Kommunen, welche zwischen 1995 und 2000 einen Landschaftsplan erstmals aufgestellt hatten und solchen ohne Landschaftsplan konnte festgestellt werden, dass sich die Entwicklung des Grünlandanteils in Kommunen mit und ohne Landschaftsplan unterschiedlich verhält. Das Verhältnis von Grünland zu Ackerland nimmt in Gemeinden mit Landschaftsplan stärker zu als in Gemeinden ohne Landschaftsplan. Gerade die Einsaat von Ackerflächen in Grünland ist eine häufig angewandte Maßnahme (vgl. Abb. 5.2), um in intensiv agrarisch geprägten Landschaften den Nutzungsdruck zu verringern und wertvolle Flächen für Fauna und Flora als Lebensgrundlage zu schaffen. Zwischen der Wirkungsdauer des Landschaftsplans und der Entwicklung des Anteils der Landwirtschafts-, sowie Ackerfläche an der Gemeinde besteht ein schwacher negativer Zusammenhang. Je länger ein Landschaftsplan wirkt, desto stärker nehmen der Ackeranteil und der Anteil der gesamten Landwirtschaftsfläche an der Gemeindefläche ab (vgl. Abschn. 4.6.2). Zugleich spricht einiges dafür, dass der Landschaftsplan nicht verhindert, dass Landwirtschaftsfläche in Siedlungsfläche umgewandelt wird. Aber er steuert die Siedlungs- und Verkehrsflächenentwicklung weg von Grünland eher hin zu Ackerflächen. Hinsichtlich der Entwicklung der gehölzartigen Landschaftsstrukturelemente konnten keine Zusammenhänge mit dem Vorhandensein eines Landschaftsplans gefunden werden, allerdings konnte hier aufgrund fehlender Geodaten nur der Zeitraum 2006 bis 2014 betrachtet werden.

Hypothese: *Wenn eine Gemeinde einen Landschaftsplan aufstellt, integriert oder in Kraft setzt, dann weist diese Gemeinde eine geringere Neuinanspruchnahme von Siedlungs- und Gewerbeflächen auf als eine Gemeinde ohne Landschaftsplan.*

Die Entwicklung des Anteils der Siedlungs- und Verkehrsflächen an der Gemeinde zwischen 2000 und 2014 verlief in Kommunen mit Landschaftsplan statistisch nicht signifikant unterschiedlich. Dies gilt ebenso für den Anteil baulich geprägter Siedlungs- und Verkehrsflächen. Weder die Mittelwerte unterscheiden sich deutlich noch ist die zentrale Tendenz unterschiedlich. Es besteht auch keinerlei Korrelation in der Stichprobe. Wird jedoch nur der Anteil baulich geprägter Siedlungsflächen an der Gemeindefläche betrachtet, sprich werden die Verkehrsflächen außer Acht gelassen, so deutet sich ein schwacher signifikanter Zusammenhang an. Während der Anteil baulich geprägter Siedlungsflächen in Kommunen mit Landschaftsplan zwischen 2000 und 2014 insgesamt um 0,04 % zunahm, waren dies in Gemeinde ohne kommunale Landschaftsplanung weniger als 0,01 % (vgl. Tab. 4.25). Diese Werte sind jedoch nur deswegen so gering, da der Anteil insgesamt an der Gemeindefläche verhältnismäßig gering ausfällt. Festzustellen bleibt, dass in Kommunen mit aufgestelltem Landschaftsplan, und das sind eher Kommunen mit einer hohen Bevölkerungsdichte in zentraler Lage, der Anteil baulich geprägter Siedlungsflächen an der Gemeindefläche um ein Vierfaches höher war als in Kommunen ohne Landschaftsplan.

Trotz geringer Korrelation zeigt sich, dass die Hypothesenrichtung nicht bestätigt werden kann. Es zeigt sich eher, dass in Gemeinden mit Landschaftsplan eine höhere Inanspruchnahme von Flächen für baulich geprägte Siedlungen stattfindet als in Gemeinden ohne Landschaftsplan. Dies ist vielleicht dahingehend zu erklären, dass besonders Gemeinden mit einer hohen Bevölkerungsdichte und zentraler Lage und mit verstärkter baulich geprägter Siedlungsflächenentwicklung einen Landschaftsplan unter Umständen dringend brauchen und dadurch häufiger aufstellen.

Hypothese: *Wenn eine Gemeinde einen Landschaftsplan aufstellt oder im Flächennutzungsplan integriert, dann wird die Landschaft in der Folge stärker strukturiert und die mittlere Flächengröße der Freiraumflächen kleiner (Randliniendichte, mittlere Flächengröße).*

Es konnte ein schwacher Zusammenhang zwischen dem Vorhandensein eines Landschaftsplans und der Entwicklung der Randliniendichte aller Siedlungsfreiflächen und Freiraumflächen sowie der Landnutzungsvielfalt festgestellt werden. Auch zeigte sich, dass die Entwicklung der Landschaftsstruktur von der Wirkungsdauer des Landschaftsplans abhängig war. So nahmen zwischen 2006 und 2013 die mittlere Flächengröße mit zunehmender Wirkungsdauer des Landschaftsplans ab und die Randliniendichte aller Siedlungsfreiflächen und Freiraumflächen zu. Die Wirkungsrichtung ist hierbei klar, je länger die Wirkungsdauer des Landschaftsplans ist, desto stärker wurde die Landnutzung zwischen 2006 und 2013 strukturiert. Diese Befunde (vgl. Tab. 4.26) geben Anlass, die aufgestellte Hypothese nicht abzulehnen und die Hypothesenrichtung zu bestätigen, auch wenn es sich nur um schwache Zusammenhänge handelt.

4.7 Einfluss exogener Faktoren auf die Landschaft und deren Entwicklung zwischen 2000 und 2014

4.7.1 Rahmenbedingungen und ihre Indikatoren

Neben der Landschaftsplanung gibt es eine Vielzahl von Faktoren, welche die Landschaft in ihrer Qualität, Nutzung und Struktur beeinflussen. Da diese bei dieser Betrachtung außerhalb der Landschaftsplanung wirken, werden diese im Folgenden auch „exogene Faktoren" genannt. Es gilt als unstrittig, dass die Bodenfruchtbarkeit, das Klima und das Relief die landwirtschaftliche Nutzung bedingen und dementsprechend unterschiedliche genutzte und gestaltete Landschaften daraus hervorgehen. Aber auch schwer quantifizierbare Faktoren wie die Weidetierhaltung (z.B. Knicklandschaft in Schleswig-Holstein), das ehemals vorherrschende Erbrecht (Realteilung vs. Anerben) oder politische Rahmenbedingungen (z.B. Kollektivierung der Landwirtschaft in der DDR) wirken sich auf die Vielfalt und Struktur der Landschaft aus. Darüber hinaus sind auch besonders demographische und finanzielle Faktoren in den Gemeinden für die Landschaftsentwicklung entscheidend (Moorfeld 2011).
Um die Wirkung der Landschaftsplanung in Verhältnis zu diesen exogenen Faktoren stellen zu können (vgl. Abschn. 5.6 und Anhang A.7), wurden zunächst mögliche exogene Faktoren identifiziert und geeignete Indikatoren und Datengrundlagen zusammengetragen (vgl. Tab. 4.28).

Tab. 4.28: Exogene Faktoren für den Landschaftszustand und deren Indikatoren

exogene Faktoren	Indikator
abiotische Faktoren	
Naturraum	Naturraumeinheiten nach Ssymank (1994)
Ackerbauliches Ertragspotential	BÜK 200 oder 1000, BGR
Reliefvielfalt	Verhältnis Flächen 2D/3D, DGM-25
Agrarstruktur	durchschnittliche Betriebsgröße (Kreis)
	Anteil Öko-Landbau (Landwirtschaftszählung 2010)
ökonomische Faktoren	
Bautätigkeit	Baufertigstellungen Wohn- und Nichtwohngebäude
Tourismus	Gästebetten je Gemeindeflächengröße
	Gästebetten je Einwohner der Gemeinde
	Gästeübernachtungen bezogen auf Gebietseinheit
Haushalt der Gemeinde	Schulden pro Einwohner
	Lohn- und Einkommenssteuer je Pflichtiger
	Anteil Arbeitslosigkeit
	Haushaltsbilanz 2010
gesellschaftliche Faktoren	
Politische Landschaft	Ergebnis der letzten Landtagswahl: Anteil CDU/CSU
	Ergebnis der letzten Landtagswahl: Anteil SPD
	Ergebnis der letzten Landtagswahl: Anteil GRÜNE
	Ergebnis der letzten Landtagswahl: Anteil FDP
	Ergebnis der letzten Landtagswahl: Anteil DIELINKE
demokratisches Engagement	Ergebnis der letzten Landtagswahl: Wahlbeteiligung
geschätztes Naturschutzengagement	Ergebnisse der Online-Umfrage
Faktoren der Gemeindestruktur	
Gemeindetyp	Stadt- und Gemeindetyp (BBSR 2012)
Lage der Gemeinde	Lage (BBSR 2012)
Siedlungsstruktur der Gemeinde	Besiedelung (BBSR 2012)
demographische Faktoren	
Bevölkerungszahl	Einwohner; Gemeindeverzeichnis
Bevölkerungsdichte	Einwohner je km²; Gemeindeverzeichnis
Bevölkerungsentwicklung	% der Bevölkerung von 2000 auf 2010 (Kreisebene)
	Wachstum/Schrumpfen (BBSR 2012)

4.7.2 Einfluss der Rahmenbedingungen auf die Landschaft und deren Entwicklung

4.7.2.1 Einfluss der exogenen Faktoren auf die Vielfalt und Qualität der Landschaft (Indikatorenbündel)

Die Dichte der Bebauung und der Freiraumflächenanteil korreliert mit der Bevölkerungsdichte, Bevölkerungszahl, der Baufertigstellungen von Wohn- und Nichtwohngebäuden, der Höhe der durchschnittlichen Lohn- und Einkommenssteuer je Pflichtiger und nur schwach mit der Anzahl von Gästebetten und Gästeübernachtungen. Allein die Bevölkerungsdichte erklärt 79 % der Varianz und in einem Modell aller intervallskalierten exogenen Faktoren konnten sogar 88,1 % der Varianz erklärt werden (vgl. Anhang A.6). Hierbei ist aber die Bevölkerungsdichte die Variable, welche die unterschiedlichen Ausprägungen des Indikatorenbündels „Dichte der Bebauung, Freiraumanteil" am besten erklärt. Je höher die Bevölkerungsdichte einer Gemeinde ist, desto höher ist die Dichte der Bebauung einer Gemeinde und geringer deren Freiraumflächenanteil.

Die Intensität der Landnutzung und die Vielfältigkeit des Freiraums (Indikatorenbündel 2) korreliert stark mit dem ackerbaulichen Ertragspotential ($r = -0,549$; $N = 551$; $p < 0,001$; vgl. Tab. 4.29) und der Reliefvielfalt ($r = 0,573$; $N = 551$; $p < 0,001$) sowie der durchschnittlichen Größe landwirtschaftlicher Betriebe ($r = -0,393$; $N = 551$; $p < 0,001$). Diese drei Faktoren erklären in einem multiplen Regressionsmodell allein 47,1 % der Varianz. Bezieht man alle exogenen Faktoren in das Modell mit ein, ist dieses in der Lage 55,4 % der Varianz des Indikatorenbündels 2 zu erklären.

Es besteht ein schwacher Zusammenhang zwischen der Reliefvielfalt und dem Indikatorenbündel 4 „Biotopvernetzung und Naturschutz" ($r = 0,253$; $N = 551$; $p < 0,001$). Weniger zugängliche und stark vom Relief geprägte Landschaften stehen damit häufiger unter Naturschutz bzw. weisen einen höheren Anteil von Biotopverbundflächen auf.

Zwischen dem Indikatorenbündel 10 „Gehölz- und Gartenanteil" und der durchschnittlichen Größe landwirtschaftlicher Betriebe besteht ein negativer Zusammenhang ($r = -0,290$; $N = 551$; $p < 0,001$). In einer Kommune mit kleineren Betriebsgrößen ist der Gehölz- und Gartenanteil an der Gemeindefläche demnach höher als im Kommunen mit besonders großen Landwirtschaftsbetrieben.

Der mittlere Zusammenhang zwischen dem ackerbaulichen Ertragspotential und dem Indikatorenbündel 9 „Siedlungskörperdichte und Reichtum" ($r = 0,305$; $N = 551$; $p < 0,01$) könnte sich dadurch erklären, dass in Kommunen mit besonders fruchtbaren Böden vorrangig Ackerbau betrieben wird, was eher zu einer monotoneren Landnutzung (geringer Reichtum) führt.

Die exogenen intervallskalierten Faktoren konnten die Varianzen der Indikatorenbündeln 3, 5, 6 bis 8 und 10 im Rahmen der multivariaten Regressionsmodelle kaum erklären (vgl. Anhang A.6).

Tab. 4.29: Korrelation zwischen den Indikatorenbündeln zur landschaftlichen Vielfalt und Qualität und ausgewählten exogenen Faktoren im Vergleich zum Vorhandensein und der Wirkungsdauer des Landschaftsplans

Indikatorenbündel	Ertrags-potential	Relief-vielfalt	Gemein-defläche	Bevöl-kerung	Bevölke-rungsdichte	Lapla ja/nein	Wirkung-dauer Lapla
1) „Dichte der Bebauung (+), Freiraumanteil (-)"	0,043	-0,049	0,161**	**0,445****	**0,888****	0,175***	**0,041**
2) „Intensität der Nutzung (-) und Vielfältigkeit des Freiraums (+)"	**-0,549****	**0,573****	-0,007	-0,034	0,005	**0,214*****	**0,140****
3) „Siedlungsfreiflächen je Einwohner"	0,050	-0,013	0,086*	0,057	-0,008	-0,050	**-0,015**
4) „Biotopvernetzung und Naturschutzgebiete"	0,001	**0,253****	-0,043	0,012	0,024	0,062	0,218***
5) „Unzerschnittene Freiräume und Attraktivität"	-0,146**	**0,202****	0,124**	0,043	0,004	-0,045	**-0,158****
6) „Natur- und Landschaftsschutz"	-0,048	0,085*	0,033	-0,036	-0,045	-0,055	**0,077**
7) „Waldränder und Hecken"	0,003	0,049	-0,116**	-0,068	-0,055	0,063	**0,006**
8) „Anteil unkultivierter Bodenfläche an Gemeindefläche"	**-0,235****	0,154**	0,102*	0,022	0,032	-0,096*	**-0,035**
9) „Siedlungskörperdichte (+) und Reichtum (-)"	**0,305****	-0,107*	**0,403****	0,072	0,015	-0,044	**-0,143****
10) „Gehölz- und Gartenanteil"	-0,038	0,172**	-0,096*	-0,118**	-0,002	0,177***	0,220***

*N = 551, *: p < 0,05; **: p < 0,01; ***: p < 0,001; Wirkungsdauer: N=429, vgl. Tab. 4.20, Lapla ja/nein vgl. Tab. 4.19*

Da diese Variablen der Gemeindestruktur nach BBSR (2012) ordinal skaliert sind, konnten diese nicht in die Regressionsmodelle einbezogen werden. Daher erfolgt die Betrachtung bivariat (vgl. Tab. 4.30). Es zeigt sich, dass vor allem die Gemeindestruktur einen Einfluss auf die Dichte der Bebauung bzw. den

Freiraumflächenanteil an der Gemeinde hat. Besonders stark ist der Zusammenhang mit der Siedlungsstruktur der Gemeinde (tau b = 0,563; N = 551; p < 0,001).

Tab. 4.30: Zusammenhang zwischen der Gemeindestruktur den Indikatorenbündeln zur landschaftlichen Vielfalt und Qualität (Kendalls tau-b)

Indikatorenbündel	Gemeindetyp	Lage der Gemeinde	Siedlungsstruktur der Gemeinde	Wachsende und schrumpfende Gemeinden	Lapla ja/nein	Wirkungsdauer Lapla
1) „Dichte der Bebauung (+), Freiraumanteil (-)“	**-0,322*****	**0,382*****	**0,563*****	**0,237*****	0,175***	**0,041**
2) „Intensität der Nutzung (-) und Vielfältigkeit des Freiraums (+)“	-0,044	0,046	0,041	0,117***	**0,214*****	**0,140****
3) „Siedlungsfreiflächen je Einwohner“	-0,036	-0,035	-0,030	-0,160***	-0,050	**-0,015**
4) „Biotopvernetzung und Naturschutzgebiete“	-0,084*	-0,028	0,020	-0,100**	0,062	0,218***
5) „Unzerschnittene Freiräume und Attraktivität“	0,030	-0,063	0,039	-0,106***	-0,045	**-0,158****
6) „Natur- und Landschaftsschutz“	-0,075*	-0,009	-0,029	-0,042	-0,055	**0,077**
7) „Waldränder und Hecken“	0,019	0,030	0,036	0,043	0,063	**0,006**
8) „Anteil unkultivierter Bodenfläche an Gemeindefläche“	-0,016	-0,154***	0,010	0,082*	-0,096*	**-0,035**
9) „Siedlungskörperdichte (+) und Reichtum (-)“	-0,139**	0,083*	0,137***	0,043	-0,044	**-0,143****
10) „Gehölz- und Gartenanteil“	-0,122***	0,191***	0,102**	**0,210*****	0,177***	**0,220*****

N = 551, *: p < 0,05; **: p < 0,01; ***: p < 0,001

Der Indikatorenbündel 1 „Dichte der Bebauung (+), Freiraumanteil (-)“ hängt mit dem Gemeindetyp, der Lage und Siedlungsstruktur einer Gemeinde zusammen (vgl. Tab. 4.30). Dieser Zusammenhang ist wenig verwunderlich, denn in ländlich geprägten und peripher gelegenen Gemeinden ist der Freiraumanteil höher und die Bebauungsdichte geringer. Es bestehen keine Zusammenhänge zwischen diesen Gemeindecharakteristika und der Intensität der Landnutzung und Vielfältigkeit der Freiraumfläche. Dies ist insofern bemerkenswert, als zu erwarten gewesen wäre, dass in den städtisch geprägten Kommunen die Intensität der Landnutzung generell höher ist. Dabei ist anzumerken, dass das Gemeindegebiet meist neben den eher dicht bebauten Siedlungs- und Verkehrsflächen auch noch das Umland enthalten kann und somit bezogen auf die gesamte Kommune die Intensivität der Landnutzung (z. B. der Hemerobieindex) im Mittel einer stark landwirtschaftlich geprägten Kommune entsprechen kann. Bezogen auf das Gemeindegebiet kann demnach nicht davon ausgegangen werden, dass städtisch geprägte Kommunen generell einer intensiveren Landnutzung unterliegen und deren Vielfältigkeit des Freiraumes geringer ist als in eher ländlichen Gemeinden. Besonders dicht bebaute Gemeinden mit einem geringen Freiraumflächenanteil wachsen stärker als weniger stark baulich geprägte Kommunen ($r = 0{,}237$; $N = 551$; $p < 0{,}001$).

4.7.2.2 Einfluss exogener Faktoren auf die Landschaftsentwicklung 2000-2014

Die verschiedenen Rahmenbedingungen und Gemeindecharakteristika können sich ebenso wie die Landschaftsplanung unterschiedlich auf die Landschaftsentwicklung auswirken. So wird vermutet, dass die Entwicklung der Landwirtschaftsflächen in Gemeinden im Tiefland mit einem hohen Ertragspotential anders verläuft als in Gemeinden in den Mittelgebirgsregionen oder mit geringerer Bodenfruchtbarkeit. Um die Steuerungswirkung der Landschaftsplanung einordnen zu können, sollen diese Faktoren im Folgenden auf mögliche Zusammenhänge mit der Landschaftsentwicklung untersucht werden. Die vollständige Ergebnisstabelle der Korrelationen ist im Anhang A.7 zu finden.

Abiotische Faktoren

Die Entwicklung des Anteils der Landwirtschaftsfläche steht in einem schwachen Zusammenhang mit dem ackerbaulichen Ertragspotential der Böden und der Reliefvielfalt. Da das Ertragspotential und die Reliefvielfalt konstant sind, ist auch die Wirkungsrichtung des Zusammenhangs eindeutig. Je höher das ackerbauliche Ertragspotential in einer Gemeinde ist, desto stärker nimmt der Anteil der Landwirtschaftsfläche an der Gemeinde zu ($r = 0{,}246$; $N = 600$; $p < 0{,}001$). Gleiches gilt für die Ackerflächen ($r = 0{,}273$; $N = 600$; $p < 0{,}001$). Dies ist insofern nachvollziehbar, als dass Ackerflächen natürlich nicht auf beliebigen Flächen neu etabliert werden können, sondern in der Regel durch Grünlandumbruch auf möglichst fruchtbaren Böden entstehen. Bemerkenswert ist deshalb in diesem Zusammenhang, dass es gleichzeitig keinen signifikanten Zusammenhang zwischen dem Ertragspotential und der Entwicklung des Grünlandanteils an der Landwirtschaftsfläche gibt. Je größer die Reliefvielfalt in einer Kommune ist, desto weniger nimmt der Anteil der Landwirtschaftsfläche ($r = -0,216$; $N = 600$; $p < 0,001$) und der Anteil der Ackerfläche ($r = -0,345$; $N = 600$; $p < 0,001$) an der Gemeindefläche zu. Der mittlere Zusammenhang zwischen der Reliefvielfalt und der Entwicklung des Ackeranteils an der Gemeinde belegt, dass nur in Kommunen mit möglichst ebenen und weniger steilen Flächen zusätzliche Ackerflächen entstehen.

Die durchschnittliche Betriebsgröße hängt schwach mit der Entwicklung des Anteils von Siedlungsfreiflächen zusammen. Der Anteil von Siedlungsfreiflächen an der Gemeinde ist besonders in städtisch geprägten Kommunen hoch, da hier auch ein hoher Siedlungsflächenanteil gegeben ist. Da sich die durchschnittliche Betriebsgröße von Landwirtschaftsbetrieben lediglich auf die Landwirtschaftsfläche bzw. die Freiraumfläche auswirken sollte, ist hier wahrscheinlich eine Drittvariable für den Zusammenhang verantwortlich. Einen Erklärungsansatz liefert der ebenfalls schwache Zusammenhang der durchschnittlichen Betriebsgröße mit dem Anteil baulich geprägter Siedlungs- und Verkehrsflächen an der Gemeindefläche ($r = -0,241$; $N = 600$; $p < 0,001$). Demnach nimmt der Anteil der Siedlungs- und Verkehrsflächen in Kommunen mit großen Landwirtschaftsbetrieben weniger stark zu. Große Landwirtschaftsbetriebe sind vor allem in den neuen Bundesländern und außerhalb von Agglomerationsräumen zu finden, insofern könnte die Siedlungsstruktur der Gemeinde den Zusammenhang begründen (vgl. Tab. 4.32).

Der Anteil des Öko-Landbaus an den landwirtschaftlichen Betrieben steht nicht im Zusammenhang mit den betrachteten Indikatoren zur landschaftlichen Entwicklung zwischen 2000 und 2014.

Der Naturraum und dessen topographische und klimatische Gegebenheiten wirken sich auf Natur und Landschaft aus. Dazu wurden die D-Einheiten nach Ssymank (1994) herangezogen. Diese sind Norddeutsches Tiefland, Küsten und Meere, Zentraleuropäisches Mittelgebirgsland, Südwestdeutsches Mittelgebirgs-/Stufenland, Alpenvorland und Alpen. Der polytom skalierte Faktor „Naturraum“ wurde mit Hilfe des Zusammenhangsmaßes η η^2 mit den intervallskalierten Indikatorwerten des IÖR-Monitors auf eine mögliche Korrelation getestet. Hierbei konnten keine statistischen Zusammenhänge gefunden werden (vgl. Tab. 4.31).

Tab. 4.31: Einfluss des Naturraums auf den Landschaftswandel zwischen 2000 und 2014

Entwicklung zwischen 2000 und 2014 im Vergleich zu 2000	Naturraumeinheiten Eta²
Anteil Freiraumfläche an Gmdfl.	$\eta^2 = 0{,}046$
Anteil Landwirtschaftsfläche an Gmdfl.	$\eta^2 = 0{,}025$
Anteil Ackerfläche an Gmdfl.	$\eta^2 = 0{,}087$
Anteil Grünlandfläche an Landwirtschaftsfläche	$\eta^2 = 0{,}016$
Anteil Grünlandfläche an Gmdfl.	$\eta^2 = 0{,}015$
Anteil Wald- und Gehölzfläche an Gmdfl.	$\eta^2 = 0{,}016$
Anteil Wasserfläche an Gmdfl.	$\eta^2 = 0{,}015$
Anteil Siedlungsfreifläche an Siedlungsfläche	$\eta^2 = 0{,}014$
Anteil Siedlungsfreifläche an Gmdfl.	$\eta^2 = 0{,}012$
Anteil Siedlungs- und Verkehrsfläche an Gemeindefläche	$\eta^2 = 0{,}016$
Anteil baulich geprägter Siedlungs- und Verkehrsfläche an Gmdfl.	$\eta^2 = 0{,}053$
Anteil baulich geprägter Siedlungsfläche an Gmdfl.	$\eta^2 = 0{,}024$

N = 600, *: p < 0,05; **: p < 0,01; ***: p < 0,001

Faktoren der Gemeindestruktur

Die Entwicklung des Freiraumflächenanteils einer Gemeinde war zwischen 2000 und 2014 maßgeblich davon abhängig, welche Siedlungsstruktur (Kendalls tau-b = -0,403; N = 600; p < 0,001) eine Gemeinde aufweist und wie deren Lage (Kendalls tau-b = -0,320; N = 600; p < 0,001) ist (vgl. Tab. 4.32). Auch der Gemeindetyp zeigt einen schwachen Zusammenhang zur Entwicklung des Freiraumflächenanteils (Kendalls tau-b = 0,233; N = 600; p < 0,001). Die Kommunen Deutschlands können nach BBSR (2012) entsprechend ihrer siedlungsstrukturellen Prägung in drei Kategorien unterteilt werden: ländlich (1), teilweise städtisch (2) und städtisch (3). Damit ist die negative Korrelation so zu deuten, dass in ländlichen Kommunen der Anteil von Freiraumflächen weniger stark abgenommen und die Landwirtschaftsfläche stärker zugenommen (Kendalls tau-b = 0,263; N = 600; p < 0,001) hat als in städtisch geprägten Gemeinden. Ebenso verhält es sich mit dem Zusammenhang mit der Lage mit den Klassen sehr peripher (1), peripher (2), zentral (3), sehr zentral (4) und dem Freiraumflächenanteil. Je zentraler eine Gemeinde liegt, desto höher waren die prozentualen Verluste von Freiraumflächen.

Tab. 4.32: Zusammenhang zwischen der Gemeindestruktur und der Landschaftsentwicklung 2000 bis 2014 (Kendalls tau-b), Lapla r_{bis} (vgl. Tab. 4.24), Lapla Wirkungsdauer rho (vgl. Tab. 4.27)

Entwicklung zw. 2000 und 2014 im Vergleich zu 2000	Gemeindetyp	Lage der Gemeinde	Siedlungsstruktur der Gemeinde	Wachsende und schrumpfende Gemeinden	Lapla ja/nein	Lapla Wirkungsdauer
Anteil Freiraumfläche an Gmdfl	**0,233*****	**-0,320*****	**-0,403*****	**-0,249*****	-0,099*	-0,090
Anteil Landwirtschaftsfläche an Gmdfl	0,162***	-0,154***	**-0,263*****	-0,065*	-0,112**	**-0,251*****
Anteil Ackerfläche an Gmdfl	0,023	-0,090**	-0,125***	-0,078*	**-0,195*****	**-0,207*****
Anteil Grünlandfläche an Landwirtschaftsfläche	0,064*	0,008	0,016	-0,008	0,132**	0,099*
Anteil Grünlandfläche an Gmdfl	0,087**	-0,015	-0,024	-0,017	**0,189*****	0,051
Anteil Wald- und Gehölzfläche an Gmdfl	0,066*	-0,017	-0,066*	-0,100**	0,017	0,055
Anteil Wasserfläche an Gmdfl	-0,051	-0,020	0,009	-0,021	-0,065	-0,058
Anteil Siedlungsfreifläche an Siedlungsfläche	0,029	-0,077*	-0,012	-0,183***	0,007	-0,069
Anteil Siedlungsfreifläche an Gmdfl	0,029	-0,070*	-0,024	-0,170***	0,099*	-0,059
Anteil Siedlungs- und Verkehrsfläche an Gmdfl	0,010	0,040	-0,016	0,102***	0,113**	0,063
Anteil baulich geprägter Siedlungs- und Verkehrsfläche an Gmdfl	0,011	0,075*	-0,008	0,182***	0,047	0,084
Anteil baulich geprägter Siedlungsfläche an Gmdfl	0,036	0,033	-0,056	0,125***	**0,158*****	0,070

N = 600, Wirkungsdauer N = 429 *: p < 0,05; **: p < 0,01; ***: p < 0,001

Demographische Faktoren

Die Bevölkerungsdichte einer Gemeinde hat den stärksten Einfluss auf die Entwicklung des Freiraumanteils und damit gleichzeitig auf die Entwicklung der Siedlungs- und Verkehrsflächen (vgl. Tab. 4.33 bzw. Anhang A.7). Es besteht ein starker negativer Zusammenhang zwischen der Bevölkerungsdichte und der Entwicklung des Freiraumflächenanteils ($r = -0{,}577$; $N = 600$; $p < 0{,}001$). Insgesamt kann die Bevölkerungsdichte 33 % der Varianzen erklären ($R^2 = 0{,}333$). Je höher die Bevölkerungsdichte ist, desto stärker nahm der Freiraumflächenanteil an der Gemeinde zwischen 2000 und 2014 ab und demzufolge der Anteil von Siedlungs- und Verkehrsflächen zu. Die absolute Bevölkerungszahl der Kommune zeigt den gleichen Zusammenhang auf, wenngleich dieser nur schwach ist. Die Bevölkerungsentwicklung zwischen 2000 und 2010 korreliert schwach negativ mit der Entwicklung des Anteils der Siedlungsfreiflächen an der Siedlungsfläche und schwach positiv mit dem Anteil baulich geprägter Siedlungs- und Verkehrsflächen an der Gemeindefläche. Dieser Zusammenhang lässt sich dadurch erklären, dass mit einer steigenden Bevölkerung in der Regel auch eine Zunahme der Siedlungsflächen verbunden ist. Dies betrifft nicht nur den Wohnungsbau, sondern auch Verkehrsflächen. Nimmt die Bevölkerung zu, so sinkt der Siedlungsfreiflächenanteil an der Siedlungsfläche da Baulücken zur Innenverdichtung im Stadtbereich bebaut werden und die Flächenkonkurrenz zunimmt.

Tab. 4.33: Zusammenhang zwischen der Entwicklung der landschaftlichen Indikatoren und Bevölkerungsmaßen der Gemeinden (Kendalls tau-b), Lapla r_{bis} (vgl. Tab. 4.24), Lapla Wirkungsdauer rho (vgl. Tab. 4.27)

Entwicklung zwischen 2000 und 2014 im Vergleich zu 2000	Bevölkerungszahl	Bevölkerungsdichte	Bevölkerungsentwicklung 2010 im Vergleich zu 2000	Lapla ja/nein	Lapla Wirkungsdauer
Anteil Freiraumfläche an Gmdfl	**-0,266*** **	**-0,577*** **	-0,158**	-0,099*	-0,090
Anteil Landwirtschaftsfläche an Gmdfl	-0,089*	**-0,230*** **	-0,028	-0,112**	**-0,251*** **
Anteil Ackerfläche an Gmdfl	-0,009	-0,012	0,005	**-0,195*** **	**-0,207*** **
Anteil Grünlandfläche an Landwirtschaftsfläche	-0,010	-0,011	-0,024	0,132**	0,099*
Anteil Grünlandfläche an Gmdfl	-0,013	-0,020	-0,027	**0,189*** **	0,051
Anteil Wald- und Gehölzfläche an Gmdfl	-0,008	-0,019	-0,004	0,017	0,055
Anteil Wasserfläche an Gmdfl	-0,004	-0,016	0,107**	-0,065	-0,058
Anteil Siedlungsfreifläche an Siedlungsfläche	-0,016	-0,060	**-0,204*** **	0,007	-0,069
Anteil Siedlungsfreifläche an Gmdfl	-0,017	-0,064	-0,184**	0,099*	-0,059
Anteil Siedlungs- und Verkehrsfläche an Gmdfl	-0,039	-0,062	0,098*	0,113**	0,063
Anteil baulich geprägter Siedlungs- und Verkehrsfläche an Gmdfl	-0,043	-0,049	**0,246*** **	0,047	0,084
Anteil baulich geprägter Siedlungsfläche an Gmdfl	-0,046	-0,079	0,153**	**0,158*** **	0,070

N = 600, Wirkungsdauer N = 429 *: p < 0,05; **: p < 0,01; ***: p < 0,001

Ökonomische Faktoren

Die Entwicklung des Freiraumanteils zwischen 2000 und 2014 steht im Zusammenhang mit der Baufertigstellung von Wohn- und Nichtwohngebäuden ($r = -0,333$; $N = 600$; $p < 0,001$), der Höhe von Lohn- und Einkommenssteuer je Steuerpflichtiger ($r = -0,309$; $N = 600$; $p < 0,001$), sowie der Anzahl Gästebetten je Gemeindeflächengröße ($r = -0,210$; $N = 600$; $p < 0,001$) und der Anzahl an Gästeübernachtungen ($r = -0,238$; $N = 600$; $p < 0,001$). In Kommunen mit einer hohen Anzahl von Baufertigstellungen nimmt der Freiraumflächenanteil stärker ab, als in Gemeinden mit einer geringen Bautätigkeit. Die Höhe der Lohn- und Einkommenssteuer je Pflichtiger ist ein Maß für die wirtschaftliche Stärke der Bevölkerung und damit auch ein Indikator für die potentielle Bautätigkeit, welche in Zusammenhang mit der Entwicklung des Freiraumanteils zu stehen scheint. Der Arbeitslosenanteil einer Kommune zeigt einen schwachen negativen Zusammenhang mit der Entwicklung der baulich geprägten Siedlungs- und Verkehrsfläche ($r = -0,199$; $N = 600$; $p < 0,001$). Danach nimmt in Kommunen mit einer hohen Arbeitslosigkeit die baulich geprägte Siedlungs- und Verkehrsfläche weniger stark zu als in Kommunen mit einer geringen Arbeitslosigkeit.

Der Indikator Gästebetten je Gemeindeflächengröße und Gästeübernachtungen je Gebietseinheit sind jeweils absolute Werte und sind in städtischen Kommunen besonders hoch (vgl. Anhang A.7). Es überrascht daher nicht, dass diese im Zusammenhang mit der Entwicklung der Freiraumflächen stehen, da besonders in städtischen Bereichen mit einer Zunahme von Siedlungs- und Verkehrsflächen und damit ein Verlust von Freiraumflächen zu rechnen ist. Gleiches gilt auch für die Entwicklung des Anteils der Landwirtschaftsfläche. Die Gästebetten bezogen auf die Einwohnerzahl könnten hingegen deutlicher touristisch attraktive Kommunen beschreiben. Dieser Indikator zeigt jedoch keinen Zusammenhang mit der Entwicklung des Freiraumflächenanteils und keiner der weiteren betrachteten Indikatoren zur Landschaftsentwicklung. Damit konnte für Kommunen mit einem starken Tourismus keine unterschiedliche Entwicklung der Landschaft anhand der untersuchten Indikatoren zwischen 2000 und 2014 festgestellt werden.

Gesellschaftliche Faktoren

Ausgehend von der Hypothese, dass die politischen Mehrheitsverhältnisse unterschiedliche Schwerpunktsetzungen und Priorisierungen von Umweltschutz und Landschaftsplanung ermöglichen, wurde überprüft, ob die Ergebnisse der letzten Landtagswahl einen Einfluss auf die Landschaftsentwicklung haben. So könnte der Stimmenanteil für Bündnis90/Die Grünen einen Effekt auf die landschaftliche Entwicklung haben. Die Wahlbeteiligung wurde als ein Indikator für das bürgerschaftliche Engagement herangezogen. Es zeigte sich, dass keine bemerkenswerten Zusammenhänge bestehen (vgl. Anhang A.7). Allein bei dem Anteil der Stimmen für die Partei Die Linke konnte ein schwacher positiver Zusammenhang mit der Entwicklung des Siedlungsfreiflächenanteils und negativer Zusammenhang mit dem Anteil baulich geprägter Siedlungs- und Verkehrsflächen festgestellt werden. Dieser Zusammenhang lässt sich aber unter Umständen darauf zurückführen, dass diese Siedlungsfreiflächenanteile vor allem in den neuen Bundesländern bzw. in Städten generell höher sind. Dies deckt sich grob mit Kommunen die auch höhere Stimmenanteile für die Partei Die Linke aufweisen.

Neben der politischen Landschaft und der Wahlbeteiligung als Indikator für das bürgerschaftliche Engagement könnten auch der Einsatz und das Engagement für den Naturschutz eine bedeutende Rolle spielen. So sind es oft Umweltverbände und ehrenamtliche Naturschützer, die sich für den Schutz und die Verbesserung der Landschaft mit ihren Strukturen und Lebensräumen einsetzen. Aufgrund fehlender räumlicher Daten zum Engagement für Naturschutz, wurden die Gemeinden im Rahmen der Online-Umfrage um eine Einschätzung gebeten. Diese stehen in keinem Zusammenhang mit der Entwicklung der untersuchten Indikatoren zwischen 2000 und 2014.

5 Diskussion

5.1 Stand der örtlichen Landschaftsplanung

Anhand der repräsentativen Zufallsstichprobe konnte gezeigt werden, dass 72,5 % der untersuchten Kommunen einen Landschaftsplan aufgestellt, integriert oder in Kraft gesetzt haben. Dies deckt sich mit den Ergebnissen der Umfrage des Deutschen Instituts für Urbanistik (Difu) aus dem Jahr 2000 (Preisler-Holl et al. 2000). Danach hatten 72 % der befragten Gemeinden (N = 283) einen Landschaftsplan aufgestellt. In der Difu-Studie wurden jedoch nur Mittel- und Großstädte befragt, also Gemeinden mit mehr als 20.000 Einwohnern. Im Rahmen der hier untersuchten Zufallsstichprobe über alle Gemeindegrößen hinweg konnte für die Gruppe der Mittel- und Großstädte (N = 28) im Jahr 2010 ein Anteil von 89 % ermittelt werden, welche einen Landschaftsplan aufgestellt hatten. Von diesen haben fünf ihren Landschaftsplan erstmals nach 2000 aufgestellt, sodass von diesen untersuchten Gemeinden im Jahr 2000 20 von 28 (71 %) einen Landschaftsplan besaßen. Dies deckt sich mit den Ergebnissen von Preisler-Holl et al. (2000: 20).

Es können nicht für alle Bundesländer gegen den Zufall abgesicherte Aussagen zum Stand der örtlichen Landschaftsplanung gemacht werden, da für einige Bundesländer die Teilstichprobe kleiner als 30 ist. Diese Mindestanzahl ist jedoch nötig, um statistisch repräsentative Aussagen treffen zu können (Bortz & Schuster 2010: 87). Für das Saarland lassen sich beispielsweise mit nur zwei betrachteten Kommunen keine allgemeingültigen Aussagen für das Bundesland treffen. Gleiches gilt für Brandenburg mit vierzehn Kommunen in der Stichprobe (vgl. Abb. 4.6). Dies war aber auch nicht Ziel dieser Untersuchung.

Gleichwohl scheint die Stichprobe den Stand der Landschaftsplanung in der gesamten Bundesrepublik Deutschland gut abzubilden. Für Bayern konnte für 75 % der untersuchten Kommunen ein Landschaftsplan ermittelt werden. Pröbstl (2010) geht ebenfalls von einem Anteil von über 70 % aus. Auch die Stichprobenergebnisse für Hessen (88 %) sind stimmig mit der Antwort auf eine kleine Anfrage (83 %, vgl. Hessischer Landtag 2012).

C. Stein, *Steuerungswirkung der kommunalen Landschaftsplanung*,
https://doi.org/10.1007/978-3-658-21885-0_5

Im Jahr 1988 war für nur etwa 23 % der Gemeinden der alten Bundesländer ein Landschaftsplan aufgestellt oder in Bearbeitung (SRU 1987: 140). Damals stellte der Rat von Sachverständigen für Umweltfragen der örtlichen Landschaftsplanung ein vernichtendes Urteil aus: *„So liegt der Eindruck nicht fern, als sei die Landschaftsplanung 10 Jahre nach dem Inkrafttreten des Bundesnaturschutzgesetzes ein bereits gescheitertes Vorhaben — zumal sich nicht einmal allgemeingültige Vorstellungen über den Inhalt von Landschaftsplanung herausgebildet haben, geschweige denn eine Bewertung des Instrumentes"* (SRU 1987: 140).

Dieser Kritik kann heute entschieden widersprochen werden, allerdings steht eine systematische empirische Bewertung der Wirksamkeit des Landschaftsplans in der Tat weiterhin weitestgehend aus. Betrachtet man beispielsweise allein die Entwicklung zum Stand der Landschaftsplanung in Schleswig-Holstein, so wird deutlich, dass immer mehr Kommunen einen Landschaftsplan aufstellen, auch in den letzten zehn Jahren. Hatten 1993 nur ca. 150 Gemeinden einen Landschaftsplan aufgestellt (Riedel 1993), waren es 2006 bereits 826 und 2014 waren es 884 von insgesamt 1110 Gemeinden (MELUR 2006; 2014). Dies verdeutlicht auch eine zunehmende Wertschätzung diesem Planungsinstrument gegenüber auf kommunaler Ebene. Diese Einschätzung teilen auch Hoppenstedt & Hage (2017: 167), die in vielen Bundesländern eine „Renaissance der Landschaftsplanung" beobachten. Der Großteil der Landschaftspläne der Stichprobe war zwischen Mitte der neunziger Jahre und 2015 aufgestellt worden (vgl. Abb. 4.9 und Abb. 4.10).

Neben dem Vorhandensein eines Landschaftsplans ist natürlich auch dessen Aktualität und Qualität von entscheidender Bedeutung. In Hessen hat sich beispielsweise gezeigt, dass die Pläne teilweise veraltet sind und es kaum noch zu Neuaufstellungen kommt (Battefeld 2013). So wurden nach 2000 zwar 83 % aller hessischen Flächennutzungspläne geändert, gleichzeitig jedoch nur 66 % der Landschaftspläne aktualisiert. Die Landschaftspläne der gesamten Stichprobe waren durchschnittlich 17 Jahre alt. Allerdings kann es hier zu Abweichungen kommen, da diese Angaben aus dem Landschaftsplanverzeichnis des BfN nicht für alle Gemeinden geprüft werden konnten. Eine Vielzahl der Gemeinden validierte diese Angaben jedoch im Rahmen der Online-Umfrage. Nach Angaben aus der Online-Umfrage wiesen die Landschaftspläne ein Durchschnittsalter von 14 Jahren auf, wobei 16 % älter als 20 Jahre alt waren (N = 140). Dies zeigt, legt man einen zehnjährigen Aktualisierungsbedarf und eine gewisse Planungszeit zugrunde, dass es weiterhin kontinuierlicher Anstrengung bedarf, um die Landschaftspläne aktuell zu halten. Nur so können sie ihren wertvollen Beitrag leisten: zur Gestaltung der Energiewende, Umsetzung nationaler Strategien, Steuerung und Bündelung von Kompensationsmaßnahmen und schließlich zur Sicherung der Lebensgrundlage für Menschen, Tiere und Pflanzen.

Es konnte aufgezeigt werden, dass es tendenziell vor allem agrarisch geprägte Kommunen peripherer Lage sind, welche seltener einen Landschaftsplan aufgestellt haben. Wenn man zugrunde legt, dass die Flächenneuinanspruchnahme in zentral gelegenen, eher städtisch geprägten Kommunen generell höher ist als in peripheren, so sprechen die Ergebnisse dafür, dass die örtliche Landschaftsplanung vor allem in den Gemeinden besteht, wo sie nach § 11 Abs. 2 BNatSchG erforderlich ist. Dieser Befund wird dadurch untermauert, dass auch die Bevölkerungsdichte in Zusammenhang mit dem Vorhandensein eines Landschaftsplanes steht. Ländliche Gemeinden stellen seltener einen Landschaftsplan auf (67 %) als halbstädtische (81 %) oder städtische Kommunen (86 %).

Die bauliche und damit bauleitplanerische Entwicklung mag in solchen ländlich geprägten, eher peripheren Kommunen vielleicht häufig gering sein und aus Sicht der Gemeinden ein Aufstellungserfordernis für den Landschaftsplan eher nicht gegeben sein. Gleichzeitig ist in Kommunen ohne Landschaftsplan, also vor allem agrarisch geprägte Kommunen peripherer Lage, der Anstieg des Anteils baulich geprägter Siedlungsflächen an der Gemeindefläche zwischen 2000 und 2014 um etwa 5 % höher als in Kommunen mit Landschaftsplan (18,32 % und 23,46 %, vgl. Abschn. 4.6.3). Dies zeigt, dass auch in jenen Kommunen die Aufstellung eines Landschaftsplans wahrscheinlich meist erforderlich sein dürfte, auch wenn die Baumaßnahmen für die Gemeinden „übersichtlich" erscheinen mögen, so ist deren ökologische Qualifizierung jedoch trotzdem von Nöten. Oft sind auch Vorbehalte gegenüber diesem Planungsinstrument vorhanden (Ammer 1996).

Auch wenn die Aufstellung eines Landschaftsplans in diesen Gemeinden oft nach dem Bundesnaturschutzgesetz nicht vorgeschrieben ist, so ist dieses Planungsinstrument besonders für den Schutz und die Entwicklung der biologischen Vielfalt durch die Gestaltung vielfältiger Agrarlandschaften und der Steuerung der Energiewende von außerordentlich großer Bedeutung (BfN 2012). Die derzeitige land- und forstwirtschaftliche Flächennutzung gilt EU-weit als ein Haupttreiber des Verlustes an Biodiversität (UBA 2010: 59). Die örtliche Landschaftsplanung ist vor diesem Hintergrund gerade in ländlichen und von der Land- und Forstwirtschaft geprägten Regionen nötig und zu fordern. Landschaftsplanung, Biodiversität und Landwirtschaft sollten daher stärker „zusammengedacht" werden als bisher (vgl. auch Bangert 2001: 171; von Haaren et al. 1999).

5.1.1 *Warum haben einige Kommunen keinen örtlichen Landschaftsplan aufgestellt?*

Nach BNatSchG sind alle Kommunen, bei denen eine bauliche Entwicklung und damit Eingriffe in Natur und Landschaft abzusehen sind, verpflichtet einen Landschaftsplan aufstellen. Darin heißt es: „*Landschaftspläne sind aufzustellen, sobald und soweit dies im Hinblick auf Erfordernisse und Maßnahmen im Sinne des § 9 Absatz 3 Satz 1 Nummer 4 erforderlich ist, insbesondere weil wesentliche Veränderungen von Natur und Landschaft im Planungsraum eingetreten, vorgesehen oder zu erwarten sind. Grünordnungspläne können aufgestellt werden.*“ (§ 11 Absatz 2 BNatSchG). Im Umkehrschluss würde dies bedeuten, dass in den 21,5 % der Kommunen, welche keinen Landschaftsplan aufgestellt haben, keine wesentlichen Veränderungen für Natur und Landschaft absehbar sind.

Es konnte jedoch aufgezeigt werden, dass auch in Kommunen ohne aufgestellten Landschaftsplan der Anteil der Siedlungs- und Verkehrsfläche zwischen 2000 und 2014 zugenommen und der Freiraumflächenanteil entsprechend abgenommen hat (vgl. Abschn. 4.6.1.1). Ob diese Veränderungen „wesentlich“ sind, lässt sich sicherlich nur im Einzelfall bewerten, da diese Betrachtung auf Mittelwerten basiert. Nun bedeutet auch allein das Vorhandensein eines Landschaftsplans nicht, dass dieser automatisch zu einer nachhaltigeren Landschaftsentwicklung führt. Als Beispiel für eine hoffentlich seltene Ausnahme sei hier die Gemeinde Lemwerder genannt. Am 15.2.2014 war in der Zeitung „Die Norddeutsche“ zu lesen: „Wiederentdeckt: Lemwerders Landschaftsplan lag 20 Jahre in der Schublade“ (Wenke 2014). Insofern ist entscheidend, in welchem Maße auch die Maßnahmen der Landschaftspläne umgesetzt wurden bzw. in die Bauleitplanung eingeflossen sind. Dies ließ sich im Rahmen dieser Arbeit jedoch nicht für alle Gemeinden klären (vgl. aber zur Integration in die Bauleitplanung: Gruehn & Kenneweg 1998; Gruehn & Kenneweg 2001).

In der durchgeführten Online-Umfrage äußerten sich nur 49 % der Gemeinden, welche keinen Landschaftsplan aufgestellt hatten, dass es für die Aufstellung eines Landschaftsplans aufgrund fehlender Eingriffe in Natur und Landschaft derzeit keinen Anlass gäbe (vgl. Tab. 5.1). Insgesamt 63 % der befragten Gemeinden, welche keinen Landschaftsplan aufgestellt hatten (N = 80), gaben an, dass die Aspekte der Landschaftsplanung bereits in der Bauleitplanung ausreichend Beachtung gefunden hätten. Fehlende finanzielle Mittel und Förderung für die Aufstellung eines Landschaftsplans beklagten 36 %. Einem Fünftel der befragten Gemeinden ohne Landschaftsplan war dieses Planungsinstrument insgesamt eher unbekannt. Die Gemeinden konnten mehrere Antworten auswählen und auch eigene freie Angaben machen. Dabei wurde in Kommentaren zusätzlich von zwei Kommunen zum Ausdruck gebracht, dass die Ansiedlung von Gewerbe und der Neubau von Wohnsiedlungen wichtiger für die Gemeindeentwicklung sei und um einer Abwanderung von Einwohnern entgegenzuwirken. Die Landschaftsplanung wird dabei scheinbar eher als „Verhinderungsplanung“ wahrgenommen. Gleichzeitig wurde deutlich, dass die fehlende Finanzierung nicht das alleinige Kriterium für die Initiierung bzw. Nicht-Initiierung eines Landschaftsplans ist.

Tab. 5.1: Gründe von Gemeinden ohne Landschaftsplan für das Fehlen eines solchen Plans, N = 80

Gründe für das Fehlen eines Landschaftsplans	Nennungen	Anteil
Landschaftsplanung wurde ausreichend in der Bauleitplanung beachtet	50	62,5%
keine wesentlichen Eingriffe in Natur und Landschaft	39	48,8%
fehlende finanzielle Mittel, keine Förderung	29	36,3%
Landschaftsplan ist als Planungsinstrument eher unbekannt	16	20,0%
sonstige Gründe:	8	10,0%
keine Angabe	4	5,0%

Von besonderem Interesse sind die Kommunen ohne Landschaftsplan, welche im Umkehrschluss eigentlich wesentliche Eingriffe in Natur und Landschaft haben (immerhin 41 von 80 bzw. 51,2 %) und gleichzeitig angaben, dass die Landschaftsplanung bereits ausreichend in der Bauleitplanung beachtet worden sei. Dies waren insgesamt 31 von 80 bzw. 39 % von den Kommunen, die bei der online-Umfrage geantwortet haben und angaben, keinen Landschaftsplan aufgestellt zu haben. Diese Kommunen scheinen im Landschaftsplan nicht den Nutzen zu erkennen, welchen dieser entfalten kann. Die Bauleitplanung in Form des Flächennutzungsplans und des Bebauungsplans sind wohl kaum in der Lage alle Aspekte des Landschaftsplans zu berücksichtigen. Allen voran muss bei diesen Gemeinden davon ausgegangen werden, dass keine Bestanderfassung und Bewertung von Natur und Landschaft vorliegt, bzw. in geringerem Umfang im Rahmen der Bauleitplanung. Diese Informationen stellen aber gerade eine wichtige Grundlage für Entscheidungen im Rahmen der Bauleitplanung dar. Ohne diese fundamentalen Daten und Informationen ist kaum davon auszugehen, dass bei Flächenneuinanspruchnahme den Belangen von Natur und Landschaft in umfassender Weise Rechnung getragen werden kann. Solchen Kommunen und auch denen, die angaben, dass der Landschaftsplan als Planungsinstrument eher unbekannt ist (20 %), sollte mit Informationsangeboten verdeutlicht werden, welche Chancen der Landschaftsplan bietet und dass er keine „Verhinderungsplanung“ darstellt. Gleichzeitig könnte eine gezielte finanzielle Förderung der Aufstellung die Kommunen unterstützen, die eine Finanzierung als Hinderungsgrund angaben (36 %). Gerade bei den Herausforderungen zur Gestaltung der Energiewende kann der Landschaftsplan ein wertvolles entscheidungsunterstützendes Instrument sein.

5.1.2 Erfassung zum Stand der Landschaftsplanung und Zukunft des Landschaftsplanverzeichnisses des BfN

Das Landschaftsplanverzeichnis des BfN ist eine wichtige Informationsquelle, wenn es darum geht zu erfahren, für welche Kommunen ein Landschaftsplan aufgestellt wurde. Dieses Angebot des BfN sollte möglichst aktuell gehalten werden. Die Angaben zum aktuellen Stand der örtlichen Landschaftsplanung könnten gezielt genutzt werden, um Regionen zu erkennen, in denen eine Neuaufstellung oder Aktualisierung von Landschaftsplänen notwendig und sinnvoll ist. Die Identifikation dieser Gemeinden soll nicht zum Ziel haben diese „an den Pranger zu stellen“, sondern vielmehr um Hilfestellungen und Fördermittel zielgerichtet zu adressieren. Diese könnten beispielsweise zur Erarbeitung von Grundlagen für einen Landschaftsplan dienen.

Über eine mögliche „Informationsübermittlungs-“ oder „Anzeigepflicht“ bei diesem Archiv sollte aus fachlicher Sicht weiter offensiv nachgedacht und geworben werden. Im Vergleich mit dem Landschaftsplanverzeichnis des BfN weist die hier durchgeführte Zufallsstichprobe zum Stand der Landschaftsplanung einen deutlich höheren Flächenanteil aus, welcher von Landschaftsplänen in Deutschland inzwischen beplant ist (vgl. Abb. 5.1). Während nach dem Landschaftsplanverzeichnis des BfN für 47 % der Fläche Deutschlands ein Landschaftsplan aufgestellt wurde, waren es für die repräsentative Stichprobe 72 %. Gleichzeitig war der Anteil der Landschaftspläne, welcher in Bearbeitung war, deutlich geringer (5 statt 19 %). Aus dem Landschaftsplanverzeichnis geht insgesamt ein vierfach so hoher Anteil an in der Vorbereitung bzw. Bearbeitung befindlichen Plänen hervor (Herbert 2010).

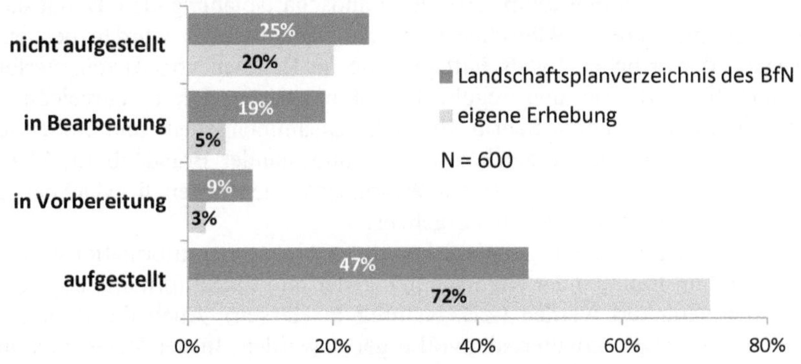

Abb. 5.1: Planungsstand des Landschaftsplanverzeichnisses des BfN (Herbert 2010) und der eigenen Erhebungen im Vergleich nachdem Flächenanteil Deutschlands, N = 600, Stein et al. (2014b)

Die Forderung nach einer rechtlichen Grundlage für die Meldung der Landschaftspläne an das Bundesamt für Naturschutz ist nicht neu. Schon im Umweltgutachten 1987 bemängelte der Rat von Sachverständigen für Umweltfragen, dass für die Dokumentation zum Stand der Landschaftsplanung im Landschaftsplanverzeichnis keine verbindlichen Vereinbarungen zwischen dem Bund und den zuständigen Ländern bestehen (SRU 1987: 140). Im Jahr 2005 sollte mit dem Gesetz zur Straffung der Umweltstatistik eine solche Erhebung zum Stand der örtlichen Landschaftsplanung alle vier Jahre gesetzlich ab 2008 verankert werden (BT 2005: 10). Damit hätte man die durch die Novelle des Bundesnaturschutzgesetzes damalige verankerte flächendeckende Landschaftsplanung (damalige §§ 15 und 16 BNatSchG) im Sinne einer Gesetzesfolgenbewertung evaluieren können. Gleichzeitig hätte man etwaigen nötigen Regelungsbedarf identifizieren können. Eine solche Meldepflicht hätte keinen wesentlichen Mehraufwand für die Länderbehörden bedeutet, sondern lediglich bereits bestehende Berichtspflichten oder die Weiterleitung bereits erhobener Daten gesetzlich verankert und zusammengefasst. Aufgrund des Widerstandes im Bundesrat wurde der im Entwurf des Gesetzes zur Straffung der Umweltstatistik der rot-grünen Bundesregierung enthaltene § 13 „Erhebung der Landschaftsprogramme, Landschaftsrahmenpläne und Landschaftspläne sowie bestimmter naturschutzrelevanter Flächenkategorien“ jedoch ersatzlos gestrichen. Begründet wurde dies damit, dass der Bund für den Bereich der Landschaftsplanung nur zur Rahmengesetzgebung berechtigt sei und damit die bundesweite Datenerhebung eine Kompetenzüberschreitung darstellen würde (BT 2005: 35).

Da die Verwaltungskompetenz der Landschaftsplanung den Bundesländern zukommt, wäre es wünschenswert, die Bundesländer würden den Planungsstand der örtlichen Landschaftsplanung im Rahmen von Anzeigeverfahren einheitlich erheben und regelmäßig aktualisieren. Diese Verzeichnisse könnten in einem weiteren Schritt vom BfN zusammengefasst und einheitlich dargestellt werden. Die Verzeichnisse der Bundesländer Brandenburg, Mecklenburg-Vorpommern oder Nordrhein-Westfalen verdeutlichen die Machbarkeit und Sinnhaftigkeit eines solchen Vorgehens.

Die Darstellung der Ergebnisse könnte in einem Geoinformationssystem erfolgen und im Rahmen der Naturschutzregister und Fachinformationssysteme der Länder verankert werden (z.B. Natureg in Hessen). Auch die Raumordnungskataster (ROK) könnten sinnvoll ergänzt werden. In der Verschneidung mit weiteren Daten und Informationen könnten so wichtige Synergien für Planer und Naturschutzverwaltungen erzielt werden.

Gleichzeitig wäre dies ein Informationsangebot für die interessierte Öffentlichkeit und eine Grundlage für weitere Forschungen. Diese Informationen könnten außerdem die Grundlage für einen Indikator „Stand und Umsetzung der örtlichen Landschaftsplanung“ sein, welcher analog zum UBA-Kernindikator „Stand und Umsetzung der Landschaftsplanung“ zeigen könnte, welcher Stand auch auf der örtlichen Ebene erreicht wurde. Solche Informationen ließen sich im Folgenden mit fachlich-inhaltlichen Informationen zur Qualität und Struktur von Natur und Landschaft, z.B. Hemerobie (Walz & Stein 2014), verbinden, um Fragen der Effizienz, der Effektivität und der Weiterentwicklung dieses wichtigen Instruments des Naturschutzes und der Landschaftspflege beantworten zu können.

5.2 Umsetzung von Maßnahmen

Der örtliche Landschaftsplan ist ein Instrumentarium, welches anhand von konkreten Maßnahmen die Landschaftsentwicklung gestalten und die natürliche Lebensgrundlage von Mensch und Natur sichern soll. Darin festgelegte Maßnahmen müssen nicht per se eine gestaltende Wirkung haben, wie bspw. eine Neupflanzung oder eine Landnutzungsänderung. Auch die Sicherung wertvoller Biotope und Flächen können darin verankert werden. Damit kann selbst ohne gravierende Landschaftsveränderungen der Landschaftsplan eine steuernde Wirkung haben. Eine solche Wirkung bleibt jedoch meist unsichtbar, da sich eben keine Veränderung ergeben hat. Wenn also eine Siedlungsflächenneuausweisung auf einer Ackerfläche geschieht ist es schwer nachvollziehbar, ob es die Wirkung des Landschaftsplans war, welche eben diese Ausweisung auf einer Grünlandfläche verhindert hat.

Wende et al. (2009, 2012) haben aufgezeigt, dass die kommunale Landschaftsplanung eine „Angebotsplanung“ ist und Maßnahmen umgesetzt werden. Heiland (2010) sieht damit den Vorwurf der Wirkungslosigkeit des Landschaftsplanes als widerlegt. Eine eigene Umfrage unter den Gemeinden der Stichprobe (N = 110) bestätigt diese Ergebnisse. Nur 5 % der Kommunen gaben an, dass bislang noch keine Maßnahmen des Landschaftsplans umgesetzt wurden (vgl. Abb. 4.5). 43 % aller Kommunen, welche geantwortet haben, schätzten, dass von den Maßnahmen ihres Landschaftsplanes mindestens bis zu 20 % umgesetzt wurden; 25 % aller Kommunen schätzten, dass bis zu 40 % der Maßnahmen und 15 %, dass bis zu 60 % der Maßnahmen umgesetzt wurden. Dies zeigt, dass der örtliche Landschaftsplan die Maßnahmen des Naturschutzes und der Landschaftspflege koordiniert und vorbereitet. Gleichzeitig gibt es jedoch auch eine Reihe von Hinderungsgründen für die Umsetzung der Maßnahmen aus dem Landschaftsplan, z.B. mangelnde Flächenverfügbarkeit, Akzeptanzprobleme, Finanzierungsprobleme oder Kommunikationsprobleme (vgl. Küpfer 2002).

5.3 Welche Maßnahmen spiegeln sich in den Geodaten wider?

In dieser Arbeit wurde die Entwicklung der Landnutzung sowie der Struktur und Qualität der Landschaft anhand von Geodaten quantifiziert und qualifiziert. Dieser Ansatz erlaubt die Einbeziehung einer größeren Stichprobe an Gemeinden und bietet damit eine wesentlich höhere statistische Güte der Tests. Während bei Wende et al. (2009; 2012) nur 28 Kommunen einbezogen werden konnten, basieren die Tests hier auf einer Stichprobe von 600 Gemeinden. Der Nachteil dieser Methode ist ohne Zweifel die Abhängigkeit von der Güte der Geodaten. Die hier verwendeten Daten des IÖR-Monitors haben als Grundlage das Digitale Basis-Landschaftsmodell, welches der aktuellste und genauste topographische Datensatz ist, der flächendeckend für ganz Deutschland vorliegt (Meinel 2009: 180; Röber et al. 2009).

Werden die Erfordernisse und Maßnahmen des Naturschutzes aus dem Landschaftsplan umgesetzt, so ist mit einer ökologischen Verbesserung im Plangebiet zu rechnen. Vor Ort ist einfach zu ermitteln, ob eine geplante Maßnahme umgesetzt wurde oder nicht, jedoch bedeutet dies einen extrem hohen Arbeitsaufwand, wie die Studie von Wende et al. (2009; 2012) zeigte.

Mit Hilfe von Geodaten lassen sich nicht alle Landschaftselemente bzw. Landschaftsveränderungen beobachten, gerade weil eine deutschlandweit einheitliche Datengrundlage erforderlich ist und somit beispielsweise Biotoptypenkartierungen, welche auf Ebene der Länder erhoben werden, nicht herangezogen werden können. In der vorliegenden qualitativen Untersuchung der Landschaftspläne wurden alle geplanten Maßnahmen erfasst, um festzustellen, ob sich die Verwirklichung der Landschaftsplanung überhaupt in den Geodaten widerspiegeln kann.

Im Ergebnis zeigt sich, dass in etwa 60 % der 58 untersuchten Landschaftspläne jeweils Gewässerrenaturierung, Pflanzung von Gehölzen und Einzelbäumen, naturnaher Waldumbau sowie die Extensivierung von Grünland vorgeschlagen werden. Knapp die Hälfte der untersuchten Landschaftspläne weist Heckenpflanzungen und reichlich 40 % Aufforstungen aus. Etwa 30 % schlagen eine Umwandlung von Ackerflächen in Grünland vor (vgl. Abb. 5.2).

Ein Teil der Maßnahmen lässt sich anhand von deutschlandweit verfügbaren Geoinformationsdaten und den davon abgeleiteten Indikatoren nur begrenzt oder nur mit sehr hohem Arbeitsaufwand bemessen. Dazu zählen z.B. die Renaturierung von Gewässern, welche zwar anhand der Gewässerstrukturgütekartierungen untersucht werden könnte, jedoch liegen diese Daten noch nicht als ein gesamtdeutscher Datensatz in voller Detailschärfe vor. Ein Teil der in den Landschaftsplänen vorgeschlagenen Maßnahmen lässt sich aber nicht anhand von Geodaten evaluieren. Dies sind vor allem Pflegemaßnahmen bestehender Biotope z.B. Entkusselung, Beweidung, Mahd, Vernässung, Schnitt oder Gewässerpflege. Maßnahmen, welche mit einer Landnutzungsänderung einhergehen, wie die Anpflanzung von Gehölzen, Aufforstung, Entsiegelungen oder Umwandlungen von Acker- in Grünlandflächen schlagen sich in Geodaten direkt nieder und können dementsprechend sehr gut evaluiert werden. Neben dieser Umsetzung konkreter Maßnahmen zur Verbesserung von Natur und Landschaft ist es natürlich auch Aufgabe der örtlichen Landschaftsplanung schützenswerte Landnutzungen und Elemente in ihrem Bestand zu bewahren. Insofern kann es oft auch ein Verdienst der Landschaftsplanung sein, wenn bspw. Hecken und Baumreihen erhalten bleiben und in ihrer Dichte nicht abnehmen. Auch dies lässt sich aber nur schwer messbar mit Hilfe von Geodaten auf die Landschaftsplanung zurückführen.

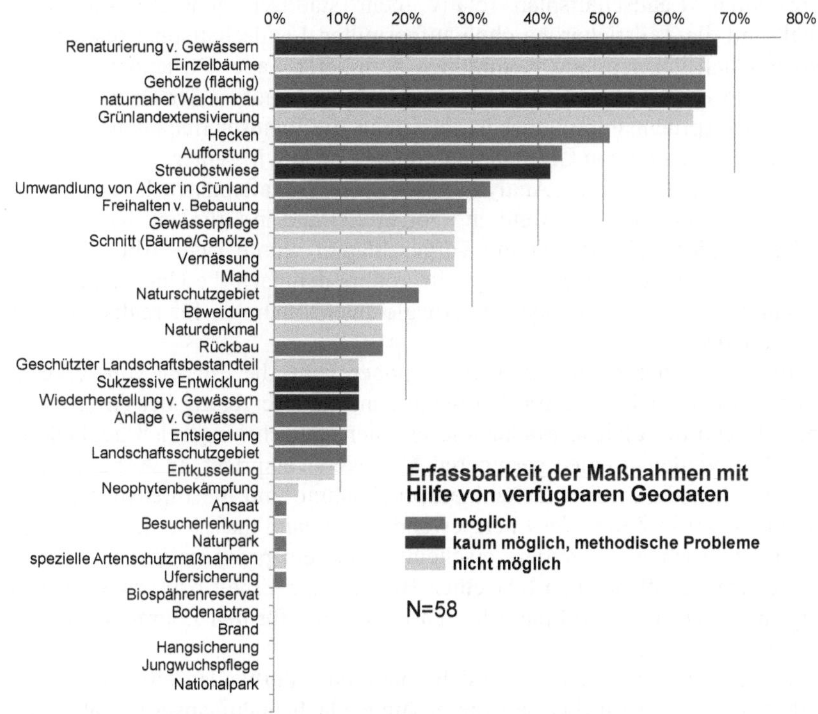

Abb. 5.2: Art der Maßnahmen und Erfordernisse in den untersuchten Landschaftsplänen und deren Erfassbarkeit mit Hilfe deutschlandweit verfügbarer Geodaten

5.4 Landschaftsplan und Landwirtschaftsflächen

Es konnte festgestellt werden, dass die Entwicklung von Grünland bzw. Ackerland zwischen 2000 und 2014 sehr unterschiedlich verlief, je nachdem, ob ein Landschaftsplan aufgestellt worden ist oder nicht (vgl. Abschn. 4.6.1.1). In Gemeinden mit Landschaftsplan nahm der Grünlandanteil an der Landwirtschaftsfläche um 0,55 % zu, während dieser in Kommunen ohne Landschaftsplan mit 1,73 % zwischen 2000 und 2014 deutlich abnahm.

Dass dies in erster Linie an der steuernden Wirkung des Landschaftsplans liegt, ist darauf zurückzuführen, dass die beiden Teilstichproben per Zufall ausgewählt wurden. Das bedeutet letztlich auch, dass in beiden Teilstichproben alle anderen denkbaren Einflussfaktoren auf den Grünlandanteil relativ gleich wirken. Es gibt lediglich den weiteren Unterschied, dass die Stichprobe mit aufgestelltem Landschaftsplan relativ mehr städtisch geprägte Kommunen enthält und die Teilstichprobe ohne aufgestellten Landschaftsplan relativ mehr landwirtschaftlich geprägte Kommunen peripherer Lage. Da anzunehmen ist, dass in den eher urbanen zentraler gelegenen Kommunen der Druck zur Flächenneuinanspruchnahme höher ist, erscheint die Landschaftsplanung im Hinblick auf den Schutz von Grünland damit aber umso wirksamer.

Bei der quantitativen Analyse von 58 Landschaftsplänen konnte festgestellt werden, dass die Umwandlung von Ackerland in Grünland bei 30 % der Landschaftspläne als Maßnahme vorgeschlagen wurde (vgl. Abb. 5.2). Ein Grund für zunehmende Grünlandanteile könnte demnach die Umsetzung dieser Maßnahmen z. B. im Rahmen von Ausgleichsmaßnahmen für realisierte Baumaßnahmen sein.

In intensiv agrarisch geprägten Regionen kann die Einsaat von Ackerflächen ein wichtiger Beitrag für den Schutz und die Steigerung der Artenvielfalt sein, während die gleiche Maßnahme in einer abwechslungsreich gegliederten Landschaft vielleicht einen geringeren Mehrwert verspricht. In Anbetracht der Tatsache, dass durch die Flächeninanspruchnahme und die Intensivierung der Landwirtschaft in Zeiten der Energiewende, Grünland massiv unter dem Druck steht, umgebrochen zu werden, erscheint es als ein positives Signal, dass die örtliche Landschaftsplanung hier einen Beitrag zum Erhalt bzw. zu Verlangsamung des Verlusts an Grünland leisten kann bzw. für den Zeitraum zwischen 2000 und 2014 geleistet hat.

Gleichzeitig wird auch deutlich, dass das Vorhandensein eines Landschaftsplans keinen Einfluss auf die gesamte Flächenneuinanspruchnahme hat. Bei Kommunen mit und ohne Landschaftsplan nimmt der Anteil von Siedlungs- und Verkehrsflächenentwicklung an der Gemeindefläche insgesamt über die Zeit zu. Das heißt, dass das Vorhandensein eines Landschaftsplans zwar die Zunahme von Siedlungs- und Verkehrsflächen nicht verhindern kann, dies aber dennoch dazu führt, dass aus naturschutzfachlicher Sicht eher weniger bedeutende Flächen (also kein Grünland) für den Siedlungszuwachs erschlossen werden und Grünland als relativ besser geschützt gelten kann.

Eine ähnlich differenzierte Entwicklung ist auch beim Ackeranteil an der Gemeinde zu beobachten. War ein Landschaftsplan aufgestellt nahm der Ackeranteil zwischen 2000 und 2014 um durchschnittlich 3,56 % ab, in Kommunen ohne Landschaftsplan nur um 1,15 %. Mit der deutlichen Differenz von 2,41 % war demnach der Rückgang des Anteils von Ackerflächen an der Gemeindefläche in Kommunen mit Landschaftsplan deutlich stärker.

Mit diesem Ergebnis könnte nun argumentiert werden, dass mit einem Landschaftsplan und der Umsetzung der darin enthaltenen Maßnahmen der Landwirtschaft wertvolle Ackerflächen entzogen werden und demzufolge aus

Sicht der Landwirtschaft ein solches Planungsinstrument eher hinderlich ist. Vielmehr ist es jedoch so, dass hauptsächlich die anhaltend hohen Flächenneuinanspruchnahme für Siedlungs- und Verkehrsflächen für den Verlust an landwirtschaftlicher Nutzfläche verantwortlich gemacht werden muss. Der Landschaftsplan ist insofern wirksam, als dass die aus naturschutzfachlicher Sicht wertvolleren Flächen vor Überbauung geschützt werden.

Es wird oft von einem doppelten Flächenverlust für die Landwirtschaft gesprochen (z. B. MLR 2004). Damit ist gemeint, dass im Sinne des Minimierungsgebotes zunächst die Eingriffe auf Landwirtschaftsflächen realisiert werden und dann oft nochmals landwirtschaftliche Nutzflächen genutzt werden, um diese Flächenneuinanspruchnahme im Rahmen der Eingriffs- und Ausgleichsregelung zu kompensieren. Hier kann ein partizipatorisch aufgestellter und von allen Akteuren mitgetragener Landschaftsplan wesentlich in Konflikten zwischen Flächenneuinanspruchnahme, Naturschutz und Landwirtschaft vermitteln und Lösungen entwickeln. Lösungsvorschläge, wie die Akzeptanz der Landwirte für die Maßnahmen des Landschaftsplans deutlich erhöht werden können, liefert bspw. Küpfer (2003).

Es konnten mittelstarke Zusammenhänge zwischen dem Anteil Ackerland an der Landwirtschaftsfläche und der Qualität der im Landschaftsplan enthaltenen Erfordernisse und Maßnahmen und der Umsetzungsorientierung ermittelt werden. Dies deutet darauf hin, dass nicht das Vorhandensein einer Planung eine Wirkung auf die Landschaft und deren Entwicklung hat, sondern die Qualität der Planung im Hinblick auf die konkrete Umsetzung. Eine Deutung wäre, dass gerade in Kommunen mit einem hohen Ackerlandanteil mit möglichst detailliert geplanten Maßnahmen zur Strukturanreicherung und Extensivierung auch deren tatsächliche Umsetzung forciert wird. Dieses Ergebnis deutet darauf hin, dass dort, wo ein besonders hoher Bedarf besteht eine Landschaftsveränderung im Hinblick auf die Verbesserung von Biodiversität und Natürlichkeit zu initiieren, dies mit einer qualitativ hochwertigen und umsetzungsorientierten örtlichen Landschaftsplanung angestrebt wird.

5.5 Landschaftsplan und Landschaftsstruktur

Es konnte gezeigt werden, dass es Zusammenhänge zwischen dem Vorhandensein eines örtlichen Landschaftsplanes und der Landschaftsstruktur gibt (vgl. Abschn. 4.5.2).

Der Grad der Landschaftszerschneidung scheint in keinem Zusammenhang zum Vorhandensein eines örtlichen Landschaftsplanes zu stehen. Weder der Anteil unzerschnittener Freiräume größer 50 km² noch die gewichtete Dispersion, als Maß der Streuung der Bebauung, zeigten Unterschiede je nachdem, ob ein Landschaftsplan in den Kommunen aufgestellt war oder nicht. Da zerschneidende Verkehrsinfrastrukturen meist nicht auf kommunaler Ebene der Bauleitplanung konzipiert werden, ist dieses Ergebnis nachvollziehbar. Heiland & Rittel (2010: 107) weisen darauf hin, dass die örtliche Landschaftsplanung eher eine begrenzte Darstellungs- und Lösungsmöglichkeit bietet, um die Zerschneidung wirksam zu steuern. Für die Lenkung der Zerschneidung sind eher die landesweiten Landschaftsprogramme und die auf regionaler Ebene angesiedelten Landschaftsrahmenpläne von Bedeutung.

Die Landnutzungsvielfalt (Shannon Diversity-Index) ist in Gemeinden mit Landschaftsplan durchschnittlich um 10 % höher, als in Gemeinden ohne Landschaftsplan. Durch den Schutz von einzelnen wertvollen Biotopen aber auch linearen Strukturen, die das Landnutzungsmuster differenzieren bzw. strukturieren, können sich Maßnahmen des Landschaftsplanes positiv auf die Landnutzungsvielfalt auswirken. Besonders weil jeder Landschaftsplan, ausgehend von der örtlichen Bestandsaufnahme, eigene Ziele definiert, kann jeweils sehr konkret die Landnutzungsvielfalt gesteigert werden. Dieses Ergebnis kann dahingehend interpretiert werden, dass der Landschaftsplan durchaus mit Hilfe geeigneter Maßnahmen dazu beitragen kann die Landnutzungsvielfalt und damit auch die Biodiversität zu erhalten und zu steigern.

Dieser Befund deckt sich mit dem der Kleinteiligkeit von Landnutzungen in Form der mittleren Flächengröße unbebauter Flächen. Hier konnte ein schwacher negativer Zusammenhang mit dem Stand der örtlichen Landschaftsplanung ermittelt werden. Gemeinden mit einem Landschaftsplan wiesen durchschnittlich flächenmäßig kleinere Landnutzungsformen auf. Auch die Randliniendichte aller Siedlungsfreiflächen und Freiraumflächen ist in diesen Kommunen höher.

In Kommunen mit aufgestelltem Landschaftsplan ist die gehölzdominierte Ökotondichte durchschnittlich etwas höher als in Kommunen ohne Landschaftsplan (3,8 km/km² und 3,28 km/km²).

Fast die Hälfte aller untersuchten Landschaftspläne enthielten beispielsweise Heckenpflanzungen als ganz konkrete Maßnahmen (vgl. Abb. 5.2). Bei den von Wende et al. (2009) untersuchten Landschaftsplänen waren von den insgesamt 12.409 erfassten geplanten Maßnahmen 4.837 von linearer Geometrie (39 %). Mit der Umsetzung von Heckenpflanzungen erhöht sich die gehölzdominierte Ökotondichte, steigt die Randliniendichte und die mittlere Flächengröße der Landnutzungen nimmt ab, da diese Hecken die Landschaft strukturieren und die Biodiversität erhöhen. Diese Ergebnisse können dahingehend interpretiert werden, dass Kommunen mit Landschaftsplan bewusster die Erhöhung der Landschaftsstruktur und Lebensraumvielfalt planen und umsetzen. Dies spricht für eine materielle Umsetzung solcher linearer Strukturen aus dem Landschaftsplan.

5.6 Vergleich zwischen dem Einfluss exogenen Faktoren und der Landschaftsplanung auf den Zustand und die Qualität der Landschaft

Den Zustand und die Qualität der Landschaft erklären exogene Faktoren zum Teil deutlich stärker als die Landschaftsplanung. So haben das ackerbauliche Ertragspotential ($r = -0,549$; $N = 551$; $p < 0,001$; vgl. Tab. 4.29), die Reliefvielfalt ($r = 0,573$; $N = 551$; $p < 0,001$) und die durchschnittliche Größe der landwirtschaftlichen Betriebe ($r = -0,393$; $N = 551$; $p < 0,001$) einen deutlich stärkeren Einfluss auf die Intensität der Landnutzung als die Landschaftsplanung ($r_{pbis} = 0,214$; $p < 0,001$; $N = 551$; vgl. Tab. 4.19). In multiplen Regressionsmodellen hierzu lieferte die Landschaftsplanung keinen zusätzlichen Erklärungsgehalt.

Einige exogene Faktoren können wesentliche landschaftliche Veränderungen besser erklären als das Vorhandensein eines Landschaftsplans. So wird die Veränderung des Freiraumflächenanteils an der Gemeinde von der Bevölkerungsdichte und den Baufertigstellungen von Wohn- und Nichtwohngebäuden deutlich besser erklärt als durch das Vorhandensein eines Landschaftsplans (vgl. Tab. 5.2). Auch die Entwicklung der Landwirtschaftsfläche kann durch das ackerbauliche Ertragspotential, die Reliefvielfalt und die Bevölkerungsdichte besser beschrieben werden als durch das Vorhandensein eines Landschaftsplans. Bei der Entwicklung des Ackerflächenanteils an der Gemeinde liefert die Landschaftsplanung jedoch den drittstärksten signifikanten Zusammenhang nachdem ackerbaulichen Ertragspotential und der Reliefdiversität. Keiner der untersuchten exogenen Faktoren kann die Entwicklung des Grünlandanteils besser erklären als das Vorhandensein eines kommunalen Landschaftsplans (vgl. vollständige Tabelle in Anhang A.7). Außerdem liefert das Vorhandensein eines Landschaftsplans beim Anteil baulich geprägter Siedlungsflächen an der Gemeindefläche den höchsten Erklärungsgehalt worauf in Abschnitt 5.7 eingegangen wird.

Insofern kann geschlussfolgert werden, dass eine Reihe abiotischer, gesellschaftlicher, ökonomischer und demographische Faktoren den Zustand der Landnutzung bzw. den Zustand und die Qualität der Landschaft erklären, jedoch bei der Landschaftsentwicklung das Vorhandensein eines Landschaftsplans durchaus Zusammenhänge aufweist, auch wenn diese eher schwach sind. Deutlich wird aber wiederum der schwache aber positive Einfluss des Vorhandenseins eines Landschaftsplanes auf den Schutz und die Entwicklung des Grünlandes.

Tab. 5.2: Vergleich des Zusammenhangs ausgewählter exogener Faktoren und der Landschaftsplanung auf die Landschaftsentwicklung zwischen 2000 und 2014 (vgl. Tab. 4.24 und Anhang A.7)

Entwicklung zwischen 2000 und 2014 im Vergleich zu 2000	Ertrags-potential	Relief-vielfalt	Bevölke-rungsdichte	Baufertig-stellungen	Landschafts-planung
Anteil Freiraumfläche an Gmdfl.	-0,039	0,115**	**-0,577*****	**-0,333*****	-0,099*
Anteil Landwirtschaftsfläche an Gmdfl.	**0,246*****	**-0,216*****	**-0,230*****	-0,093*	-0,112**
Anteil Ackerfläche an Gmdfl.	**0,273*****	**-0,345*****	-0,012	0,005	**-0,195*****
Anteil Grünlandfläche an Landwirtschaftsfläche	-0,062	0,008	-0,011	-0,018	0,132**
Anteil Grünlandfläche an Gmdfl.	-0,050	-0,003	-0,020	-0,021	**0,189*****
Anteil Wald- und Gehölzfläche an Gmdfl.	0,062	-0,045	-0,019	-0,016	0,017
Anteil Wasserfläche an Gmdfl.	0,057	-0,054	-0,016	0,000	-0,065
Anteil Siedlungsfreifläche an Siedlungsfläche	0,059	-0,052	-0,060	-0,044	0,007
Anteil Siedlungsfreifläche an Gmdfl.	0,045	-0,052	-0,064	-0,041	0,099*
Anteil Siedlungs- und Verkehrsfläche an Gmdfl.	-0,080	-0,024	-0,062	-0,014	0,113**
Anteil baulich geprägter Siedlungs- und Verkehrsfläche an Gmdfl.	-0,137**	0,028	-0,049	-0,002	0,047
Anteil baulich geprägter Siedlungsfläche an Gmdfl.	-0,078	-0,048	-0,079	-0,012	**0,158*****

*N=600; *** p<0,001; ** p<0,01; * p<0,05*

5.7 Welchen Einfluss kann die kommunale Landschaftsplanung auf die Landnutzung nehmen?

Die Flächenneuinanspruchnahme in Form des Anteils der Siedlungs- und Verkehrsflächen an der Gemeinde zwischen 2000 und 2014 verlief unabhängig davon, ob in den Kommunen ein Landschaftsplan aufgestellt war oder nicht (vgl. Abschn. 4.6.3).

Ein Grund dafür, dass bei den Indikatoren zu den Flächenanteilen bestimmter Landnutzungen keine oder nur schwache Zusammenhänge gefunden werden konnten (vgl. Abschn. 4.5.1.4), könnte sein, dass die örtliche Landschaftsplanung nicht die eigentliche mengenmäßige Landnutzungsänderung, sondern eher deren konkrete Lage beeinflusst, dass Bauvorhaben nicht auf naturschutzrelevanten Flächen realisiert werden (Küpfer 2011: 34). Auch Heiland et al. (2006) kommen nach einer Literaturauswertung und Experteninterviews zu dem Ergebnis, dass der kommunalen Landschaftsplanung vorrangig keine Reduktion der Flächeninanspruchnahme zugesagt wird und vielmehr fiskalische Instrumente (wie Bauleitplanung, Struktur- und Verkehrspolitik) diese Entwicklungen mengenmäßig steuern. Gleichzeitig weisen Heiland et al. (2006: 41) darauf hin, dass die Landschaftsplanung stärker dafür geeignet ist Standort- und Feinsteuerungen zu übernehmen.

Die kommunale Landschaftsplanung ist damit wohl eher kaum in der Lage z.B. Siedlungsflächenneuausweisungen zu verhindern, sondern hat vorrangig die Aufgabe diese nach ökologischen Gesichtspunkten zu gestalten und zu lenken. Daher ist es nicht verwunderlich, wenn in Kommunen mit kommunaler Landschaftsplanung die Siedlungs- und Verkehrsfläche ebenfalls insgesamt zunimmt wie in Kommunen ohne Landschaftsplan.

Betrachtet man jedoch im Vergleich zum Anteil der Siedlungs- und Verkehrsfläche den Anteil baulicher Siedlungsflächen konnte hier eine unterschiedliche Entwicklung festgestellt werden, je nachdem ob ein Landschaftsplan aufgestellt war (vgl. Abschn. 4.6.1). In Kommunen ohne Landschaftsplan, das sind vor allem landwirtschaftlich geprägte Kommunen peripherer Lage (vgl. Abschn. 4.3.10), nahm der Anteil baulich geprägter Siedlungsflächen zwischen 2000 und 2014 im Vergleich zu 2000 mit 23,46 % deutlich stärker und signifikant zu als in Kommunen mit Landschaftsplan (18,32 %). Dies ist ein Hinweis darauf, dass bei gleicher Entwicklung des Siedlungs- und Verkehrsflächenanteils die tatsächliche Bebauung (baulich geprägter Siedlungsflächenanteil) mit Hilfe der Landschaftsplanung beeinflusst werden kann und diese somit Feinsteuerungen übernimmt (z. B. durch Begrünungen innerhalb der Siedlungsfläche).

Indikatoren wie die Heckenlänge oder die Naturnähe in einer Kommune sollten sich hingegen nicht verschlechtern. Untersuchungen zur Hemerobie konnten bislang in deren zeitlichen Entwicklung noch nicht durchgeführt werden, da hierfür bislang nur eine geringe Zeitspanne im IÖR-Monitor verfügbar ist und die Auswertung eines Zeitraums über vier Jahre kaum zielführend ist. Die Auswertung der Heckenlänge war zwischen 2006 und 2014 möglich, jedoch sind die Daten hier sehr heterogen und die Ergebnisse daher nur begrenzt interpretierbar.

Heiland (2017) weist in diesem Zusammenhang darauf hin, dass es wahrscheinlich eine hohe „Dunkelziffer“ an Erfolgen der Landschaftsplanung gibt. Allein die prozessuale Wirkung ist kaum zu evaluieren und so ist zum Beispiel ein Verzicht auf die Bebauung einer wertvollen Fläche als Folge eines durch die Landschaftsplanung gesteigerten Naturbewusstseins meist unsichtbar, da sich hierdurch die Flächennutzung nicht ändert. Damit sind Landschaftsplaner nicht selten „Architekten des Unsichtbaren“ (Heiland 2017: 176, nach Wende, mdl.), wenn die Landschaftsplanung den Erhalt von hochwertigen Flächen bewirkt indem sie diese durch Bebauung schützt. Im Gegensatz zur Neuanlage eines Biotops, bleibt diese Wirkung oft unsichtbar und lässt sich durch diese mit Hilfe von Geoinformationsdaten durchgeführten Untersuchung nicht immer darstellen. Anhand der aufgezeigten unterschiedlichen Entwicklung des Grünlands je nachdem ob ein Landschaftsplan aufgestellt war, wurde eine solche sonst eher unsichtbare Wirkung nachgewiesen.

Selbst ohne die Umsetzung konkreter Maßnahmen dürfte die örtliche Landschaftsplanung per se einen Einfluss auf die Landschaft haben, da diese die Flächennutzungsplanung nach ökologischen Gesichtspunkten gestalten kann (Hahn-Herse 1996: 318). Gruehn & Kenneweg (1998) konnten bereits aufzeigen, dass die örtliche Landschaftsplanung in der Flächennutzungsplanung ihren Einfluss hat und damit konkrete Standortentscheidungen zugunsten von Natur und Landschaft bewirkt. Dieser generelle Einfluss ist zwar wahrscheinlich kaum quantifizierbar, könnte jedoch über mehrere Zeitschnitte eine Wirkung auf die Naturnähe haben (z.B. Hemerobieindex, vgl. Walz & Stein 2014). Eine solche Zeitreihe ist im Rahmen des IÖR-Monitors im Aufbau. Die Zeitschnitte 2009 und 2012 sind jedoch noch zu wenig, um den Einfluss der örtlichen Landschaftsplanung auf die Hemerobie zu untersuchen. Diese Untersuchung sollte zukünftig verfolgt werden.

Es kann nicht generell davon ausgegangen werden, dass in Kommunen ohne Landschaftsplan keinerlei Maßnahmen zur Verbesserung der Qualität und Struktur der Landschaft geplant und umgesetzt werden. Gleichzeitig bedeutet allein das Vorhandensein eines Landschaftsplanes nicht unbedingt, dass die darin enthaltenen Erfordernisse und Maßnahmen tatsächlich auch Eingang in die Bauleitplanung finden und umgesetzt werden. Insofern könnte dies ein Grund dafür sein, dass die Korrelationen eher schwach sind. Ein weiterer Grund könnte die Datengrundlage sein. Obwohl der IÖR-Monitor genaueste Daten in mehreren Zeitschnitten einheitlich für Deutschland bietet, sind diese bezogen auf die Umsetzung einzelner Maßnahmen des Landschaftsplans (wie z. B. einzelne Heckenpflanzung) teilweise sehr hochaggregiert und grobskalig. Nichtsdestotrotz kann allein die Richtung des Zusammenhangs ein wichtiges Indiz liefern, ob es Unterschiede zwischen Kommunen mit und ohne Landschaftsplan gibt.

6 Schlussfolgerung

Die Erhebung zum aktuellen Stand der örtlichen Landschaftsplanung hat gezeigt, dass für etwa jede fünfte Gemeinde noch kein Landschaftsplan aufgestellt ist. Es wurde festgestellt, dass besonders Kommunen in agrarisch geprägten peripheren Lagen bislang tendenziell eher weniger Landschaftspläne aufgestellt haben. Doch gerade in diesen Regionen kann dem Landschaftsplan für die Koordinierung des Greenings der EU-Agrarpolitik, die Erhaltung und Wiederherstellung der Biodiversität im Einklang mit der Landwirtschaft und die Entwicklung und Pflege von attraktiven Landschaften für den Tourismus eine wichtige Aufgabe zukommen. Vorhandene Pläne sind teilweise schon sehr alt und hier gibt es einen deutlichen Aktualisierungsbedarf.

In der dargestellten Untersuchung stand vor allem die materielle Wirksamkeit der örtlichen Landschaftsplanung im Vordergrund, also die konkrete materielle Umsetzung von Maßnahmen vor Ort, welche mit Hilfe von geotopographischen Daten abgebildet werden können. Es wurde eine Vielzahl von Thesen geprüft. Zusammenfassend können folgende Befunde aufgezeigt werden:

Kommunen mit aufgestelltem Landschaftsplan haben

- einen höheren Anteil naturbetonter Flächen,
- einen geringeren Hemerobieindex, d. h. einen geringeren Kultureinfluss,
- eine höhere Randliniendichte aller Siedlungsfreiflächen und Freiraumflächen,
- eine geringere mittlere Flächengröße unbebauter Flächen,
- eine höhere gehölzdominierte Ökotondichte,

Diese Ergebnisse deuten darauf hin, dass der Landschaftsplan zur Verbesserung vor allem von Struktur und Qualität der Landschaft beiträgt.

Eine wichtige Bedeutung scheint hier auch die Qualität des Landschaftsplans mit den Formulierungen von Maßnahmen und Erfordernissen sowie konkrete Umsetzungsvorschlägen zu haben. Dies konnte mit einem mittelstarken positiven Zusammenhang zwischen der Qualität und dem Detailierungsgrad der Ausarbeitungen zu den Erfordernissen und Maßnahmen sowie den Umsetzungsvorschlägen und der Dichte gehölzartiger Landschaftsstrukturelemente aufgezeigt werden. Es ist als ein klares Argument dafür, dass neben dem Flä-

C. Stein, *Steuerungswirkung der kommunalen Landschaftsplanung*,
https://doi.org/10.1007/978-3-658-21885-0_6

chendeckungsprinzip auch die Qualitätssicherung von Landschaftsplänen stärker in den Fokus gerückt werden sollte.

Es zeigte sich außerdem, dass die örtliche Landschaftsplanung beim Schutz von Grünland wirksam ist. Im Zeitraum zwischen 2000 bis 2014 nahm der Grünlandanteil an der landwirtschaftlichen Fläche in Kommunen mit Landschaftsplan um 0,55 % zu, während dieser in Kommunen ohne Landschaftsplan im gleichen Zeitraum um 1,73 % abnahm. Gleichzeitig wird deutlich, dass das Vorhandensein eines Landschaftsplans keinen Einfluss auf die Flächenneuinanspruchnahme hat. Das lässt den Schluss zu, dass die örtliche Landschaftsplanung zwar die Flächenneuinanspruchnahme nicht beeinflussen kann, sehr wohl jedoch dazu führt, dass aus naturschutzfachlicher Sicht weniger bedeutende Flächen erschlossen werden und beispielsweise Grünland geschützt wird.

Die Abbildung der landschaftlichen Entwicklung mit Hilfe von Indikatoren auf Basis genauester geotopographischen Daten steht teilweise noch am Anfang und hinsichtlich der Länge von Zeitreihen zur Untersuchung des Landschaftswandels werden in Zukunft noch wertvolle Beiträge erwartet (z.B. Indikator Hemerobie über einen Zeitraum von 20 Jahren).

Einige exogene Faktoren weisen stärkere Zusammenhänge zwischen wesentlichen landschaftlichen Entwicklungen auf als das Vorhandensein eines Landschaftsplans. Die Bevölkerungsdichte und die Baufertigstellung von Wohn- und Nichtwohngebäuden hängen mit der Veränderung des Freiraumflächenanteils wesentlich stärker zusammen als mit dem Vorhandensein eines Landschaftsplans. Auch das potentielle ackerbauliche Ertragspotential, die Reliefvielfalt und die Bevölkerungsdichte weisen stärkere Zusammenhänge mit der Entwicklung der Landwirtschaftsfläche auf als das Vorhandensein eines Landschaftsplans. Bei der Entwicklung des Ackeranteils an der Gemeindefläche liefert die örtliche Landschaftsplanung den drittstärksten signifikanten Zusammenhang. Außerdem kann das Vorhandensein eines kommunalen Landschaftsplans die Entwicklung des Grünlandanteils besser erklären als die untersuchten exogenen Faktoren. Diese Befunde deuten darauf hin, dass die örtliche Landschaftsplanung gerade für den Schutz von Grünland eine besondere Bedeutung hat.

Diese vorgestellten empirischen Untersuchungen zeigen zunächst nur Einflüsse des Plans selber auf und schließen noch keine prozessualen Faktoren ein (z. B. die Beteiligung von Akteuren). Nicht zu unterschätzen ist neben den vorgestellten Befunden auch die prozessuale Wirkung der Landschaftsplanung, welche durch Informationen und Diskussionen im Rahmen der Partizipation oder der Öffentlichkeitsarbeit zur Bewusstseinsbildung beitragen kann. Kiemstedt et al. (1999: 103) zeigten in ihrer Umfrage, dass ungefähr bei der Hälfte der untersuchten Kommunen Aktivitäten wie freiwillige Begrünungsmaßnahmen, Bachrenaturierungen oder Anträge im Gemeinderat angeregt wurden. Hier ist weiterer Forschungsbedarf nötig um diese Governance-bezogenen Einflussfaktoren zu verstehen. Dabei stellt sich die Frage, welche Rolle die Akteursbeteiligung im Planungsprozess hat und ob es alleine durch den Prozess der Planaufstellung und -erarbeitung bei den Beteiligten in Verwaltung, bei Bürgern und in Unternehmen Effekte gibt, die die landschaftliche Entwicklung im Sinne einer ökologischen und nachhaltigen Entwicklung beeinflussen. Dies war jedoch nicht mehr Gegenstand der hier vorgelegten Studie.

Literatur

Ammer, H. (1996): Erfahrungen mit der Umsetzung des gemeindlichen Landschaftsplans am Beispiel der Gemeinde Hundingen - aus der Sicht des bearbeitenden Landschaftsarchitekten. In: Jessel, B. (Hrsg.) Landschaftsplanung - Quo Vadis? Standortbestimmung und Perspektiven gemeindlicher Landschaftsplanung Laufen/Salzach, 69-80.

Arnold, S. (2009): Digital landscape model DLM-DE – Deriving land cover information by integration of topographic reference data with remote sensing data. IntArchPhRS, 38, Part 1-4-7/WS.

Arnold, S. (2011): DLM-DE – Digitales Landschaftsmodell für Deutschland. In: Strobl, J.; Blaschke, T. & Griesebner, G. (Hrsg.) Angewandte Geoinformatik 2011. VDE Verlag, Berlin/Offenbach, 522-527.

Backhaus, K.; Erichson, B.; Plinke, W. & Weiber, R. (2006): Mulitivariate Analysemethoden. Eine anwendungsorientierte Einführung, Springer, Berlin, Heidelberg.

Bahrenberg, G.; Giese, E.; Mevenkamp, N. & Nipper, J. (2010): Statistische Methoden in der Geographie - 1 : Univariate und bivariate Statistik, Borntraeger, Studienbücher der Geographie, Stuttgart.

Bangert, H.-U. (2001): Naturschutz mit Landwirtschaft - Lösungsansätze am Beispiel einer oligotrophen Heide- und Gewäserlandschaft, Köster, Berlin.

Bastian, O. (2016): Sozial- und naturwissenschaftliche Grundlagen der Landschaftsplanung - Naturwissenschaftliche Grundlagen. In: Riedel, W.; Lange, H.; Jedicke, E. & Reinke, M. (Hrsg.) Landschaftsplanung. 3., neu bearbeitete, aktualisierte Auflage, Springer Spektrum, Berlin, Heidelberg, 47-54.

Battefeld, K.-U. (2013): Stand der Landschaftsplanung und Aktualisierungsbedarf in Hessen. Perspektiven der Landschaftsplanung in Hessen. Wetzlar, Naturschutz-Akademie Hessen, online verfügbar: http://www.na-hessen.de/downloads/13n3landschaftsplanungs standhessen.pdf, [30.08.2013].

BBSR - Bundesinstitut für Bau-, Stadt- und Raumforschung (2012): Raumabgrenzungen und Raumtypen des BBSR, Analysen Bau.Stadt.Raum 6.

Berg, E.; Grünberg, K.-U.; Lipp, T. & Müller, D. (2005): Stand der Landschaftsplanung in Mecklenburg-Vorpommern. Naturschutz und Landschaftsplanung, 37, 232-239.

BfN - Bundesamt für Naturschutz (2009): Where have all the flowers gone? Grünland im Umbruch; Hintergrundpapier und Empfehlungen des Bundesamtes für Naturschutz., online verfügbar: http://www.bfn.de/fileadmin/MDB/documents/themen/landwirtschaft/Gruen landumbruch_end.pdf, [16.03.2016].

BfN - Bundesamt für Naturschutz (2010): Bioenergie und Naturschutz - Synergien fördern, Risiken vermeiden, online verfügbar: http://www.bfn.de/fileadmin/MDB/documents/ themen/erneuerbareenergien/bfn_position_bioenergie_naturschutz.pdf, [16.03.2016]

C. Stein, *Steuerungswirkung der kommunalen Landschaftsplanung*,
https://doi.org/10.1007/978-3-658-21885-0

BfN - Bundesamt für Naturschutz (2012): Vilmer Visionen 2012 - Perspektiven und Herausforderungen für die Landschaftsplanung als Beitrag zu einer nachhaltigen Landschaftsentwicklung. online verfügbar: http://www.bfn.de/fileadmin/MDB/documents/themen/landschaftsplanung/vilmer_visionen_2012_barrierefrei.pdf, [26.09.2013].

BfN - Bundesamt für Naturschutz (2014): BfN Grünland-Report: Alles im Grünen Bereich?, online verfügbar: https://www.bfn.de/fileadmin/MDB/documents/presse/2014/PK_Gruenland papier_30.06.2014_final_layout_barrierefrei.pdf, [16.03.2016].

BMU - Bundesministerium für Umwelt, Naturschutz und Reaktorsicherheit (2010): Indikatorenbericht 2010 zur Nationalen Strategie zur biologischen Vielfalt, Berlin, online verfügbar: http://www.biologische-vielfalt.de/fileadmin/NBS/indikatoren/Indikatorenbericht_2010_NBS_Web.pdf, [30.08.2013].

Bohn, U. & Welß, W. (2003): Die potenzielle natürliche Vegetation. In: Leibniz-Institut für Länderkunde (Hrsg.) Nationalatlas Bundesrepublik Deutschland. Klima, Pflanzen und Tierwelt. Spektrum, Heidelberg, Berlin, 84-87.

Bortz, J.; Lienert, G.A. & Boehnke, K. (2008): Verteilungsfreie Methoden in der Biostatistik. 3., korrigierte Aufl. ed., Springer Medizin Verl.

Bortz, J. & Schuster, C. (2010): Statistik für Human- und Sozialwissenschaftler, Springer, Berlin, Heidelberg.

Brody, S.D. & Highfield, W.F. (2005): Does Planning Work? Testing the implementation of local environmental planning in Florida. Journal of the American Planning Association, 71, 159-175.

Bruns, D.; Mengel, A. & Weingarten, E. (2005): Beiträge der flächendeckenden Landschaftsplanung zur Reduzierung der Flächeninanspruchnahme, BfN, Naturschutz und Biologische Vielfalt 25, Bonn-Bad Godesberg.

BT - Deutscher Bundestag (2005): Entwurf eines Gesetzes zur Straffung der Umweltstatstik. Berlin, online verfügbar: http://dipbt.bundestag.de/doc/btd/15/055/1505538.pdf, [30.08.2013].

Büchter, C. (2000): Anforderungen des Naturschutzes an die Landschaftsplanung. Natur und Landschaft, 75, 237-241.

Burkhardt, R.; Baier, H.; Bendzko, U.; Bierhals, E.; Finck, P.; Liegl, A.; Mast, R.; Mirbach, E.; Nagler, A.; Pardey, A.; Riecken, U.; Sachteleben, J.; Schneider, A.; Szekely, S.; Ullrich, K.; van Hengel, U.; Zeltner, U. & Zimmermann, F. (2004): Empfehlungen zur Umsetzung des § 3 BNatSchG "Biotopverbund": Ergebnisse des Arbeitskreises "Länderübergreifender Biotopverbund" der Länderfachbehörden mit dem BfN, Naturschutz und Biologische Vielfalt, Bonn-Bad Godesberg.

Conrad, E.; Cristeie, M. & Fazey, I. (2011): Is research keeping up with changes in landscape policy? A review of the literature. Journal of Environmental Management, 92, 2097-2108.

Council of Europe (2005): Europäisches Landschaftsübereinkommen. online verfügbar: https://rm.coe.int/16802f3fad, [12.06.2017].

DESTATIS (2011): Gemeindeverzeichnis. Gebietsstand 31.12.2010.

Fuchs, D.; Hänel, K.; Lipski, A.; Reich, M.; Fink, P. & Riecken, U. (2010): Länderübergreifender Biotopverbund in Deutschland - Grundlagen und Fachkonzept, Bundesamt für Naturschutz, Naturschutz und Biologische Vielfalt, Bonn-Bad Godesberg.

Gillich, B. (1998): Bündnisse eingehen. Garten und Landschaft, 5, 20-22.

Gruehn, D. (1998): Die Berücksichtigung der Belange von Naturschutz und Landschaftspflege in der vorbereitenden Bauleitplanung - Ein Beitrag zur theoretischen Fundierung und methodischen Operationalisierung von Wirksamkeitskontrollen, Peter Lang Verlag, Europäische Hochschulschriften, Frankfurt am Main.

Gruehn, D. & Kenneweg, H. (1998): Berücksichtigung der Belange von Naturschutz und Landschaftspflege in der Flächennutzungsplanung, Bundesamt für Naturschutz, Angewandte Landschaftsökologie, Bonn- Bad Godesberg.

Gruehn, D. (2001): Landschaftsplanung und ihre Wechselwirkungen zu anderen Fachplanungen, Landwirtschaftsverlag, Bonn.

Gruehn, D. & Kenneweg, H. (2001): Kritische Evaluation der Wirksamkeit der Landschaftsplanung im Rahmen der Bauleitplanung in Rheinland-Pfalz. online verfügbar: http://www.luwg.rlp.de/icc/luwg/med/e56/e56120c7-6e41-c013-3e2d-cfc638b249d6,11111111-1111-1111-1111-111111111111.pdf, [25.02.2013].

Gruehn, D. & Kenneweg, H. - Bundesamt für Naturschutz (2002): Erfolgskontrolle und Weiterentwicklung der örtlichen Landschaftsplanung im Kontext der Agrarfachplanung, BfN-Skripten 59, Bonn-Bad Godesberg.

Gruehn, D. (2012): Analyse und Bewertung der Landschaftsplanung in Thüringen, LLP-report, Dortmund.

Gruehn, D. (2017): Erfolgskontrolle der Landschaftsplanung in Thürigen. In: Wende, W. & Walz, U. (Hrsg.) Die räumliche Wirkung der Landschaftsplanung. Springer Fachmedien Wiesbaden, 47-54.

Grünberg, K.-U. (2016a): Landschaftsplan. In: Riedel, W.; Lange, H.; Jedicke, E. & Reinke, M. (Hrsg.) Landschaftsplanung. 3., neu bearbeitete, aktualisierte Auflage, Springer Spektrum, Berlin, Heidelberg, 251-266.

Grünberg, K.-U. (2016b): Aufgaben der Landschaftsplanung. In: Riedel, W.; Lange, H.; Jedicke, E. & Reinke, M. (Hrsg.) Landschaftsplanung. 3., neu bearbeitete, aktualisierte Auflage, Springer Spektrum, Berlin, Heidelberg, 5-29.

Hahn-Herse, G. (1996): Auftrag und Aufgaben der örtlichen Landschaftsplanung. In: Buchwald, K. & Engelhardt, W. (Hrsg.) Umweltschutz - Grundlagen und Praxis. Bewertung und Planung im Umweltschutz. Economica-Verl., Bonn, 309-343.

Heiland, S.; Reinke, M.; Siedentop, S.; Dräger, T.; Knigge, M.; Meyer-Ohlendorf, N. & Blobel, D. (2006): Beitrag naturschutzpolitischer Instrumente zur Steuerung der Flächeninanspruchnahme, BfN, BfN-Skripten 176, Bonn - Bad Godesberg.

Heiland, S. (2010): Landschaftsplanung. In: Henckel, D.; von Kuczkowski, K.; Lau, P.; Pahl-Weber, E. & Stellmacher, F. (Hrsg.) Planen – Bauen – Umwelt. Ein Handbuch. Wiesbaden, 294-300.

Heiland, S. & Rittel, K. (2010): Vom Umgang mit Landschaftszerschneidungen in der Landschaftsplanung. In: Schmidt, C. (Hrsg.) Dokumentation zu den Dresdner Planergesprächen am 26. Juni 2009. Dresden, 100-109.

Heiland, S.; Wilke, C.; Bachmann, J. & Hage, G. (2011): Anpassung der Landschaftsplanung an den Klimawandel - Hinweise zu Inhalten, Arbeitsschritten und Prozessen eines Landschaftsplans. Naturschutz und Landschaftsplanung, 43, 357-363.

Heiland, S. (2017): Persepektiven der Landschaftsplanung. In: Wende, W. & Walz, U. (Hrsg.) Die räumliche Wirkung der Landschaftsplanung. Springer Fachmedien Wiesbaden, 169-192.

Herberg, A. (2003): Landschaftsrahmenplanung in Deutschland - Ihre Implementierung in Brandenburg vor dem Hintergrund ihrer Entstehung und Entwicklung in Deutschland, Mensch & Buch Verlag, Berlin.

Herbert, M. (2010): Bundeswasserstraßen und Naturschutz, 30. Deutscher Naturschutztag, Fachveranstaltung 3: Landschaftswasserhaushalt und Naturschutz, Wasser im Kontext der aktuellen Umweltpolitik, online verfügbar: http://bfn.de/fileadmin/DNT/documents/documents/Vortraege/Herbert_DNT2010.pdf, [30.08.2013].

Hersperger, A.M.; Mueller, G.; Knöpfel, M.; Siegfried, A. & Kienast, F. (2017): Evaluating outcomes in planning: Indicators and reference values for Swiss landscapes. Ecological Indicators, 77, 96–104.

Hessischer Landtag (2012): Kleine Anfrage der Abg. Gremmels, Görig, Fuhrmann, Lotz, Frankenberger, Grumbach, Siebel, Warnecke, Waschke (SPD) vom 26.04.2012 betreffend Stand der Flächennutzungsplanung bzw. Landschaftsplanung in Hessen und Antwort des Ministers für Wirtschaft, Verkehr und Landesentwicklung. online verfügbar: http://starweb.hessen.de/cache/DRS/18/4/05614.pdf, [22.02.2013].

HHP - Hage+Hoppenstedt Partner (2007): Landschaftsplanung Baden-Württemberg, Befragung der Unteren Naturschutzbehörden, Unveröffentl.

Hoppenstedt, A. & Hage, G. (2017): Landschaftsplanung eine Erfolgsstory?! Kurzer Rückblick und Perspektiven. In: Wende, W. & Walz, U. (Hrsg.) Die räumliche Wirkung der Landschaftsplanung. Springer Fachmedien Wiesbaden, 159-168.

Hovenbitzer, M.; Emig, F.; Happe, K. & Wende, C. (2015): Das neue Landbedeckungsmodell Deutschlands LBM-DE. In: Meinel, G.; Schumacher, U.; Behnisch, M. & Krüger, T. (Hrsg.) Flächennutzungsmonitoring VII. Boden - Flächenmanagment - Analysen und Szenarien. Rhombos-Verlag, Berlin, 145-154.

Hoymann, J. (2013): Neuere Flächennutzungsdaten. Übersicht, Vergleich und Nutzungsmöglichkeiten, BBSR-Analysen KOMPAKT 2013/02, Bonn.

Jäger, J.A.G.; Bertiller, R.; Schwick, C.; Cavens, D. & Kienast, F. (2010): Urban permeation of landscapes and sprawl per capita: New measures of urban sprawl. Ecological Indicators, 10, 427–441.

Jedicke, E.; Reinke, M. & Riedel, W. (2016): Einführung. In: Riedel, W.; Lange, H.; Jedicke, E. & Reinke, M. (Hrsg.) Landschaftsplanung. Springer Spektrum, Berlin Heidelberg, 1-4.

Jessel, B. (2005): Landschaft. In: ARL (Hrsg.) Handwörterbuch der Raumordnung. Verlag der ARL, Hannover, 579-586.

Jessel, B. (2008): Zukunftsaufgabe Klimawandel – der Beitrag der Landschaftsplanung. Natur und Landschaft, 83, 311-317.

Kiemstedt, H.; Mönnecke, M. & Ott, S. (1999): Erfolgskontrolle örtlicher Landschaftsplanung, Bundesamt für Naturschutz, BfN-Skripten 4, Bonn-Bad Godesberg.

Kowarik, I. (2006): Natürlichkeit, Naturnähe und Hemerobie als Bewertungskriterien. In: Fränzle, O.; Müller, F. & Schröder, W. (Hrsg.) Handbuch der Umweltwissenschaften – Grundlagen und Anwendungen der Ökosystemforschung. Wiley-VCH, Weinheim, 1-18.

Krüger, T.; Meinel, G. & Schumacher, U. (2013): Land-use monitoring by topographic data analysis. Cartography and Geographic Information Science, 40, 220-228.

Küpfer, C. (2002): Modellprojekt Landwirtschaft im Verdichtungsraum. Umsetzung landschaftsplanerischer Zielsetzungen von Flächennutzungs- und Landschaftsplänen, Teil 1: Schwierigkeiten bei der Einbindung landwirtschaftlicher Interessen in die Planung von Ausgleichsmaßnahmen. Landinfo, 2002, 38-41.

Küpfer, C. (2003): Modellprojekt Landwirtschaft im Verdichtungsraum. Umsetzung landschaftsplanerischer Zielsetzungen von Flächennutzungs- und Landschaftsplänen, Teil 2: Lösungsvorschläge. Landinfo, 2003, 32-38.

Küpfer, C. (2011): Flächeninanspruchnahme durch Siedlung und Verkehr in Wachstums- und Schrumpfungsregionen. In: Demuth, B.; Heiland, S.; Wiersbinski, N.; Finck, P. & Schiller, J. (Hrsg.) Landschaften in Deutschland 2030 - Der stille Wandel. Bundesamt für Naturschutz, Bonn, 26-36.

LANA - Bund/Länderarbeitsgemeinschaft Naturschutz, Landschaftspflege und Erholung (1995): Mindestanforderungen an den Inhalt der flächendeckenden örtlichen Landschaftsplanung, online verfügbar: http://www.la-na.de/servlet/is/11220/LANA-Beschluesse_Mindestanf_oertliche_LP.pdf?command=downloadContent&filename=LANA-Beschluesse_Mindestanf_oertliche_LP.pdf, [06.09.2013].

LANUV - Landesamt für Natur, Umwelt und Verbraucherschutz Nordrhein-Westfalen (2012): Landschaftsplanung in Nordrhein-Westfalen, Stand der Landschaftsplanung in NRW. online verfügbar: http://www.naturschutzinformationen-nrw.de/lp/de/start, [26.02.2013].

LfU - Bayerisches Landesamt für Umwelt (2009): Gesamtes Landschaftsplanverzeichnis für Bayern. online verfügbar: http://www.lfu.bayern.de/natur/landschaftsplanung/landschaftsplan verzeichnis/index.htm, [30.08.2013].

Lipp, T. & Tervooren, S. (2017): Indikatoren zur Beobachtung des Landschaftswandels im urbanen Raum auf Basis der Landschaftsplanung am Beispiel Potsdams. In: Wende, W. & Walz, U. (Hrsg.) Die räumliche Wirkung der Landschaftsplanung. Evaluation, Indikatoren und Trends. Springer Spektrum, Wiesbaden, 97-107.

LUGV - Landesamt für Umwelt, Gesundheit und Verbraucherschutz (2012): Land Brandenburg - Stand der kommunalen Landschaftsplanung / Flächenpools. online verfügbar: http://www.mugv.brandenburg.de/cms/media.php/lbm1.a.3310.de/lp.pdf, [30.08.2013].

LUNG - Landesamt für Umwelt, Naturschutz und Geologie Mecklenburg-Vorpommern (2013): Landschaftsplanverzeichnis Mecklenburg-Vorpommern (15. Fassung). online verfügbar: http://www.lung.mv-regierung.de/dateien/lpv_mv.pdf, [26.03.2013].

Magidson, J. (1998): GOLDMineR 2.0 User's Guide, online verfügbar: http://statisticalinnovations.com/technicalsupport/GMusersguide.pdf, [06.01.2014].

Marschall, I. (2007): Der Landschaftsplan - Geschichte und Perspektiven eines Planungsinstrumentes. Saarbrücken, VDM Verlag, 334 S.

McGarigal, K. & Marks, B.J. (1995): FRAGSTATS: Spatial Pattern Analysis Program for Quantifying Land-scape Structure. Gen. Tech. Rep. PNW-GTR-351. Portland, OR, U.S. Department of Agriculture, Forest Service, Pacific Northwest Research Station, 122, online verfügbar: http://andrewsforest.oregonstate.edu/pubs/pdf/pub1538.pdf, [11.03.2016].

Meinel, G. (2009): Konzept, Funktionalität und erste exemplarische Ergebnisse des Monitors der Siedlungs- und Freiraumentwicklung (IÖR-Monitor). In: Meinel, G. & Schumacher, U. (Hrsg.) Flächennutzungsmonitoring. Konzepte - Indikatoren - Statistik. Shaker, Aachen, 177-194.

Meinel, G. & Krüger, T. (2014): Methodik eines Flächennutzungsmonitorings auf Grundlage des ATKIS-Basis-DLM. Kartographische Nachrichten, 2014, 324-330.

Meinel, G.; Krüger, T.; Schumacher, U.; Hennersdorf, J.; Förster, J.; Köhler, C.; Walz, U. & Stein, C. (2014): Aktuelle Trends der Flächennutzungsentwicklung, neue Indikatoren und Funktionalitäten des IÖR-Monitors. In: Meinel, G.; Schumacher, U. & Behnisch, M.

(Hrsg.) Flächennutzungsmonitoring VI, Innenentwicklung – Prognose – Datenschutz. Rhombos, Berlin, 35-43.

MELUR - Ministerium für Energiewende, Landwirtschaft, Umwelt und ländliche Räume (2006): Stand der kommunalen Landschaftsplanung (LP) (Januar 2006), online verfügbar: http://www.schleswig-holstein.de/UmweltLandwirtschaft/DE/NaturschutzForstJagd/_DL/Stand_landschaftsplan_pdf.html, [04.03.2013].

MELUR - Ministerium für Energiewende, Landwirtschaft, Umwelt und ländliche Räume (2014): Stand der kommunalen Landschaftsplanung (LP) (April 2014), online verfügbar: http://www.schleswig-holstein.de/DE/Fachinhalte/L/landschaftsplanung/Downloads/Stand_landschaftsplan_pdf.pdf, [04.05.2014].

MLR (2004): Berücksichtigung landwirtschaftlicher Belange bei der Umsetzung der naturschutzrechtlichen Eingriffsregelung und des forstrechtlichen Ausgleichs In: Baden-Württemberg, M.f.E.u.L.R. (Hrsg.), Ministerium für Ernährung und Ländlichen Raum Baden-Württemberg, 29, online verfügbar: http://www.fachdokumente.lubw.baden-wuerttemberg.de/servlet/is/50176/per02.pdf?command=downloadContent&filename=per02.pdf&FIS=200, [27.02.2017].

Mönnecke, M. (2000): Evaluationsansätze für die örtliche Landschaftsplanung. Grundlegung, Konzipierung und Anwendung. Disseration, Universität Hannover. http://edok01.tib.uni-hannover.de/edoks/e002/322882494.pdf, [16.03.2016]

Mönnecke, M. - Akademie für Raumforschung und Landesplanung (2005): Landschaftsplanung. In: ARL (Hrsg.) Handwörterbuch der Raumordnung. Verlag der ARL, Hannover, 587-594.

Moorfeld, M. (2011): Demografischer Wandel – Chancen und Risiken für die Landschaftsentwicklung: am Beispiel der Landkreise Demmin, Oberspreewald-Lausitz und Löbau-Zittau. In: Demuth, B.; Heiland, S.; Wiersbinski, N.; Finck, P. & Schiller, J. (Hrsg.) Landschaften in Deutschland 2030 - Der stille Wandel. Bundesamt für Naturschutz, Bonn, 12-25.

Nerdinger, F.W.; Blickle, G. & Schaper, N. (2011): Arbeits- und Organisationspsychologie, Springer, Berlin, Heidelberg.

Nürnberg - Stadtplanungsamt (2010): Flächennutzungsplan der Stadt Nürnberg mit integriertem Landschaftsplan. Erste Bilanz 2003 - 2010. 36, online verfügbar: https://www.nuernberg.de/imperia/md/stadtplanung/broschueren/fnp_wirkungsanalyse_bericht_afs281010.pdf, [04.02.2016].

Preisler-Holl, L.; Rösler, C. & Preuß, T. (2000): Die örtliche Landschaftsplanung als Instrument einer nachhaltigen kommunalen Entwicklung, Dt. Inst. für Urbanistik, Difu-Materialien, Berlin.

Pröbstl, U. (2010): Lust auf Landschaftsplanung? Das BNatSchG und der neue Leitfaden zur Landschaftsplanung in Bayern. Landschaftsarchitekten, 1, 8-9.

Regierung von Mittelfranken (2011): Regierungsbezirk Mittelfranken, Landschaftspläne. online verfügbar: http://www.regierung.mittelfranken.bayern.de/aufg_abt/abt8/SG51_Landschaftsplanung. pdf, [30.08.2013].

Regierung von Oberfranken (2012): Stand der gemeindlichen Landschaftsplanung in Oberfranken (Stand 1/2012). online verfügbar: http://www.regierung.oberfranken.bayern.de/-imperia/md/content/regofr/umwelt/natur/planung/51_landschaftsplan.pdf, [30.08.2013].

Regierungspräsidium Gießen (2011): Stand der Landschaftsplanung im RP Giessen - Anzeigeverfahren gemäß § 31 HAGBNatSchG vom 20.12.2010 i. V. m. § 4 HENatG vom 16.04.1996-. online verfügbar: http://verwaltung.hessen.de/irj/RPGIE_Internet?cid=0252f531f3ad154d5ed0ea33ef3ff6d9, [30.08.2013].

Reinke, M. (2002a): Qualität der kommunalen Landschaftsplanung und ihrer Berücksichtigung in der Flächennutzungsplanung im Freistaat Sachsen, Logos Verlag, Berlin.

Reinke, M. (2002b): Stand und Perspektiven der Landschaftsplanung in Deutschland, I. Eine Analyse der Qualität kommunaler Landschaftsplanung und ihrer Berücksichtigung in der Flächennutzungsplanung im Freistaat Sachsen. Natur und Landschaft, 77, 389-396.

Reinke, M. & Kühnau, C. (2017): Die räumliche Steuerung der Energiewende durch die Landschaftsplanung. In: Wende, W. & Walz, U. (Hrsg.) Die räumliche Wirkung der Landschaftsplanung. Springer Fachmedien Wiesbaden, 133-146.

Riedel, W. (1993): Zustand und Entwicklung von Dorfökologie und Landschaftsplanung in den ländlichen Räumen Schleswig-Holsteins. Schr. Naturwiss. Ver. Schlesw.-Holst., 63, 75-102.

Riedel, W.; Lange, H.; Jedicke, E. & Reinke, M. (2016): Landschaftsplanung, Springer Spektrum, Berlin, Heidelberg.

Röber, B.; Heinrich, U. & Zölitz, R. (2009): Über die Eignung von ATKIS als topographischer Datensatz für numerische Modelle. GIS.SCIENCE, 1, 12-18.

Runge, K. (1998): Entwicklungstendenzen der Landschaftsplanung - Vom frühen Naturschutz bis zur ökologisch nachhaltigen Flächennutzung, Springer, Heidelberg.

Schleicher, C. & Weichselbaum, J. (2016): Copernicus Land Monitoring - hochauflösende Daten zur Bodenversiegelung in Europa. AGIT – Journal für Angewandte Geoinformatik, 2016, 74-79.

Schmidt, C. (2017): Den Landschaftswandel gestalten ... Nur wie? In: Wende, W. & Walz, U. (Hrsg.) Die räumliche Wirkung der Landschaftsplanung. Springer Fachmedien Wiesbaden, 111-131.

Schwarzak, M.; Behnisch, M. & Meinel, G. (2014): Zersiedelung in Deutschland - erste Ergebnisse nach Schweizer Messkonzept. In: Meinel, G.; Schumacher, U. & Behnisch, M. (Hrsg.) Flächennutzungsmonitoring VI – Innenentwicklung, Prognose, Datenschutz. Rhombos, Berlin, 213-222.

Siedentop, S.; Heiland, S. & Reinke, M. (2005): Der Beitrag der Landschaftsplanung zur Steuerung der Flächeninanspruchnahme - Ergebnisse eine F & E-Vorhabens. Informationen zur Raumentwicklung, 4/5, 241-250.

SMUL - Sächsisches Staatsministerium für Umwelt und Landwirtschaft (2005): Leitfaden für die kommunale Landschaftsplanung. Handbuch zur Landesentwicklung. 2. Auflage, 121.

SRU - Rat der Sachverständigen für Umweltfragen (1987): Umweltgutachten 1987, Unterrichtung durch die Bundesregierung, Bundestagsdrucksache 11/1568.

Ssymank, A. (1994): Neue Anforderungen im europäischen Naturschutz: Das Schutzgebietssystem Natura 2000 und die FFH-Richtlinie der EU. Natur und Landschaft, 69, 395-406.

Stein, C. (2011): Hemerobie als Indikator zur Landschaftsbewertung – eine GIS-gestützte Analyse für den Freistaat Sachsen. Philipps-Universität Marburg, Marburg. http://nbn-resolving.de/urn:nbn:de:bsz:14-qucosa-129355

Stein, C. & Walz, U. (2012): Hemerobie als Indikator für das Flächenmonitoring – Methodenentwicklung am Beispiel von Sachsen. Naturschutz und Landschaftsplanung, 44, 261-266.

Stein, C.; Walz, U. & Wende, W. (2014a): Der Einfluss der örtlichen Landschaftsplanung auf den Zustand der Landschaft – Untersuchung auf Grundlage von Geodaten in Deutschland. In: Strobl, J.; Blaschke, T.; Griesebner, G. & Zagel, B. (Hrsg.) Angewandte Geoinformatik 2014. Herbert Wichmann Verlag, Berlin/Offenbach, 340-345.

Stein, C.; Wende, W. & Walz, U. (2014b): Stand der örtlichen Landschaftsplanung in Deutschland - Ergebnisse einer repräsentativen bundesweiten Zufallsstichprobe. Naturschutz und Landschaftsplanung, 46, 233-240.

Stein, C.; Wende, W. & Walz, U. (2017): Örtliche Landschaftsplanung und Einflussfaktoren des Landschaftswandels. In: Wende, W. & Walz, U. (Hrsg.) Die räumliche Wirkung der Landschaftsplanung: Evaluation, Indikatoren, Trends. Springer Spektrum, Wiesbaden, 25-46.

Stein, C. & Walz, U. (2018): Indikator zur landschaftlichen Attraktivität Deutschlands. In: Behnisch, M.; Kretzschmer, O. & Meinel, G. (Hrsg.) Flächeninanspruchnahme in Deutschland – Auf dem Wege zu einem besseren Verständnis der Siedlungs- und Verkehrsflächenentwicklung. Springer Spektrum, Berlin, 155-169.

Steinhardt, U.; Herzog, F.; Lausch, A.; Müller, E. & Lehmann, S. (1999): The Hemeroby Index for Landscape Monitoring and Evaluation. In: (Hrsg.): Environmental Indices: Systems Analysis Approach.. –. Oxford. In: Pykh, Y.A.; Hyatt, D.E. & Lenz, R.J. (Hrsg.) Proceedings of the 1st International Conference INDEX-97, 7–11 July, 1997, St. Petersburg, Russia. Oxford, 237-254.

Sukopp, H. (1972): Wandel von Flora und Vegetation in Mitteleuropa unter dem Einfluß des Menschen. Berichte über Landwirtschaft, 50, 112-139.

Talen, E. (1996): Do Plans Get Implemented? A Review of Evaluation in Planning. Journal of Planning Literature, 10, 248-259.

Talen, E. (1997): Success, failure, and conformance: an alternative approach to planning evaluation. Environment and Planning B: Planning and Design, 24, 573-587.

TLUG - Thüringer Landesanstalt für Umwelt und Geologie (2011): Landschaftsplanung in Thüringen, TLUG, Schriftenreihe der Thüringer Landesanstalt für Umwelt und Geologie 93, Jena.

UBA - Umweltbundesamt (2010): Durch Umweltschutz die biologische Vielfalt erhalten, Umweltbundesamt.

von Dressler, H. (1988): Landschaftsplan wohin? Eine Untersuchung zu Problemen, Möglichkeiten und Zielen des Landschaftsplans Arbeitsmaterialien 3, Hannover.

von Haaren, C.; Hein, A. & Makala, M. (1999): Nutzung agrarstruktureller Informationen zur Strategiebildung in der räumlichen Planung - Darstellung von Methoden und Ergebnissen an Fallbeispielen aus dem Bereich Planungs- und Förderstrategien für Naturschutzziele. Raumforschung und Raumordnung, 57, 398-409.

von Haaren, C. (2004): Landschaftsplanung, Ulmer, Stuttgart.

Walz, U. (2006): Landschaftsstruktur zwischen Theorie und Praxis. In: Kleinschmit, B. & Walz, U. (Hrsg.) Landschaftstrukturmaße in der Umweltplanung. Beiträge zum Workshop der IALE-AG Landschaftsstruktur. Berlin, 4-17.

Walz, U. & Schumacher, U. (2010): Bundesweiter Indikator zum Natur- und Artenschutz sowie zum Landschaftsschutz - Visualisierung und Statistik im Rahmen eines Monitoringsystems. Naturschutz und Landschaftsplanung, 42, 205-221.

Walz, U. (2012): Indikatoren zur Landschaftsvielfalt. In: Meinel, G.; Schumacher, U. & Behnisch, M. (Hrsg.) Flächennutzungsmonitoring IV. Genauere Daten – informierte Akteure - praktisches Handeln. Rhombos, Berlin, 133-140.

Walz, U. (2013): Landschaftsstrukturmaße und Indikatorensysteme zur Erfassung und Bewertung des Landschaftswandels und seiner Umweltauswirkungen unter besonderer Berücksichtigung der biologischen Vielfalt. Rostock, online verfügbar: http://rosdok.uni-rostock.de/file/rosdok_derivate_000000005089/Habilitationsschrift_Walz_2013.pdf, [30.08.2013].

Walz, U.; Krüger, T. & Schumacher, U. (2013): Fragmentierung von Wäldern in Deutschland - neue Indikatoren zur Flächennutzung. Natur und Landschaft, 88, 118-127.

Walz, U. & Stein, C. (2014): Indicators of hemeroby for the monitoring of landscapes in Germany. Journal for Nature Conservation, 22, 279–289.

Walz, U. & Stein, C. (2017a): Indicator for a Monitoring of Germany's Landscape Attractiveness. Ecological Indicators. http://dx.doi.org/10.1016/j.ecolind.2017.06.052

Walz, U. & Stein, C. (2017b): Indikatoren für ein räumliches Monitoring des Landschaftswandels. In: Wende, W. & Walz, U. (Hrsg.) Die räumliche Wirkung der Landschaftsplanung: Evaluation, Indikatoren, Trends. Springer Spektrum, Wiesebaden, 57-75.

Weiland, U. & Wohlleber-Feller, S. (2007): Einführung in die Raum- und Umweltplanung, Ferdinand Schöningh, Paderborn.

Wende, W.; Reinsch, N.; Jügl, D. & Funke, J. (2005): Kommunale Landschaftspläne / Rahmenbedingungen der praktischen Umsetzung von Erfordernissen und Maßnahmen, Universitätsverl. der TU, Landschaftsentwicklung und Umweltforschung, Berlin.

Wende, W.; Marschall, I.; Heiland, S.; Lipp, T.; Reinke, M.; Schaal, P. & Schmidt, C. (2009): Umsetzung von Maßnahmenvorschlägen örtlicher Landschaftspläne. Naturschutz und Landschaftsplanung, 41, 145-149.

Wende, W.; Wojtkiewicz, W.; Marschall, I.; Heiland, S.; Lipp, T.; Reinke, M.; Schaal, P. & Schmidt, C. (2012): Putting the Plan into Practice: Implementation of Proposals for Measures of Local Landscape Plans. Landscape Research, 37, 483-500.

Wenke, B. (2014): Wiederentdeckt: Lemwerders Landschaftsplan lag 20 Jahre in der Schublade, online verfügbar: http://www.weser-kurier.de/region/die-norddeutsche_artikel,-Wiederentdeckt-Lemwerders-Landschaftsplan-lag-20-Jahre-in-der-Schublade-_arid,779704. html, [12.7.2015].

A Anhang

A.1 Stand der örtlichen Landschaftsplanung der Stichprobe, Stand 2013

Rang	AGS	Gemeinde	Landschafts-plan	teil-weise	Datum	Plan-stand	Erstauf-stellung
371	01051012	Buchholz	1	0	2001	i.K.	2001
385	01051020	Delve	1	0	2000	i.K.	2000
449	01051043	Hedwigenkoog	1	0	2011	i.K.	2011
300	01051077	Neufelderkoog	0	9	9999	k.LP.	9999
221	01051088	Pahlen	1	0	2002	i.K.	2001
187	01051108	Strübbel	0	9	9999	k.LP.	9999
257	01051135	Wolmersdorf	1	0	2003	i.K.	2000
565	01051137	Nordermeldorf	1	0	2003	i.K.	2003
57	01053025	Duvensee	1	0	2007	i.K.	2006
76	01053040	Groß Disnack	1	2	2003	i.K.	1979
247	01053049	Hamfelde	1	0	2001	i.K.	2001
470	01053050	Hamwarde	1	0	0	i.K.	0
355	01053059	Kankelau	1	0	1999	i.K.	1999
154	01053077	Kühsen	1	0	2002	i.K.	2002
38	01053131	Wiershop	1	0	0	i.K.	0
422	01054050	Hallig Hooge	0	0	9999	i.B.	9999
548	01054141	Uelvesbüll	1	0	1999	i.K.	1998
196	01054142	Uphusum	0	9	9999	k.LP.	9999
468	01054162	Wobbenbüll	1	0	1998	i.K.	1998
364	01055041	Süsel	1	0	1981	i.K.	1981
230	01055043	Wangels	1	0	1979	i.K.	1979
283	01056046	Seeth-Ekholt	1	0	2005	i.K.	1993
71	01057016	Dobersdorf	1	0	1998	i.K.	1998
228	01057072	Schlesen	1	0	1999	i.K.	1999
236	01058055	Friedrichsgraben	0	9	9999	k.LP.	9999
384	01058056	Friedrichsholm	0	9	9999	k.LP.	9999
518	01058068	Haale	0	2	9999	i.B.	9999
318	01058075	Hörsten	1	2	0	i.K.	0
314	01058094	Langwedel	1	0	2002	i.K.	1977
568	01058106	Mörel	0	9	9999	k.LP.	9999
416	01058110	Neudorf-Bornstein	1	0	2003	i.K.	1999
435	01058118	Nübbel	1	0	2001	i.K.	2001
157	01059011	Boren	0	0	9999	i.B.	9999
332	01059071	Satrup	1	0	1998	i.K.	1998
203	01059081	Stolk	1	0	1998	i.K.	1998
19	01059102	Ahneby	0	9	9999	k.LP.	9999
83	01059103	Ausacker	0	9	9999	k.LP.	9999
546	01059164	Steinberg	1	0	2006	i.K.	1998
315	01060022	Fredesdorf	1	2	1979	i.K.	1979

C. Stein, *Steuerungswirkung der kommunalen Landschaftsplanung*,
https://doi.org/10.1007/978-3-658-21885-0

Rang	AGS	Gemeinde	Landschafts-plan	teil-weise	Datum	Plan-stand	Erstauf-stellung
406	01060077	Sievershütten	1	0	2003	i.K.	2003
106	01060096	Weede	1	0	1999	i.K.	1999
596	01060100	Winsen	0	9	9999	k.LP.	9999
266	01061003	Agethorst	0	9	9999	k.LP.	9999
376	01061031	Gribbohm	0	9	9999	k.LP.	9999
191	01061064	Lockstedt	0	0	9999	k.LP.	9999
258	01061071	Mühlenbarbek	1	0	2000	i.K.	1999
177	01061108	Warringholz	1	0	2000	i.K.	2000
485	01061118	Kollmar	1	0	2005	i.K.	2005
312	01062001	Ahrensburg, Stadt	1	0	1992	i.K.	1992
360	01062027	Hammoor	1	0	1991	i.K.	1991
313	01062058	Rausdorf	1	0	2005	i.K.	2005
72	01062076	Tangstedt	1	0	2006	i.K.	2006
564	03151004	Bokensdorf	0	2	9999	i.V.	9999
277	03151030	Tappenbeck	0	9	9999	k.LP.	9999
15	03153008	Liebenburg	1	0	1996	i.K.	1996
440	03153015	Wildemann, Bergstadt	0	9	9999	k.LP.	9999
423	03154007	Grafhorst	0	9	9999	k.LP.	9999
365	03154009	Groß Twülpstedt	0	9	9999	k.LP.	9999
530	03154017	Räbke	0	2	9999	i.V.	9999
263	03155006	Kalefeld	0	9	9999	k.LP.	9999
232	03158012	Erkerode	0	2	9999	i.V.	9999
111	03158027	Schöppenstedt, Stadt	0	2	9999	i.V.	9999
116	03252001	Aerzen, Flecken	0	0	9999	k.LP.	9999
580	03252002	Bad Münder am Deister, Stadt	1	0	1991	i.K.	1991
246	03252008	Salzhemmendorf, Flecken	0	9	9999	k.LP.	9999
254	03254003	Algermissen	0	9	9999	k.LP.	9999
347	03254008	Bockenem, Stadt	0	0	9999	i.V.	9999
479	03254019	Harbarnsen	0	9	9999	k.LP.	9999
571	03254034	Winzenburg	0	2	9999	k.LP.	9999
369	03255013	Eschershausen, Stadt	0	9	9999	k.LP.	9999
498	03256036	Wietzen	0	2	9999	k.LP.	9999
273	03257002	Apelern	0	2	9999	k.LP.	9999
599	03257017	Hülsede	0	2	9999	k.LP.	9999
249	03257028	Obernkirchen, Stadt	1	0	1988	i.K.	1988
527	03352012	Dorum	0	2	9999	i.V.	9999
390	03352019	Hagen im Bremischen	0	2	9999	i.V.	9999
366	03352045	Osterbruch	0	9	9999	k.LP.	9999
520	03352048	Ringstedt	0	2	9999	i.V.	9999
280	03353013	Gödenstorf	1	2	1978	i.K.	1978
132	03353029	Rosengarten	0	9	9999	k.LP.	9999
269	03353038	Welle	0	0	9999	k.LP.	9999

Rang	AGS	Gemeinde	Landschafts-plan	teil-weise	Datum	Plan-stand	Erstauf-stellung
493	03354007	Gorleben	1	2	1977	i.K.	1977
70	03354026	Wustrow (Wendland), Stadt	0	9	9999	k.LP.	9999
357	03355006	Barnstedt	0	2	9999	k.LP.	9999
181	03355030	Reinstorf	0	9	9999	k.LP.	9999
374	03357034	Lengenbostel	0	2	9999	i.V.	9999
432	03357039	Rotenburg (Wümme), Stadt	1	0	1992	i.K.	1990
182	03358018	Rethem (Aller), Stadt	0	2	9999	k.LP.	9999
293	03359018	Freiburg (Elbe), Flecken	1	2	2000	i.K.	2000
331	03361008	Ottersberg, Flecken	1	0	1995	i.K.	1993
594	03452013	Juist	0	0	9999	i.V.	9999
410	03453004	Cloppenburg, Stadt	1	0	1983	i.K.	1982
145	03454007	Dersum	0	9	9999	k.LP.	9999
591	03454028	Langen	0	9	9999	k.LP.	9999
570	03454036	Messingen	0	2	9999	k.LP.	9999
240	03454038	Neulehe	0	9	9999	k.LP.	9999
60	03454050	Stavern	0	9	9999	k.LP.	9999
578	03457011	Holtland	0	2	9999	i.B.	9999
516	03459029	Ostercappeln	0	0	9999	k.LP.	9999
500	03460001	Bakum	0	0	9999	k.LP.	9999
80	03460003	Dinklage, Stadt	0	9	9999	k.LP.	9999
119	03462004	Eversmeer	0	2	9999	k.LP.	9999
497	03462013	Schweindorf	0	2	9999	k.LP.	9999
22	05154024	Kalkar, Stadt	0	0	9999	i.B.	9999
319	05166028	Tönisvorst, Stadt	1	2	1996	i.K.	1996
412	05170004	Alpen	1	2	2009	i.K.	2009
531	05358036	Linnich, Stadt	1	2	2005	i.K.	1984
88	05358060	Vettweiß	1	0	2005	i.K.	1981
93	05362032	Kerpen, Stadt	1	0	2006	i.K.	1990
324	05366032	Nettersheim	1	2	2004	i.K.	2004
456	05378020	Odenthal	1	0	2006	i.K.	1995
28	05554056	Stadtlohn, Stadt	1	0	2005	i.K.	1999
126	05554064	Velen	1	0	2011	i.K.	2009
539	05558028	Nordkirchen	1	1	2002	i.K.	2002
79	05566048	Lotte	1	1	1993	i.K.	1993
73	05566056	Mettingen	1	1	2009	i.K.	1993
264	05566092	Westerkappeln	1	1	2009	i.K.	1989
162	05570032	Ostbevern	1	0	2011	i.K.	2011
476	05754016	Harsewinkel, Stadt	0	0	9999	k.LP.	9999
559	05766024	Dörentrup	1	2	2007	i.K.	2007
388	05766028	Extertal	1	0	2007	i.K.	2007
541	05770012	Hille	1	1	2007	i.K.	2007
245	05770020	Lübbecke, Stadt	1	1	2007	i.K.	1980
133	05966016	Kirchhundem	0	0	9999	i.V.	9999

Rang	AGS	Gemeinde	Landschafts-plan	teil-weise	Datum	Plan-stand	Erstauf-stellung
517	05970024	Kreuztal, Stadt	1	0	2004	i.K.	2004
128	05970040	Siegen, Stadt	1	0	2008	i.K.	2008
91	05974020	Geseke, Stadt	1	1	2003	i.K.	1982
473	06432010	Groß-Umstadt, Stadt	1	0	2002	i.K.	1981
358	06434003	Glashütten	1	0	2001	i.K.	2001
333	06434006	Kronberg im Taunus, Stadt	1	0	2001	i.K.	1977
141	06435018	Linsengericht	1	0	2002	i.K.	1988
420	06435023	Rodenbach	1	0	2000	i.K.	1988
507	06437001	Bad König, Stadt	1	0	1988	i.K.	1988
281	06437002	Beerfelden, Stadt	0	0	9999	i.B.	9999
297	06439017	Walluf	1	0	1987	i.K.	1987
417	06532003	Braunfels, Stadt	1	0	2005	i.K.	1983
317	06532007	Driedorf	1	0	2001	i.K.	1987
339	06532015	Lahnau	1	0	2003	i.K.	1988
7	06533016	Waldbrunn (Westerwald)	1	0	1998	i.K.	1998
190	06533017	Weilburg, Stadt	0	0	9999	i.B.	9999
311	06534001	Amöneburg, Stadt	1	0	2011	i.K.	2011
261	06534002	Angelburg	1	0	2002	i.K.	2002
545	06534004	Biedenkopf, Stadt	1	0	2003	i.K.	1987
276	06534011	Kirchhain, Stadt	1	0	2004	i.K.	1988
248	06534019	Steffenberg	1	0	1999	i.K.	1981
33	06535013	Mücke	1	0	2007	i.K.	2006
41	06631001	Bad Salzschlirf	1	0	2000	i.K.	1998
325	06631021	Poppenhausen (Wasser-kuppe)	1	0	2007	i.K.	1988
428	06633018	Naumburg, Stadt	0	0	9999	i.B.	9999
5	06635014	Hatzfeld (Eder), Stadt	1	0	1988	i.K.	1988
183	06635019	Vöhl	1	0	2007	i.K.	2007
450	07131007	Bad Neuenahr-Ahrweiler, Stadt	1	0	1976	i.K.	1976
48	07131079	Trierscheid	1	0	2001	i.K.	2001
547	07131206	Hohenleimbach	1	2	1974	i.K.	1974
270	07132012	Brachbach	1	0	1992	i.K.	1992
74	07132016	Burglahr	1	2	0	i.K.	0
595	07132038	Fürthen	1	2	1995	i.K.	1995
426	07132044	Hamm (Sieg)	1	2	1995	i.K.	1995
344	07132047	Helmenzen	1	2	2000	i.K.	1993
242	07132069	Mehren	1	2	2000	i.K.	1993
165	07132070	Michelbach (Westerwald)	1	2	2000	i.K.	1993
186	07132099	Schöneberg	1	2	2000	i.K.	1993
114	07133001	Abtweiler	1	2	1976	i.K.	1976
491	07133007	Bad Münster am Stein-Ebernburg, Stadt	1	2	1999	i.K.	1977

Rang	AGS	Gemeinde	Landschafts-plan	teil-weise	Datum	Plan-stand	Erstauf-stellung
387	07133011	Becherbach	1	2	1976	i.K.	1976
289	07133016	Brauweiler	1	2	1978	i.K.	1978
484	07133019	Burgsponheim	1	2	1978	i.K.	1978
121	07133022	Daubach	1	2	1977	i.K.	1977
454	07133023	Daxweiler	1	2	1978	i.K.	1978
474	07133054	Langenlonsheim	1	2	1997	i.K.	1977
572	07133056	Laubenheim	1	2	1997	i.K.	1977
306	07133058	Lettweiler	1	2	1976	i.K.	1976
100	07133059	Limbach	1	2	1977	i.K.	1977
94	07133062	Martinstein	1	2	1977	i.K.	1977
150	07133075	Oberstreit	1	2	1978	i.K.	1978
26	07133078	Pfaffen-Schwabenheim	1	2	1978	i.K.	1978
265	07133093	Schweppenhausen	1	2	1978	i.K.	1978
566	07134007	Berglangenbach	1	2	1983	i.K.	1983
574	07134019	Dickesbach	1	2	1988	i.K.	1978
356	07134067	Oberwörresbach	1	2	1988	i.K.	1978
255	07134085	Sonnenberg-Winnenberg	1	2	1980	i.K.	1980
189	07134089	Veitsrodt	1	2	1988	i.K.	1978
68	07134093	Wickenrodt	1	2	1988	i.K.	1978
178	07135014	Brieden	1	2	1978	i.K.	1978
294	07135036	Greimersburg	1	2	1999	i.K.	1978
20	07135038	Hambuch	1	2	1983	i.K.	1983
250	07135053	Lieg	1	2	1995	i.K.	1995
164	07135073	Pünderich	1	2	1993	i.K.	1979
495	07135091	Wollmerath	1	2	1975	i.K.	1975
529	07137004	Anschau	1	2	1997	i.K.	1997
321	07137034	Hausten	1	2	1997	i.K.	1997
467	07137057	Kruft	1	2	1998	i.K.	1998
481	07137113	Welschenbach	1	2	1997	i.K.	1997
64	07137202	Bassenheim	1	2	1994	i.K.	1994
575	07138005	Bonefeld	1	2	2004	i.K.	1982
184	07138068	Sankt Katharinen (Landkreis Neuwied)	1	2	1982	i.K.	1982
499	07138069	Stebach	1	2	2001	i.K.	1992
32	07138071	Straßenhaus	1	2	2008	i.K.	1982
295	07138072	Thalhausen	1	2	2008	i.K.	1982
47	07140094	Metzenhausen	1	2	2006	i.K.	2006
483	07140098	Mühlpfad	1	2	2003	i.K.	1996
342	07140127	Riesweiler	1	2	2002	i.K.	2002
30	07140140	Schwall	1	2	2003	i.K.	1996
51	07140205	Morshausen	1	2	2003	i.K.	1996
166	07141013	Biebrich	1	2	1998	i.K.	1998
287	07141027	Dienethal	1	2	1996	i.K.	1979

Rang	AGS	Gemeinde	Landschafts-plan	teil-weise	Datum	Plan-stand	Erstauf-stellung
443	07141043	Flacht	1	0	1998	i.K.	1998
65	07141049	Gückingen	1	2	1996	i.K.	1978
97	07141109	Patersberg	1	2	1993	i.K.	1978
215	07141128	Seelbach	1	2	1996	i.K.	1979
421	07141137	Welterod	1	2	1995	i.K.	1995
251	07141501	Braubach, Stadt	0	9	9999	k.LP.	9999
120	07143006	Breitenau	1	2	1988	i.K.	1978
320	07143010	Dernbach (Westerwald)	1	2	1993	i.K.	1978
505	07143024	Großholbach	1	2	1978	i.K.	1978
303	07143044	Marienrachdorf	1	2	1998	i.K.	1995
480	07143082	Wirscheid	1	2	1988	i.K.	1978
66	07143202	Alpenrod	1	2	1995	i.K.	1978
567	07143240	Heuzert	1	2	1999	i.K.	1978
362	07143260	Luckenbach	1	2	1999	i.K.	1978
341	07143262	Merkelbach	1	2	1999	i.K.	1978
452	07143276	Nister	1	2	1999	i.K.	1978
398	07143307	Weltersburg	1	2	1996	i.K.	1996
53	07143309	Westernohe	1	2	1997	i.K.	1977
101	07231049	Hasborn	1	2	1998	i.K.	1998
551	07231116	Schwarzenborn	1	2	1998	i.K.	1998
129	07232025	Dauwelshausen	1	2	1977	i.K.	1977
271	07232028	Echternacherbrück	1	2	2005	i.K.	1997
170	07232042	Gentingen	1	2	1977	i.K.	1977
316	07232053	Holsthum	1	2	2005	i.K.	1997
67	07232064	Karlshausen	1	2	1977	i.K.	1977
207	07232090	Niederraden	1	2	1977	i.K.	1977
241	07232093	Niederweis	1	2	2005	i.K.	1997
127	07232223	Fleringen	1	2	1996	i.K.	1980
59	07232258	Lauperath	1	2	1997	i.K.	1997
197	07232263	Lützkampen	1	2	1997	i.K.	1997
475	07232291	Pintesfeld	1	2	1997	i.K.	1997
158	07232296	Prüm, Stadt	1	2	1996	i.K.	1980
204	07233002	Basberg	1	2	1997	i.K.	1987
290	07233007	Birgel	1	2	2011	i.K.	1992
86	07233017	Deudesfeld	1	0	1999	i.K.	1999
462	07233058	Rockeskyll	1	2	2006	i.K.	1990
392	07235008	Beuren (Hochwald)	1	2	1997	i.K.	1997
95	07235028	Freudenburg	1	2	1979	i.K.	1979
597	07235036	Gusenburg	1	2	1997	i.K.	1997
409	07235067	Köwerich	1	2	2012	i.K.	1999
534	07235094	Newel	1	2	1994	i.K.	1981
260	07235129	Sommerau	1	2	1993	i.K.	1993
535	07235135	Thomm	1	2	1993	i.K.	1993

Rang	AGS	Gemeinde	Landschafts-plan	teil-weise	Datum	Plan-stand	Erstauf-stellung
155	07331041	Hohen-Sülzen	1	2	1993	i.K.	1978
6	07332027	Hettenleidelheim	1	2	2005	i.K.	1984
223	07332048	Weidenthal	1	2	1984	i.K.	1984
583	07332049	Weisenheim am Berg	1	2	2004	i.K.	1981
307	07333013	Dannenfels	1	2	2003	i.K.	1978
552	07333022	Gauersheim	1	2	2003	i.K.	1978
172	07333032	Immesheim	1	2	1993	i.K.	1982
514	07333046	Mörsfeld	1	2	2003	i.K.	1978
562	07333049	Münsterappel	1	2	1993	i.K.	1993
256	07333078	Unkenbach	1	2	1993	i.K.	1993
379	07333202	Reichsthal	0	9	9999	k.LP.	9999
175	07334006	Freisbach	1	2	2000	i.K.	1979
11	07335016	Hütschenhausen	1	2	1991	i.K.	1978
193	07335023	Linden	1	2	2011	i.K.	2011
161	07335201	Lambsborn	1	2	1994	i.K.	1994
488	07336042	Hinzweiler	1	2	1996	i.K.	1996
96	07336046	Horschbach	1	2	2004	i.K.	1979
29	07336073	Oberweiler-Tiefenbach	1	2	1996	i.K.	1996
393	07336074	Odenbach	1	2	2006	i.K.	1978
549	07336082	Rehweiler	1	2	1993	i.K.	1973
205	07336084	Reichweiler	1	0	1994	i.K.	1994
85	07337018	Dierbach	1	2	1996	i.K.	1973
305	07337033	Gossersweiler-Stein	1	2	2008	i.K.	1977
117	07337037	Hergersweiler	1	2	1996	i.K.	1973
525	07337061	Offenbach an der Queich	1	2	1977	i.K.	1977
143	07337079	Vorderweidenthal	1	2	1996	i.K.	1973
231	07339011	Dexheim	1	2	1992	i.K.	1992
123	07339044	Oberdiebach	1	0	1993	i.K.	1993
487	07339066	Wintersheim	1	2	2011	i.K.	2011
395	07340019	Hilst	1	2	1981	i.K.	1981
168	07340020	Hinterweidenthal	1	2	2011	i.K.	1985
237	07340028	Lemberg	1	2	1981	i.K.	1981
444	07340039	Rumbach	1	2	2012	i.K.	2012
299	07340055	Weselberg	1	2	1982	i.K.	1982
453	08116081	Aichtal, Stadt	1	0	1994	i.K.	1994
448	08117023	Gammelshausen	1	2	2001	i.K.	2001
217	08117025	Gingen an der Fils	1	2	1991	i.K.	1991
482	08118018	Gemmrigheim	1	2	1982	i.K.	1982
12	08118053	Mundelsheim	1	2	1982	i.K.	1982
77	08119006	Auenwald	1	2	1982	i.K.	1982
430	08125066	Neckarwestheim	1	2	1995	i.K.	1990
368	08125074	Nordheim	1	2	1995	i.K.	1995
413	08125108	Zaberfeld	0	2	9999	i.B.	9999

Rang	AGS	Gemeinde	Landschafts-plan	teil-weise	Datum	Plan-stand	Erstauf-stellung
386	08127056	Michelbach an der Bilz	0	2	9999	i.B.	9999
509	08136015	Durlangen	1	2	2004	i.K.	2004
244	08136044	Mutlangen	1	2	2004	i.K.	2004
39	08215082	Sulzfeld	1	2	1998	i.K.	1998
513	08215105	Linkenheim-Hochstetten	1	2	2004	i.K.	2004
326	08215108	Rheinstetten, Stadt	1	2	2004	i.K.	2004
272	08216013	Forbach	1	0	2004	i.K.	2004
301	08216052	Steinmauern	0	2	9999	i.B.	9999
2	08225033	Haßmersheim	1	2	2002	i.K.	1988
140	08225052	Limbach	1	2	2006	i.K.	2006
521	08226009	Brühl	1	2	1999	i.K.	1999
176	08226027	Heddesbach	1	2	1998	i.K.	1998
434	08226055	Neckarbischofsheim, Stadt	1	2	1998	i.K.	1998
557	08226058	Neidenstein	1	2	1998	i.K.	1998
63	08226068	Reilingen	1	2	1982	i.K.	1982
569	08235033	Bad Herrenalb, Stadt	1	2	2005	i.K.	2005
538	08236038	Maulbronn, Stadt	1	2	2010	i.K.	1981
424	08315016	Breitnau	1	2	1995	i.K.	1995
585	08315031	Eisenbach (Hochschwarz-wald)	1	2	2004	i.K.	1982
402	08315070	Löffingen, Stadt	1	0	2010	i.K.	2010
560	08315073	Merzhausen	1	9	2008	i.K.	2008
433	08315074	Müllheim, Stadt	1	2	2010	i.K.	1993
213	08317121	Schuttertal	1	2	1997	i.K.	1997
14	08317150	Schwanau	1	0	2004	i.K.	2004
259	08325050	Schenkenzell	0	9	9999	k.LP.	9999
149	08326003	Bad Dürrheim, Stadt	1	0	1996	i.K.	1996
405	08335075	Singen (Hohentwiel), Stadt	1	2	1986	i.K.	1986
510	08336105	Grenzach-Wyhlen	1	0	1989	i.K.	1989
84	08337022	Bonndorf im Schwarzwald, Stadt	0	9	9999	k.LP.	9999
25	08337049	Herrischried	1	2	2003	i.K.	2003
515	08337060	Jestetten	1	2	1983	i.K.	1983
411	08337108	Todtmoos	1	2	1998	i.K.	1998
334	08415019	Eningen unter Achalm	1	2	1998	i.K.	1998
418	08416031	Ofterdingen	1	2	1990	i.K.	1990
590	08417002	Balingen, Stadt	1	2	1982	i.K.	1982
113	08417008	Bisingen	0	9	9999	k.LP.	9999
586	08425073	Lauterach	0	2	9999	i.B.	9999
490	08425088	Oberdischingen	1	2	2001	i.K.	1987
337	08425124	Unterstadion	0	2	9999	i.B.	9999
104	08426008	Altheim	0	9	9999	k.LP.	9999
115	08435035	Meckenbeuren	1	0	1999	i.K.	1988

Rang	AGS	Gemeinde	Landschafts-plan	teil-weise	Datum	Plan-stand	Erstauf-stellung
463	08435053	Sipplingen	1	0	1998	i.K.	1975
554	08436024	Ebenweiler	1	2	2006	i.K.	2006
136	08436078	Vogt	0	0	9999	i.B.	9999
353	08436079	Waldburg	1	2	1999	i.K.	1999
598	08437005	Beuron	1	2	1996	i.K.	1996
107	08437056	Illmensee	1	2	2002	i.K.	2002
209	09162000	München	1	0	2011	i.K.	1984
523	09172114	Bad Reichenhall, GKSt	1	0	1981	i.K.	1981
442	09172129	Ramsau b.Berchtesgaden	1	1	1980	i.K.	1980
558	09172130	Saaldorf-Surheim	1	2	1981	i.K.	1981
21	09174143	Schwabhausen	1	0	2004	i.K.	2004
458	09174151	Weichs	1	0	2004	i.K.	1992
268	09175112	Aßling	1	0	2002	i.K.	2002
102	09176138	Kipfenberg, M	0	0	9999	i.B.	9999
351	09176165	Walting	1	0	1984	i.K.	1984
212	09178136	Kirchdorf a.d.Amper	1	0	2001	i.K.	2001
148	09181132	Penzing	1	0	2005	i.K.	2005
54	09183113	Aschau a.Inn	0	0	9999	k.LP.	9999
310	09183132	Oberbergkirchen	0	9	9999	k.LP.	9999
206	09184114	Brunnthal	1	0	1994	i.K.	1989
419	09184147	Unterföhring	1	0	1995	i.K.	1985
286	09185143	Langenmosen	1	2	1997	i.K.	1997
581	09187170	Rott a.Inn	1	0	1996	i.K.	1996
69	09188117	Andechs	1	0	1996	i.K.	1996
153	09189159	Übersee	1	0	1982	i.K.	1982
211	09190118	Burggen	1	0	2001	i.K.	2001
328	09263000	Straubing	1	0	1985	i.K.	1985
340	09272150	Thurmansbang	1	2	1980	i.K.	1980
139	09273115	Attenhofen	1	2	1995	i.K.	1994
35	09273121	Essing, M	0	9	9999	k.LP.	9999
49	09273133	Ihrlerstein	1	0	1995	i.K.	1995
45	09274120	Bodenkirchen	1	0	1998	i.K.	1998
160	09274146	Kumhausen	1	0	2005	i.K.	2005
103	09275119	Büchlberg	1	0	1990	i.K.	1990
109	09275126	Hauzenberg, St	1	0	1985	i.K.	1983
284	09275138	Ortenburg, M	1	0	1994	i.K.	1994
229	09276122	Geiersthal	0	0	9999	i.B.	9999
171	09276134	Patersdorf	1	0	1998	i.K.	1998
147	09277144	Schönau	0	9	9999	k.LP.	9999
87	09277145	Simbach a.Inn, St	1	2	1990	i.K.	1983
227	09278144	Laberweinting	1	0	1995	i.K.	1995
437	09278154	Neukirchen	1	0	1992	i.K.	1992
108	09279135	Simbach, M	1	0	2000	i.K.	2000

Rang	AGS	Gemeinde	Landschafts-plan	teil-weise	Datum	Plan-stand	Erstauf-stellung
427	09372113	Arrach	0	9	9999	k.LP.	9999
3	09372137	Bad Kötzting, St	1	0	1995	i.K.	1995
345	09373147	Neumarkt i.d.OPf., GKSt	1	0	2002	i.K.	2002
540	09373167	Velburg, St	0	9	9999	k.LP.	9999
202	09375190	Regenstauf, M	1	0	1986	i.K.	1986
200	09375204	Tegernheim	0	9	9999	k.LP.	9999
194	09376117	Bruck i.d.OPf., M	1	0	2006	i.K.	2006
561	09376173	Trausnitz	0	9	9999	k.LP.	9999
407	09471131	Frensdorf	0	9	9999	k.LP.	9999
323	09471151	Königsfeld	0	9	9999	k.LP.	9999
397	09472121	Bischofsgrün	0	9	9999	k.LP.	9999
348	09472197	Waischenfeld, St	0	9	9999	k.LP.	9999
460	09473144	Meeder	0	0	9999	i.B.	9999
542	09473159	Rödental, St	1	0	2006	i.K.	2006
472	09474126	Forchheim, GKSt	1	0	2003	i.K.	1980
335	09474158	Pinzberg	0	9	9999	k.LP.	9999
137	09475174	Sparneck, M	0	9	9999	k.LP.	9999
584	09476180	Teuschnitz, St	1	0	2001	i.K.	1990
512	09477148	Presseck, M	0	9	9999	k.LP.	9999
524	09479147	Schirnding, M	1	0	2001	i.K.	2001
436	09479150	Schönwald, St	1	0	1987	i.K.	1984
130	09562000	Erlangen	1	0	2002	i.K.	1977
382	09571136	Dinkelsbühl, GKSt	1	0	2003	i.K.	2003
252	09571145	Feuchtwangen, St	1	0	2003	i.K.	2003
400	09571171	Lehrberg, M	1	0	1996	i.K.	1996
349	09571228	Wörnitz	1	0	1995	i.K.	1995
465	09572120	Buckenhof	1	0	1998	i.K.	1998
447	09572154	Spardorf	1	2	2000	i.K.	2000
308	09573124	Puschendorf	1	9	1990	i.K.	1990
378	09574117	Burgthann	1	0	1995	i.K.	1975
455	09575163	Simmershofen	1	0	2007	i.K.	2007
180	09575166	Trautskirchen	1	0	2000	i.K.	2000
573	09575168	Uffenheim, St	0	0	9999	i.B.	9999
582	09576127	Hilpoltstein, St	1	0	2000	i.K.	2000
142	09577127	Ettenstatt	0	9	9999	k.LP.	9999
330	09577141	Höttingen	1	0	2000	i.K.	2000
125	09671124	Haibach	1	0	1988	i.K.	1988
445	09673127	Großeibstadt	0	9	9999	k.LP.	9999
394	09673183	Wollbach	1	9	1970	i.K.	1970
90	09674219	Wonfurt	1	2	1984	i.K.	1983
243	09674221	Zeil a.Main, St	1	0	1983	i.K.	1983
173	09678164	Oberschwarzach, M	0	9	9999	k.LP.	9999
27	09678168	Poppenhausen	1	0	2005	i.K.	2005

Rang	AGS	Gemeinde	Landschafts-plan	teil-weise	Datum	Plan-stand	Erstauf-stellung
367	09679156	Kürnach	1	0	1999	i.K.	1999
298	09679180	Rimpar, M	1	0	1999	i.K.	1999
461	09679205	Waldbüttelbrunn	1	0	1989	i.K.	1987
414	09764000	Memmingen	1	1	1990	i.K.	1990
124	09771140	Hollenbach	0	9	9999	k.LP.	9999
519	09771163	Schmiechen	0	9	9999	k.LP.	9999
592	09772137	Emersacker	1	0	2001	i.K.	2001
278	09774124	Deisenhausen	1	2	1992	i.K.	1992
174	09774135	Günzburg, GKSt	1	0	1988	i.K.	1988
399	09774171	Offingen, M	1	2	1996	i.K.	1996
10	09775139	Elchingen	1	0	1986	i.K.	1986
415	09777121	Buchloe, St	1	0	1995	i.K.	1995
451	09777140	Jengen	0	0	9999	k.LP.	9999
13	09777169	Schwangau	1	0	2008	i.K.	2008
163	09777173	Halblech	1	0	2003	i.K.	2003
346	09777182	Westendorf	1	0	2002	i.K.	2002
372	09778134	Eppishausen	1	0	2002	i.K.	2002
219	09778203	Türkheim, M	1	0	1998	i.K.	1998
555	09778209	Rammingen	1	0	1998	i.K.	1998
579	09779117	Auhausen	0	0	9999	i.B.	9999
82	09779131	Donauwörth, GKSt	1	0	2004	i.K.	2001
403	09779181	Mertingen	1	0	2006	i.K.	2006
381	09779184	Mönchsdeggingen	1	0	1992	i.K.	1992
46	09780112	Altusried, M	1	0	2001	i.K.	2001
188	09780119	Dietmannsried, M	1	0	2001	i.K.	2001
486	09780122	Haldenwang	0	9	9999	k.LP.	9999
274	09780144	Weitnau, M	1	0	1984	i.K.	1984
506	10041513	Heusweiler	1	2	2004	i.K.	2004
144	10044115	Saarlouis, Kreisstadt	0	9	9999	k.LP.	9999
233	12060269	Wandlitz	1	0	1999	i.K.	1999
44	12061320	Luckau, Stadt	1	2	1998	i.K.	1998
528	12061470	Spreewaldheide	0	9	9999	k.LP.	9999
577	12062092	Doberlug-Kirchhain, Stadt	1	1	1998	i.K.	1998
288	12063228	Paulinenaue	1	1	0	i.K.	0
4	12064371	Oderaue	1	2	1998	i.K.	1998
536	12064380	Petershagen/Eggersdorf	1	2	1998	i.K.	1998
544	12067508	Vogelsang	1	2	2000	i.K.	2000
17	12068372	Rüthnick	1	2	2000	i.K.	1997
192	12069216	Golzow	0	0	9999	k.LP.	9999
309	12072298	Niederer Fläming	1	2	2000	i.K.	1997
329	12073225	Gramzow	0	2	9999	k.LP.	9999
576	12073429	Nordwestuckermark	1	1	0	i.K.	0
492	12073430	Oberuckersee	0	9	9999	k.LP.	9999

Rang	AGS	Gemeinde	Landschafts-plan	teil-weise	Datum	Plan-stand	Erstauf-stellung
496	13006000	Wismar, Hansestadt	1	0	1997	i.K.	1997
401	13051010	Biendorf	0	9	9999	k.LP.	9999
75	13051014	Bröbberow	0	9	9999	k.LP.	9999
138	13051064	Roggentin	0	9	9999	k.LP.	9999
122	13051089	Dummerstorf	1	1	2001	i.K.	2001
391	13052013	Briggow	0	9	9999	k.LP.	9999
504	13052050	Malchin, Stadt	1	0	2006	i.K.	2006
380	13052096	Siedenbrünzow	0	9	9999	k.LP.	9999
438	13053022	Gnoien, Stadt	0	9	9999	k.LP.	9999
336	13053027	Groß Schwiesow	0	9	9999	k.LP.	9999
62	13054011	Bobzin	0	9	9999	k.LP.	9999
359	13054046	Hoort	0	9	9999	k.LP.	9999
296	13054084	Pampow	0	9	9999	k.LP.	9999
169	13054112	Warlow	0	9	9999	k.LP.	9999
361	13056014	Grabowhöfe	0	9	9999	k.LP.	9999
459	13056035	Lapitz	0	9	9999	k.LP.	9999
291	13057030	Glewitz	0	9	9999	k.LP.	9999
131	13057049	Kramerhof	0	9	9999	k.LP.	9999
425	13057056	Lüssow	0	9	9999	k.LP.	9999
441	13057070	Pruchten	0	9	9999	k.LP.	9999
304	13057077	Schlemmin	0	9	9999	k.LP.	9999
404	13057089	Wendisch Baggendorf	0	9	9999	k.LP.	9999
350	13058001	Alt Meteln	0	9	9999	k.LP.	9999
61	13058014	Boltenhagen	1	0	2010	i.K.	2010
105	13058023	Dechow	0	9	9999	k.LP.	9999
24	13058056	Köchelstorf	1	2	2002	i.K.	2002
471	13058080	Pingelshagen	0	9	9999	k.LP.	9999
179	13058098	Testorf-Steinfort	0	9	9999	k.LP.	9999
238	13058115	Königsfeld	0	9	9999	k.LP.	9999
431	13059005	Bargischow	0	9	9999	k.LP.	9999
58	13059016	Dargelin	0	9	9999	k.LP.	9999
112	13059018	Dersekow	0	9	9999	k.LP.	9999
224	13059049	Lassan, Stadt	1	1	2003	i.K.	2003
494	13059107	Zinnowitz	0	9	9999	k.LP.	9999
327	13060098	Lewitzrand	0	9	9999	k.LP.	9999
469	13061007	Buschvitz	0	9	9999	k.LP.	9999
396	13061030	Ralswiek	0	9	9999	k.LP.	9999
262	13062019	Groß Luckow	0	9	9999	k.LP.	9999
99	13062046	Polzow	0	9	9999	k.LP.	9999
375	14521210	Geyer, Stadt	0	9	9999	k.LP.	9999
220	14521410	Neukirchen/Erzgeb.	1	0	1996	i.K.	1996
18	14521470	Pfaffroda	1	2	1993	i.K.	1993
343	14522110	Eppendorf	1	0	1998	i.K.	1998

Rang	AGS	Gemeinde	Landschafts-plan	teil-weise	Datum	Plan-stand	Erstauf-stellung
478	14522330	Lichtenau	0	9	9999	k.LP.	9999
195	14522340	Lichtenberg/Erzgeb.	0	9	9999	k.LP.	9999
134	14522380	Mühlau	1	0	1997	i.K.	1997
503	14522510	Roßwein, Stadt	0	9	9999	k.LP.	9999
89	14522550	Taura	0	9	9999	k.LP.	9999
322	14523230	Mühlental	1	0	2006	i.K.	2006
1	14524020	Callenberg	0	2	9999	i.B.	9999
167	14524030	Crimmitschau, Stadt	0	0	9999	i.B.	9999
377	14524150	Langenweißbach	0	0	9999	i.V.	9999
210	14524270	Schönberg	0	9	9999	k.LP.	9999
185	14524330	Zwickau, Stadt	1	1	2004	i.K.	1997
543	14626140	Großschönau	0	1	9999	k.LP.	9999
118	14626170	Hainewalde	0	9	9999	k.LP.	9999
9	14626280	Leutersdorf	1	1	1996	i.K.	1996
587	14626330	Neißeaue	1	2	2012	i.K.	1994
159	14626510	Schönbach	1	2	1994	i.K.	1994
31	14627160	Nauwalde	0	0	9999	i.B.	9999
16	14627170	Niederau	1	0	1997	i.K.	1997
198	14627240	Röderaue	1	0	2006	i.K.	2006
55	14628090	Dorfhain	1	2	1998	i.K.	1998
285	14628120	Geising, Stadt	1	0	1997	i.K.	1997
550	14628240	Lohmen	1	0	2002	i.K.	2002
239	14628280	Porschdorf	0	9	9999	k.LP.	9999
222	14628350	Schmiedeberg	0	2	9999	i.B.	9999
199	14729250	Machern	1	0	2000	i.K.	2000
81	14729300	Naunhof, Stadt	1	0	2005	i.K.	1999
52	14730310	Torgau, Stadt	0	2	9999	i.B.	9999
302	15081450	Sachau	0	9	9999	k.LP.	9999
446	15083120	Burgstall	1	2	2004	i.K.	2004
110	15084135	Freyburg (Unstrut), Stadt	1	1	1995	i.K.	1995
135	15084270	Krauschwitz	1	2	1997	i.K.	1997
40	15084282	Lanitz-Hassel-Tal	0	9	9999	k.LP.	9999
226	15084560	Wethau	1	2	1998	i.K.	1998
43	15085035	Bad Suderode	0	9	9999	k.LP.	9999
275	15087015	Allstedt, Stadt	1	1	1997	i.K.	1997
201	15088220	Merseburg, Stadt	1	0	2007	i.K.	2007
522	15088295	Petersberg	1	1	1998	i.K.	1998
563	15089042	Bördeland	1	0	2007	i.K.	2007
8	15089043	Börde-Hakel	1	0	2003	i.K.	2003
36	15089245	Plötzkau	0	0	9999	k.LP.	9999
511	15090135	Eichstedt (Altmark)	0	9	9999	k.LP.	9999
457	15090445	Sandau (Elbe), Stadt	0	9	9999	k.LP.	9999
389	15090485	Schollene	0	9	9999	k.LP.	9999

Rang	AGS	Gemeinde	Landschafts-plan	teil-weise	Datum	Plan-stand	Erstauf-stellung
526	15090610	Werben (Elbe), Hansestadt	1	0	1995	i.K.	1995
502	15091035	Brandhorst	1	2	1995	i.K.	1995
279	15091280	Rehsen	1	2	2000	i.K.	2000
354	15091395	Zemnick	0	9	9999	k.LP.	9999
600	16061011	Bockelnhagen	1	0	2002	i.K.	2002
98	16061031	Ferna	1	2	1994	i.K.	1994
477	16061055	Kefferhausen1	1	2	1997	i.K.	1997
593	16061115	Leinefelde-Worbis, Stadt	1	2	1994	i.K.	1994
37	16062006	Etzelsrode	1	2	1999	i.K.	1999
370	16062038	Niedersachswerfen	1	0	2000	i.K.	2000
501	16063002	Bad Liebenstein, Stadt	1	2	1997	i.K.	1997
556	16063023	Empfertshausen	0	9	9999	k.LP.	9999
537	16063078	Unterbreizbach	1	0	1999	i.K.	1999
156	16064025	Hildebrandshausen	1	2	2000	i.K.	2000
42	16064072	Menteroda	1	2	1996	i.K.	1996
589	16065003	Bad Frankenhausen / Kyffhäuser, Stadt	1	2	1996	i.K.	1996
146	16065014	Ebeleben, Stadt	1	2	2001	i.K.	2001
267	16065019	Gehofen	1	2	1996	i.K.	1996
151	16065031	Hauteroda	1	2	1996	i.K.	1996
208	16065051	Oberbösa	1	2	1997	i.K.	1997
292	16066018	Ellingshausen	1	2	1997	i.K.	1997
464	16066093	Rhönblick	0	9	9999	k.LP.	9999
429	16067038	Hörselgau	1	2	2002	i.K.	2002
338	16067052	Nottleben	1	0	2001	i.K.	2001
225	16068007	Eckstedt	1	0	1996	i.K.	1996
533	16068024	Hardisleben	1	2	1999	i.K.	1999
92	16068042	Rastenberg, Stadt	1	0	2001	i.K.	1994
78	16068053	Straußfurt	1	2	1996	i.K.	1996
214	16069035	Oberstadt	1	2	1997	i.K.	1997
408	16070015	Frauenwald	1	2	1996	i.K.	1996
152	16070032	Langewiesen, Stadt	1	2	1996	i.K.	1996
50	16070049	Stützerbach	1	2	1996	i.K.	1996
363	16071025	Großschwabhausen	1	2	2000	i.K.	2000
282	16071034	Hopfgarten	1	0	1996	i.K.	1996
218	16071052	Liebstedt	1	2	1997	i.K.	1997
373	16071057	Mönchenholzhausen	1	2	1996	i.K.	1996
553	16071062	Niederreißen	1	0	1998	i.K.	1998
489	16073068	Reichmannsdorf	1	0	1997	i.K.	1997
588	16073101	Wittgendorf	1	2	1999	i.K.	1999
216	16074041	Hermsdorf, Stadt	1	0	1996	i.K.	1996
253	16074063	Neuengönna	1	2	1997	i.K.	1997
532	16074076	Reinstädt	1	2	2002	i.K.	2002

Rang	AGS	Gemeinde	Landschafts-plan	teil-weise	Datum	Plan-stand	Erstauf-stellung
34	16074084	Schleifreisen	1	2	1996	i.K.	1996
352	16074106	Walpernhain	1	0	2001	i.K.	2001
439	16074108	Weißbach	1	2	1997	i.K.	1997
508	16075009	Burgk	1	2	1997	i.K.	1997
23	16075069	Moxa	1	2	1999	i.K.	1999
466	16075082	Pillingsdorf	1	2	1996	i.K.	1996
234	16075125	Wilhelmsdorf	1	2	1999	i.K.	1999
56	16076089	Kraftsdorf	1	2	1999	i.K.	1999
235	16077005	Fockendorf	1	2	1997	i.K.	1997
383	16077044	Starkenberg	1	2	1999	i.K.	1999

A.2 Bedarf an Kompensationsflächen, Bauplätzen und Eingriffe in Natur und Landschaft nach Raumtypen der Gemeinde

Quelle: eigene Erhebung im Rahmen der online-Umfrage

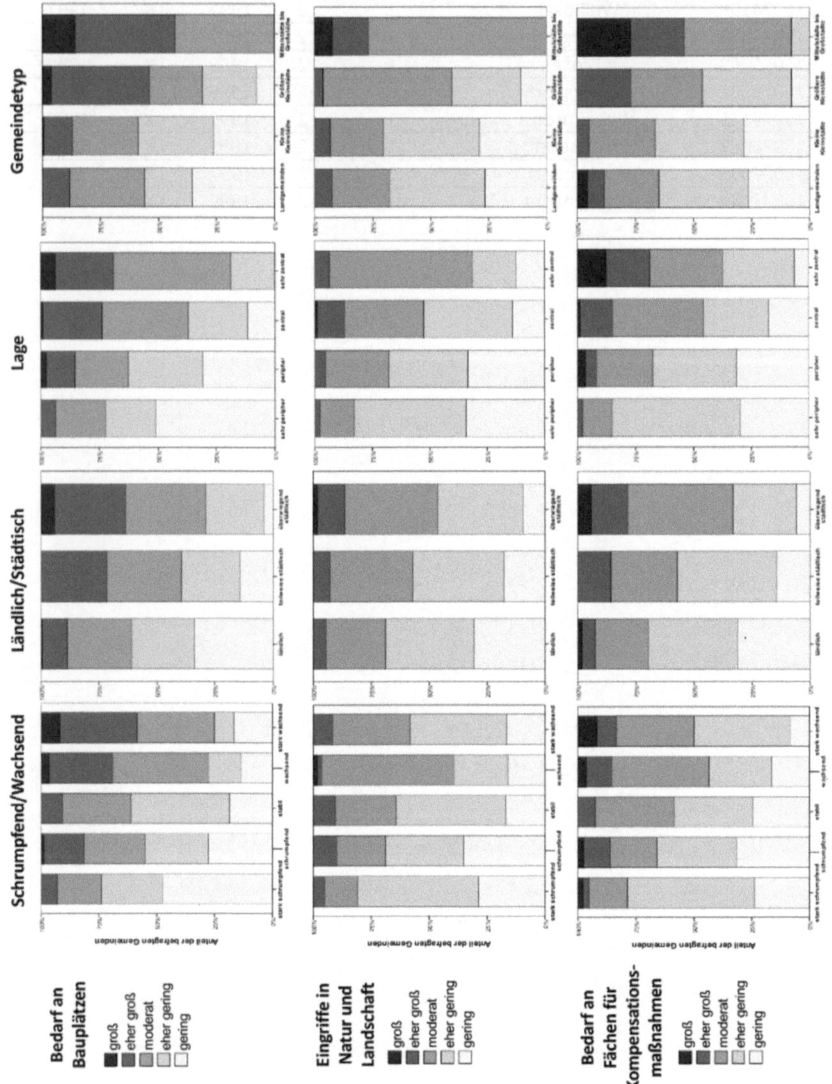

A.3 Zusammenhang zwischen dem Vorhandensein eines Landschaftsplanes und Gemeindecharakteristika

Unabhängige Variable	Pearson χ^2	Cramérs V	Kontingenz-koeffizient	Mann-Whitney-U
Bundesland				
Bundesländer	215,807***	0,600***	0,514***	-
Neue/Alte Bundesländer	18,033***	0,173***	0,171***	-
Raumgliederung der Gemeinde				
Gemeindetyp	3,131	0,072	0,072	-
Lage der Gemeinde	36,460***	0,247***	0,239***	-
Siedlungsstruktur der Gemeinde	20,136***	0,183***	0,180***	-
Gemeindefläche	29,886***	0,223***	0,218***	30.552,5
Bevölkerung				
Bevölkerungszahl	16,150**	0,164**	0,162**	39.415,0
Bevölkerungsdichte	39,483***	0,257***	0,248***	47.460,0
Schrumpfung/Wachstum	29,634***	0,222***	0,217***	-
Bevölkerungsentwicklung	31,377***	0,229***	0,223***	41.611,5
Haushalt				
Hebesatz A	29,070***	0,220***	0,215***	30.550,0
Hebesatz B	34,801***	0,241***	0,234***	34.091,5
Hebesatz Gewerbesteuer	56,769***	0,308***	0,294***	43.546,5
Lohn- u. Einkommenssteuer/Pflichtiger	21,597*	0,191*	0,187*	42.031
Anteil Arbeitslose an Bevölkerung im erwerbsfähigem Alter 2008	24,673***	0,206***	0,202***	26.144,5
Sozialversicherungspflichte je Arbeitslosen	36,262***	0,259***	0,250***	39.125
Haushaltsbilanz 2010	4,113	0,091	0,090	24.064
Pro-Kopf-Verschuldung 2008	6,755	0,107	0,106	33.418
Wahlen				
Wahlbeteiligung [%]	-	-	-	45.047,5
CDU/CSU [%]	-	-	-	34.363,0
SPD [%]	-	-	-	37.942,0
GRÜNE [%]	-	-	-	47.254,0
FDP [%]	-	-	-	38.620,5
DIELINKE [%]	-	-	-	26.215,5
Sonstige Parteien [%]	-	-	-	35.018
Naturschutzengagement	7,406	0,178	0,176	-
Flächennutzung				
Siedlungs- u. Verkehrsfläche / Gmdfl.	-	-	-	43.767***
Siedlungsfreifläche / Siedlungsfl.	-	-	-	
Freiraumfläche / Gmdfl.	-	-	-	28.213***
Schutzgebietsfläche / Gmdfl.	-	-	-	36.294,5
Landwirtschaftsfläche / Gmdfl.	-	-	-	25.073***

Unabhängige Variable	Pearson χ^2	Cramérs V	Kontingenz-koeffizient	Mann-Whitney-U
Naturbetonte Fläche / Gmdfl.	-	-	-	43.537***
Hemerobieindex	-	-	-	29.606**

Unabhängige Variable	Z	Punktbiseriale Korrelation	biseriale Rang-korrelation
Bundesland			
Bundesländer	-	-	
Neue/Alte Bundesländer	-	-	
Raumgliederung der Gemeinde			
Gemeindetyp	-	-	-0,061
Lage der Gemeinde	-	-	0,245***
Siedlungsstruktur der Gemeinde	-	-	0,183***
Gemeindefläche	-2,814**	-0,007	-0,115**
Bevölkerung			
Bevölkerungszahl	1,861	0,045	-
Bevölkerungsdichte	6,104***	0,168**	0,249***
Schrumpfung/Wachstum	-	-	0,178***
Bevölkerungsentwicklung	3,019**	0,139**	-
Haushalt			
Hebesatz A	-2,828**	-0,058	
Hebesatz B	-0,953	-0,058	
Hebesatz Gewerbesteuer	4,057***	0,172***	0,166***
Lohn- u. Einkommenssteuer/Pflichtiger	3,830***	0,133**	-
Anteil Arbeitslose an Bevölkerung im erwerbsfähigem Alter 2008	-4,009***	-0,209***	-0,2164***
Sozialversicherungspflichte je Arbeitslosen	5,078***	0,157***	-
Haushaltsbilanz 2010	1,223	0,088*	-
Pro-Kopf-Verschuldung 2008	-0,734	-0,094*	-
Wahlen			
Wahlbeteiligung [%]	4,831***	0,200***	0,197***
CDU/CSU [%]	-0,804	-0,062	-0,033
SPD [%]	1,084	0,060	0,044
GRÜNE [%]	5,995***	0,221***	0,245***
FDP [%]	1,441	0,076	0,059
DIELINKE [%]	-5,101***	-0,147***	-0,208***
Sonstige Parteien [%]	-1,310	-0,072	-
Naturschutzengagement	-	-	0,1438
Flächennutzung			
Siedlungs- u. Verkehrsfläche / Gmdfl.	4,156***	-	0,170***
Siedlungsfreifläche / Siedlungsfl.			
Freiraumfläche / Gmdfl.	-4,048***	-	-0,165***
Schutzgebietsfläche / Gmdfl.	0,216	-	0,009
Landwirtschaftsfläche / Gmdfl.	-5,704***	-	-0,233***
Naturbetonte Fläche / Gmdfl.	4,035***	-	0,165***
Hemerobieindex	-3,313**	-	-0,135***

*Irrtumswahrscheinlichkeiten in *-0,05, **-0,01 und ***-0,001; N=600*

A.4 Ergebnisse einzelner Regressionen mit GOLDmineR: Einfluss der Prädiktatoren auf die abhängige Variable Landschaftsplan

Unabhängige Variable	R^2	L^2	p Residual L^2*	phi	Beta	Exp (Beta)
Bundesland						
Bundesländer	0,36***	225,95	-	0,8328	5,88	357,50
Westlich/Östliche Bundesländer	0,0301***	17,18	-	0,1624	0,84	2,31
Raumgliederung der Gemeinde						
Gemeindetyp	0,0047	2,87	0,79	0,0708	-0,02	0,98
Lage der Gemeinde	0,0622***	37,74	0,63	0,2637	0,72	2,06
Siedlungsstruktur der Gemeinde	0,0327***	21,45	0,58	0,2108	0,58	1,79
Gemeindefläche	5,39e-005	0,03	0,0054	0,0073	0	1
Gemeindefläche_Klassen	0,0138***	8,31	0,0000	0,1191	-0,17	0,84
Bevölkerung						
Bevölkerungszahl	0,017***	12,57	0,0035	1,2861	0	1
Bevölkerungsdichte	0,05879***	38,71	0,026	0,5879	0	1
Schrumpfung/Wachstum	0,0307***	18,69	0,013	0,1815	0,35	1,41
Bevölkerungsentwicklung	0,0196***	11,54	0,0000	0,1378	0,06	1,06
Haushalt						
Hebesatz A	0,00338	1,86	0,0000	0,0530	0	1
Hebesatz B	0,00335	1,99	0,0000	0,0575	0	1
Hebesatz Gewerbesteuer	0,0303***	18,19	0,0000	0,1809	0,01	1,01
Lohn- und Einkommenssteuer je Pflichtiger	0,0189***	11,97	0,0049	0,1636	0	1
Anteil Arbeitslose an Bevölkerung im erwerbsfähigem Alter 2008	0,044***	23,66	0,019	0,1948	-0,12	0,89
Sozialversicherungspflichte je Arbeitslosen	0,0221***	14,74	0,0044	1,6545	0	1
Haushaltsbilanz 2010	0,0079	3,29	**0,082**	0,0849	0	1
Pro-Kopf-Verschuldung 2008	0,00946*	5,23	0,0067	0,1289	0	1
Wahlen						
Wahlbeteiligung [%]	0,0409***	24,45	0,0033	0,2070	0,05	1,05
CDU/CSU [%]						
SPD [%]						
GRÜNE [%]	0,0515***	33,3	0,022	0,2718	0,10	1,10
FDP [%]						
DIELINKE [%]						
Sonstige Parteien [%]						
Naturschutzengagement						
Flächennutzung						
Siedlungsfläche / Gmdfl.	0,0267***	18,2	0,38	0,2272	0,08	1,09
Siedlungsfreifläche / Siedlungsfläche						
Freiraumfläche / Gmdfl.	0,0322***	21,95	0,035	0,2536	-0,08	0,93
Schutzgebietsfläche / Gmdfl.	0	0,00	0,017	0,0005	0	1
Landwirtschaftsfläche / Gmdfl.	0,0497***	30,78	0,058	0,2420	-0,03	0,97

Unabhängige Variable	R^2	L^2	p Residual L^2*	phi	Beta	Exp (Beta)
Grünlandfläche / Gmdfl.	0,0019	1,12	0,010	0,0424	-0,01	0,99
Naturbetonte Fläche / Gmdfl.	0,0223***	13,89	0,0088	0,1606	0,02	1,02
Hemerobieindex	0,0151**	9,20	0,11	0,1273	-0,54	0,58

**je kleiner Residual L^2 ist, desto höher ist die dazugehörige Signifikanz und desto besser fittet das Modell. Generell wird ein Modell mit einem p-Wert von 0,05 als adäquat angesehen (Magidson 1998: 39)*

A.5 Multivariates Regressionsmodell (GOLDMineR)

Unabhängige Variable	Beta=Maß für additiven Effekt jeder unabhängigen Variable – log-odds ratio		
	Modell 1	Modell 2	Modell 3
Bundesland			
Bundesländer	6,38***	9,28***	10,13***
Raumgliederung der Gemeinde			
Lage der Gemeinde	2,07**	1,96	1,99
Siedlungsstruktur der Gemeinde	0,80	0,87	0,99
Gemeindefläche	0,01**	0,01*	0,01*
Bevölkerung			
Bevölkerungszahl		0,00	0,00
Bevölkerungsdichte		0,01**	0,01**
Schrumpfung/Wachstum		0,86	1,00
Haushalt			
Hebesatz A			0,00
Hebesatz B			-0,00
Hebesatz Gewerbesteuer			-0,00
Anteil Arbeitslose an Bevölkerung im erwerbsfähigem Alter 2008			-0,04
Politische Landschaft			
Wahlbeteiligung [%]			
GRÜNE [%]			
Flächennutzung			
Siedlungs- u. Verkehrsfläche / Gmdfl.			
Freiraumfläche / Gmdfl.			
Landwirtschaftsfläche / Gmdfl.			
Naturbetonte Fläche / Gmdfl.			
	R^2=0,410*** Residual L^2 p=1,00	**R^2=0,436***** Residual L^2 p=1,00	**R^2=0,445***** Residual L^2 p=1,00

Unabhängige Variable	Beta=Maß für additiven Effekt jeder unabhängigen Variable – log-odds ratio		
	Modell 4	Modell 5	Modell 6
Bundesland			
Bundesländer	9,68***	9,68***	8,55***
Raumgliederung der Gemeinde			
Lage der Gemeinde	2,07	2,11	1,63*
Siedlungsstruktur der Gemeinde	0,92	0,96	
Gemeindefläche	0,01*	0,01	0,02***
Bevölkerung			
Bevölkerungszahl	0,00	0,00	
Bevölkerungsdichte	0,01**	0,01	0,01***
Schrumpfung/Wachstum	0,97	0,96	
Haushalt			
Hebesatz A	0,00	-0,00	
Hebesatz B	-0,00	-0,00	
Hebesatz Gewerbesteuer	-0,00	-0,00	
Anteil Arbeitslose an Bevölkerung im erwerbsfähigem Alter 2008	-0,07	-0,07	
Politische Landschaft			
Wahlbeteiligung [%]	-0,04	-0,04	
GRÜNE [%]	0,04	0,04	
Flächennutzung			
Siedlungs- u. Verkehrsfläche / Gmdfl.		-0,02	
Freiraumfläche / Gmdfl.		-0,04	
Landwirtschaftsfläche / Gmdfl.		-0,00	
Naturbetonte Fläche / Gmdfl.		-0,00	
	R^2=0,453*** Residual L^2 p=1,00	**R^2=0,454***** Residual L^2 p=1,00	**R^2=0,428***** Residual L^2 p=1,00

A.6 Zusammenhang zwischen exogenen Faktoren und Indikatorenbündeln zur landschaftlichen Vielfalt und Qualität

Exogenen Faktoren	1) „Dichte der Bebauung, Freiraumanteil“	2) „Intensität der Nutzung und Vielfältigkeit des Freiraums“	3) „Siedlungsfreiflächen je Einwohner“
Ertragspotential	0,043	**-0,549*****	0,050
Reliefvielfalt	-0,049	**0,573*****	-0,013
durchschnittliche Betriebsgröße (Kreis)	-0,186***	**-0,393*****	**0,264*****
Anteil Öko-Landbau	0,057	**0,305*****	-0,061
Baufertigstellungen Wohn- und Nichtwohngebäude	**0,490*****	-0,024	0,038
Gästebetten je Gemeindeflächengröße	**0,220****	0,053	0,104*
Gästebetten je Einwohner der Gemeinde	0,066	0,085*	-0,059
Gästeübernachtungen bezogen auf Gebietseinheit	**0,257*****	0,024	0,074
Schulden pro Einwohner	-0,014	-0,061	0,019
Lohn- und Einkommenssteuer je Pflichtiger	**0,341*****	0,106*	-0,064
Anteil Arbeitslosigkeit	-0,037	-0,176***	0,162***
Haushaltsbilanz 2010	0,069	-0,017	0,026
Anteil Stimmen CDU/CSU bei der letzten Landtagswahl	-0,107*	0,110**	-0,152***
Anteil Stimmen SPD bei der letzten Landtagswahl	0,066	0,022	0,041
Anteil Stimmen B90/GRÜNE bei der letzten Landtagswahl	0,156***	**0,283*****	-0,123**
Anteil Stimmen FDP bei der letzten Landtagswahl	0,082	-0,101*	0,075
Anteil Stimmen DIELINKE bei der letzten Landtagswahl	-0,026	**-0,250*****	**0,256*****
Wahlbeteiligung bei der letzten Landtagswahl	-0,163***	0,088*	**-0,204*****
Bevölkerungszahl	**0,445*****	-0,034	0,057
Bevölkerungsdichte	**0,888*****	0,005	-0,008
Bevölkerungsentwicklung 2010 im Vergleich zu 2000 [%] (Kreis)	0,181***	0,150***	**-0,208*****
Multiple Regression aus allen intervallskalierten exogenen Faktoren; R^2	**0,881*****	**0,554*****	0,149***

Exogenen Faktoren	4) „Biotopvernetzung und Naturschutz gebiete"	5) „Unzerschnittene Freiräume und Attraktivität"	6) „Natur- und Land-schaftsschutz"
Ertragspotential	0,001	-0,146***	-0,048
Reliefvielfalt	**0,253*** **	**0,202*** **	0,085*
durchschnittliche Betriebsgröße (Kreis)	0,107*	0,203***	-0,001
Anteil Öko-Landbau	-0,059	-0,013	-0,069
Baufertigstellungen Wohn- und Nichtwohngebäude	-0,027	0,015	-0,054
Gästebetten je Gemeindeflächengröße	0,055	0,084*	0,053
Gästebetten je Einwohner der Gemeinde	0,006	0,015	-0,037
Gästeübernachtungen bezogen auf Gebietseinheit	0,036	0,101*	0,045
Schulden pro Einwohner	0,093*	0,060	-0,022
Lohn- und Einkommenssteuer je Pflichtiger	-0,101*	-0,082	-0,077
Anteil Arbeitslosigkeit	0,030	0,147***	-0,017
Haushaltsbilanz 2010	-0,022	0,005	-0,081
Anteil Stimmen CDU/CSU bei der letzten Landtagswahl	-0,115**	-0,121**	0,038
Anteil Stimmen SPD bei der letzten Landtagswahl	**0,227*** **	0,051	-0,033
Anteil Stimmen B90/GRÜNE bei der letzten Landtagswahl	0,098*	-0,064	-0,020
Anteil Stimmen FDP bei der letzten Landtagswahl	-0,164***	-0,001	-0,026
Anteil Stimmen DIELINKE bei der letzten Landtagswahl	0,029	0,181***	0,016
Wahlbeteiligung bei der letzten Landtagswahl	0,031	-0,075	0,024
Bevölkerungszahl	0,012	0,043	-0,036
Bevölkerungsdichte	0,024	0,004	-0,045
Bevölkerungsentwicklung 2010 im Vergleich zu 2000 [%] (Kreis)	-0,131**	-0,104*	-0,071
Multiple Regression aus allen intervallskalierten exogenen Faktoren; R^2	**0,225*** **	0,154***	0,039

Exogenen Faktoren	7) „Waldränder und Hecken“	8) „Anteil unkultivierter Bodenfläche an Gemeindefläche“	9) Siedlungskörperdichte und Reichtum“	10) „Gehölz- und Gartenanteil“
Ertragspotential	0,003	**-0,235***	**0,305***	-0,038
Reliefvielfalt	0,049	0,154***	-0,107*	0,172***
durchschnittliche Betriebsgröße (Kreis)	-0,076	-0,016	0,032	**-0,290***
Anteil Öko-Landbau	-0,018	0,166***	-0,083	-0,003
Baufertigstellungen Wohn- und Nichtwohngebäude	-0,079	0,029	0,131**	-0,113**
Gästebetten je Gemeindeflächengröße	-0,019	**0,224***	0,047	-0,025
Gästebetten je Einwohner der Gemeinde	0,048	0,015	-0,017	-0,014
Gästeübernachtungen bezogen auf Gebietseinheit	-0,037	**0,227***	0,070	-0,055
Schulden pro Einwohner	-0,088*	0,039	-0,014	-0,093*
Lohn- und Einkommenssteuer je Pflichtiger	0,060	-0,061	0,076	0,195***
Anteil Arbeitslosigkeit	-0,040	0,051	0,129**	**-0,207***
Haushaltsbilanz 2010	-0,029	-0,023	0,001	0,051
Anteil Stimmen CDU/CSU bei der letzten Landtagswahl	-0,124**	0,068	0,044	0,035
Anteil Stimmen SPD bei der letzten Landtagswahl	0,128**	-0,079	-0,124**	0,132**
Anteil Stimmen B90/GRÜNE bei der letzten Landtagswahl	0,112**	0,065	-0,028	**0,203***
Anteil Stimmen FDP bei der letzten Landtagswahl	0,075	0,008	0,097*	-0,108*
Anteil Stimmen DIELINKE bei der letzten Landtagswahl	-0,158***	-0,058	0,071	**-0,242***
Wahlbeteiligung bei der letzten Landtagswahl	0,134**	-0,063	**-0,217***	**0,256***
Bevölkerungszahl	-0,068	0,022	0,072	-0,118**
Bevölkerungsdichte	-0,055	0,032	0,015	-0,002
Bevölkerungsentwicklung 2010 im Vergleich zu 2000 [%] (Kreis)	0,129**	0,108*	0,093*	0,180***
Multiple Regression aus allen intervallskalierten exogenen Faktoren; R^2	0,118***	0,185***	0,238***	0,189***

N = 551, Stand 2010, *: p < 0,05; **: p < 0,01; ***: p < 0,001

A.7 Zusammenhang exogenen Faktor auf den Landschaftswandel zwischen 2000 und 2014 (Pearson – Korrelation)

Entwicklung zwischen 2000 und 2014 im Vergleich zu 2000	Ertrags-potential	Relief-vielfalt	durchschnittliche Betriebsgröße	Anteil Öko-Landbau
Anteil Freiraumfläche an Gmdfl.	-0,039	0,115**	0,131**	0,004
Anteil Landwirtschaftsfläche an Gmdfl.	**0,246*****	**-0,216*****	0,109**	-0,023
Anteil Ackerfläche an Gmdfl.	**0,273*****	**-0,345*****	0,080	-0,107**
Anteil Grünlandfläche an Landwirtschaftsfläche	-0,062	0,008	-0,016	-0,004
Anteil Grünlandfläche an Gmdfl.	-0,050	-0,003	-0,009	-0,006
Anteil Wald- und Gehölzfläche an Gmdfl.	0,062	-0,045	-0,013	-0,032
Anteil Wasserfläche an Gmdfl.	0,057	-0,054	-0,021	0,037
Anteil Siedlungsfreifläche an Siedlungsfläche	0,059	-0,052	**0,282*****	-0,068
Anteil Siedlungsfreifläche an Gmdfl.	0,045	-0,052	**0,268*****	-0,052
Anteil Siedlungs- und Verkehrsfläche an Gmdfl.	-0,080	-0,024	-0,047	0,026
Anteil baulich geprägter Siedlungs- und Verkehrsfläche an Gmdfl.	-0,137**	0,028	**-0,241*****	0,071
Anteil baulich geprägter Siedlungsfläche an Gmdfl.	-0,078	-0,048	-0,133**	0,063

Entwicklung zwischen 2000 und 2014 im Vergleich zu 2000	Baufertigstellungen Wohn- und Nicht-wohngebäude	Gästebetten je Gemeinde-flächengröße	Gästebetten je Einwohner der Gemeinde
Anteil Freiraumfläche an Gmdfl.	**-0,333*****	**-0,210*****	-0,035
Anteil Landwirtschaftsfläche an Gmdfl.	-0,093*	**-0,275*****	-0,024
Anteil Ackerfläche an Gmdfl.	0,005	-0,067	-0,049
Anteil Grünlandfläche an Landwirtschaftsfläche	-0,018	-0,010	-0,041
Anteil Grünlandfläche an Gmdfl.	-0,021	-0,020	-0,042
Anteil Wald- und Gehölzfläche an Gmdfl.	-0,016	-0,011	0,022
Anteil Wasserfläche an Gmdfl.	0,000	-0,043	-0,055
Anteil Siedlungsfreifläche an Siedlungsfläche	-0,044	-0,020	-0,019
Anteil Siedlungsfreifläche an Gmdfl.	-0,041	-0,016	-0,018
Anteil Siedlungs- und Verkehrsfläche an Gmdfl.	-0,014	0,039	-0,038
Anteil baulich geprägter Siedlungs- und Verkehrsfläche an Gmdfl.	-0,002	0,020	-0,029
Anteil baulich geprägter Siedlungsfläche an Gmdfl.	-0,012	0,015	-0,070

Entwicklung zwischen 2000 und 2014 im Vergleich zu 2000	Gästeübernachtungen bezogen auf Gebietseinheit	Schulden pro Einwohner	Lohn- und Einkommenssteuer je Pflichtiger
Anteil Freiraumfläche an Gmdfl.	**-0,238*** **		
Anteil Landwirtschaftsfläche an Gmdfl.	**-0,288*** **	-0,006	**-0,309*** **
Anteil Ackerfläche an Gmdfl.	-0,055	0,006	-0,081*
Anteil Grünlandfläche an Landwirtschaftsfläche	-0,006	-0,040	-0,020
Anteil Grünlandfläche an Gmdfl.	-0,018	-0,005	-0,013
Anteil Wald- und Gehölzfläche an Gmdfl.	-0,012	-0,005	-0,017
Anteil Wasserfläche an Gmdfl.	-0,033	-0,019	0,040
Anteil Siedlungsfreifläche an Siedlungsfläche	-0,015	-0,024	0,135**
Anteil Siedlungsfreifläche an Gmdfl.	-0,012	0,182**	-0,121**
Anteil Siedlungs- und Verkehrsfläche an Gmdfl.	0,036	0,159**	-0,107*
Anteil baulich geprägter Siedlungs- und Verkehrsfläche an Gmdfl.	0,007	0,022	0,096*
Anteil baulich geprägter Siedlungsfläche an Gmdfl.	0,009	-0,010	0,153**

Entwicklung zwischen 2000 und 2014 im Vergleich zu 2000	Anteil Arbeitslosigkeit	Haushaltsbilanz 2010	Stimmenanteil bei der letzten Landtagswahl CDU/CSU	SPD
Anteil Freiraumfläche an Gmdfl.	0,013	-0,040	0,041	0,004
Anteil Landwirtschaftsfläche an Gmdfl.	0,001	-0,047	0,076	-0,173**
Anteil Ackerfläche an Gmdfl.	0,030	0,015	-0,012	-0,028
Anteil Grünlandfläche an Landwirtschaftsfläche	-0,014	0,010	-0,064	0,062
Anteil Grünlandfläche an Gmdfl.	-0,015	0,008	-0,062	0,055
Anteil Wald- und Gehölzfläche an Gmdfl.	-0,027	0,008	-0,011	0,024
Anteil Wasserfläche an Gmdfl.	-0,013	0,013	0,040	-0,021
Anteil Siedlungsfreifläche an Siedlungsfläche	0,172**	0,022	-0,072	-0,051
Anteil Siedlungsfreifläche an Gmdfl.	0,160**	0,025	-0,061	-0,043
Anteil Siedlungs- und Verkehrsfläche an Gmdfl.	-0,068	-0,016	0,100*	-0,058
Anteil baulich geprägter Siedlungs- und Verkehrsfläche an Gmdfl.	**-0,199*** **	-0,018	0,191**	-0,071
Anteil baulich geprägter Siedlungsfläche an Gmdfl.	-0,125**	-0,024	0,160**	-0,043

Entwicklung zwischen 2000 und 2014 im Vergleich zu 2000	Stimmenanteil bei der letzten Landtagswahl			
	B90/GRÜNE	FDP	DIELINKE	Wahlbeteiligung
Anteil Freiraumfläche an Gmdfl.	-0,127**	-0,085*	0,019	0,143**
Anteil Landwirtschaftsfläche an Gmdfl.	-0,056	0,118**	0,039	0,053
Anteil Ackerfläche an Gmdfl.	-0,099*	0,072	0,017	0,058
Anteil Grünlandfläche an Landwirtschaftsfläche	0,008	-0,068	-0,009	0,034
Anteil Grünlandfläche an Gmdfl.	0,004	-0,063	-0,006	0,035
Anteil Wald- und Gehölzfläche an Gmdfl.	-0,006	-0,022	-0,024	0,102*
Anteil Wasserfläche an Gmdfl.	-0,014	0,060	-0,037	0,003
Anteil Siedlungsfreifläche an Siedlungsfläche	-0,138**	-0,007	**0,243*** **	-0,181**
Anteil Siedlungsfreifläche an Gmdfl.	-0,130**	-0,011	**0,214*** **	-0,169**
Anteil Siedlungs- und Verkehrsfläche an Gmdfl.	0,067	-0,042	-0,068	0,008
Anteil baulich geprägter Siedlungs- und Verkehrsfläche an Gmdfl.	0,174**	-0,070	**-0,242*** **	0,162**
Anteil baulich geprägter Siedlungsfläche an Gmdfl.	0,068	-0,101*	-0,182**	0,075

Entwicklung zwischen 2000 und 2014 im Vergleich zu 2000	Bevölkerungszahl	Bevölkerungsdichte	Bevölkerungsentwicklung 2010 im Vergleich zu 2000
Anteil Freiraumfläche an Gmdfl.	**-0,266*** **	**-0,577*** **	-0,158**
Anteil Landwirtschaftsfläche an Gmdfl.	-0,089*	**-0,230*** **	-0,028
Anteil Ackerfläche an Gmdfl.	-0,009	-0,012	0,005
Anteil Grünlandfläche an Landwirtschaftsfläche	-0,010	-0,011	-0,024
Anteil Grünlandfläche an Gmdfl.	-0,013	-0,020	-0,027
Anteil Wald- und Gehölzfläche an Gmdfl.	-0,008	-0,019	-0,004
Anteil Wasserfläche an Gmdfl.	-0,004	-0,016	0,107**
Anteil Siedlungsfreifläche an Siedlungsfläche	-0,016	-0,060	**-0,204*** **
Anteil Siedlungsfreifläche an Gmdfl.	-0,017	-0,064	-0,184**
Anteil Siedlungs- und Verkehrsfläche an Gmdfl.	-0,039	-0,062	0,098*
Anteil baulich geprägter Siedlungs- und Verkehrsfläche an Gmdfl.	-0,043	-0,049	**0,246*** **
Anteil baulich geprägter Siedlungsfläche an Gmdfl.	-0,046	-0,079	0,153**

Entwicklung zwischen 2000 und 2014 im Vergleich zu 2000	Landschaftsplanung
Anteil Freiraumfläche an Gmdfl.	-0,099*
Anteil Landwirtschaftsfläche an Gmdfl.	-0,112**
Anteil Ackerfläche an Gmdfl.	-0,195***
Anteil Grünlandfläche an Landwirtschaftsfläche	0,132**
Anteil Grünlandfläche an Gmdfl.	0,189***
Anteil Wald- und Gehölzfläche an Gmdfl.	0,017
Anteil Wasserfläche an Gmdfl.	-0,065
Anteil Siedlungsfreifläche an Siedlungsfläche	0,007
Anteil Siedlungsfreifläche an Gmdfl.	0,099*
Anteil Siedlungs- und Verkehrsfläche an Gmdfl.	0,113**
Anteil baulich geprägter Siedlungs- und Verkehrsfläche an Gmdfl.	0,047
Anteil baulich geprägter Siedlungsfläche an Gmdfl.	0,158***

N = 600, *: p < 0,05; **: p < 0,01; ***: p < 0,001

A.8 Bewertung der Qualität von Landschaftsplänen (nach Kiemstedt et al. 1999)

RANG: Welche Teile liegen zur Bewertung vor? FNP bzw. Teilplan

Gemeinde: ☐ Erläuterungsband ☐ Entwicklungs- u. Maßnahmenkarte ja ☐ nein ☐

	Inhalt	dargestellt		
1.	**Planerische Rahmenbedingung**	**JA**		**NEIN**
1.1.	Anlass für die Erarbeitung des LP; Bezug zu Umweltproblemen in der Gemeinde	☐		☐
1.2.	Rechtliche Vorgaben	☐		☐
1.3.	Planerische Vorgaben	☐		☐
1.4.	Restriktionen bei der Erarbeitung des LP	☐		☐
2.	**Bestandsaufnahme und Bewertung des gegenwärtigen und zukünftigen Zustands von NuL**	sehr detailliert ☐	mittelmäßig ☐	wenig detailliert ☐
2.1.	***Naturräumlichen Situation und Landschaftsentwicklung im Überblick***	voll ☐	teilweise ☐	nicht ☐
2.1.1.	Naturräumliche Situation des Untersuchungsraums	☐		☐
2.1.2.	Geologischer Aufbau, bodenbildende Ausgangsgesteine	☐		☐
2.1.3.	Geländerelief, Hangneigung, Geländeausformung	☐		☐
2.1.4.	Natur- und kulturhistorische Entwicklung	☐		☐
2.1.5.	Wechselwirkung zwischen naturräumlichen Gegebenheiten und historischer Entwicklung	☐		☐
2.2.	***Schutzgut Arten und Lebensgemeinschaften***	voll ☐	teilweise ☐	nicht ☐
2.2.1.	Schutzgebiete und -objekte	☐		☐
2.2.2.	Biotop(typ)e und Biotopkomplexe, ggf. Darstellung der Vegetation und Flora	☐		☐
2.2.3.	Ausgewählte Tierarten bzw. Tierartengruppen	☐		☐
2.2.4.	Gefährdete Pflanzen- und Tierarten	☐		☐
2.2.5.	Empfindlichkeit vorkommender Biotope/-typen	☐		☐
2.2.6.	Belastungen	☐		☐
2.2.7.	Wechselwirkungen	☐		☐
2.2.8.	Voraussichtliche Veränderungen und Nutzungskonflikte	☐		☐
2.2.9.	Schutzbedürftigkeit (Arten- und Biotopschutz) sowie Entwicklungsbedarf	☐		☐
2.3.	***Schutzgut Landschaftsbild***	voll ☐	teilweise ☐	nicht ☐
2.3.1.	Schutzgebiete und -objekte	☐		☐
2.3.2.	Landschaftsästhetische Gegebenheiten	☐		☐
2.3.3.	Natur- und landschaftsverträgliche Erholungsmöglichkeiten	☐		☐
2.3.4.	Empfindlichkeit der Landschaften	☐		☐
2.3.5.	Belastungen (Ursachen und Verursacher)	☐		☐
2.3.6.	Wechselwirkungen	☐		☐
2.3.7.	Voraussichtliche Veränderungen und Nutzungskonflikte	☐		☐
2.3.8.	Schutzbedürftigkeit sowie Sanierungs- und Entwicklungsbedarf	☐		☐
2.4.	***Schutzgut Boden***	voll ☐	teilweise ☐	nicht ☐
2.4.1.	Schutzgebiete und –objekte	☐		☐
2.4.2.	Bodenarten und –typen (einschl. naturräuml., seltener Böden) sowie ihrer Eigenschaften	☐		☐
2.4.3.	Leistungsfähigkeit der Böden	☐		☐
2.4.4.	Empfindlichkeiten der Böden	☐		☐
2.4.5.	Belastungen (Ursachen und Verursacher)	☐		☐
2.4.6.	Wechselwirkungen	☐		☐
2.4.7.	Voraussichtliche Veränderungen und Nutzungskonflikte	☐		☐
2.4.8.	Schutzbedürftigkeit sowie Sanierungs- und Entwicklungsbedarf	☐		☐

2.5.	***Schutzgut Wasser***	voll ☐	teilweise ☐	nicht ☐
2.5.1.	Schutzgebiete und –objekte	☐		☐
2.5.2.	Oberflächengewässer – Vorkommen und Zustand	☐		☐
2.5.3.	Retentionsräume	☐		☐
2.5.4.	Grundwasserverhältnisse	☐		☐
2.5.5.	Empfindlichkeiten der Oberflächengewässer, Grundwasserverhältnisse, Retentionsräume	☐		☐
2.5.6.	Belastungen (Ursachen und Verursacher)	☐		☐
2.5.7.	Wechselwirkungen	☐		☐
2.5.8.	Voraussichtliche Veränderungen und Nutzungskonflikte	☐		☐
2.5.9.	Schutzbedürftigkeit sowie Sanierungs- und Entwicklungsbedarf	☐		☐
2.6.	***Schutzgut Klima Luft***	voll ☐	teilweise ☐	nicht ☐
2.6.1.	Schutzgebiete und –objekte	☐		☐
2.6.2.	Makro- und Geländeklima	☐		☐
2.6.3.	Kalt-/Frischluftentstehung und -abfluss	☐		☐
2.6.4.	Lufthygienischer Zustand (Luftgüte)	☐		☐
2.6.5.	Besondere Wetterlagen	☐		☐
2.6.6.	Empfindlichkeiten von bioklimatischen Entlastungsgebieten	☐		☐
2.6.7.	Belastungen (Ursachen und Verursacher)	☐		☐
2.6.8.	Wechselwirkungen	☐		☐
2.6.9.	Voraussichtliche Veränderungen und Nutzungskonflikte	☐		☐
2.6.10.	Schutzbedürftigkeit	☐		☐
2.7.	***Erfassung und Bewertung der vorhandenen und geplanten Raumnutzung***	voll ☐	teilweise ☐	nicht ☐
2.7.1.	Aktuelle Raumnutzung	☐		☐
2.7.2.	Auswirkung bestehender Raumnutzungen auf Natur und Landschaft	☐		☐
2.7.3.	Beschreibung der absehbaren Entwicklungen	☐		☐
2.7.4.	Abschätzung voraussichtlicher Auswirkungen auf Natur und Landschaft (Prognose)	☐		☐
2.7.5.	Voraussichtliche Nutzungskonflikte	☐		☐
3.	**Leitbild und Entwicklungskonzeption**	sehr detailliert ☐	mittelmäßig ☐	wenig detailliert ☐
3.1.	Leitbild für die Gemeinde	☐		☐
3.2.	Entwicklungsziele für Arten und Lebensgemeinschaften	☐		☐
3.3.	Entwicklungsziele für das Landschaftsbild und die Voraussetzungen für Erholung	☐		☐
3.4.	Entwicklungsziele für die Bodenfunktionen	☐		☐
3.5.	Entwicklungsziele für die Wasserhaushaltsfunktion	☐		☐
3.6.	Entwicklungsziele für die klimatische Funktion	☐		☐
4.	**Erfordernisse und Maßnahmen**	sehr detailliert ☐	mittelmäßig ☐	wenig detailliert ☐
4.1.	EuM für Arten und Lebensgemeinschaften	☐		☐
4.2.	EuM für das Landschaftsbild die Voraussetzungen für Erholung	☐		☐
4.3.	EuM für die Bodenfunktion	☐		☐
4.4.	EuM für Wasserhaushaltsfunktion	☐		☐
4.5.	EuM für klimatische Funktionen	☐		☐
4.6.	EuM im Zusammenhang mit der Anwendung der Eingriffsregelung in der Bauleitplanung	☐		☐
4.7.	Flächenscharfe Verortung der konkreten Maßnahmen im Kartenteil	☐		☐
4.8.	Gesamtzahl der Maßnahmen und Erfordernisse:			
4.9.	Flächengröße der Maßnahmen und Erfordernisse:			

4.9. Art der Maßnahmen und Erfordernisse

hydrologisch
- ☐ Vernässung
- ☐ Anlage v. Gewässern
- ☐ Wiederherstellung v. Gewässern
- ☐ Renaturierung v. Gewässern

Pflegemaßnahmen
- ☐ Mahd
- ☐ Entkusselung
- ☐ Beweidung
- ☐ Schnitt (Bäume/Gehölze)
- ☐ Brand
- ☐ Jungwuchspflege
- ☐ Gewässerpflege

Pflanzmaßnahmen
- ☐ Einzelbäume
- ☐ Streuobstwiese
- ☐ Gehölze (flächig)
- ☐ Hecken
- ☐ Ansaat

baulich
- ☐ Rückbau
- ☐ Entsiegelung
- ☐ Bodenabtrag

Sonstiges:
- ☐ Freihalten v. Bebauung
- ☐ Sukzessive Entwicklung
- ☐ Sonstige:

waldbaulich
- ☐ Aufforstung ☐ naturnaher Waldumbau

ingenieurbiologisch
- ☐ Hangsicherung ☐ Ufersicherung

Extensivierung
- ☐ Grünlandextensivierung
- ☐ Umwandlung von Acker in Grünland

Schutzmaßnahmen

Schutzgebietsausweisung
- ☐ NLP ☐ NP ☐ NSG ☐ LSG ☐ ND ☐ GLB ☐ BIO
- ☐ Besucherlenkung
- ☐ Neophytenbekämpfung
- ☐ spezielle Artenschutzmaßnahmen

5. Umsetzungsorientierung	sehr detailliert ☐	mittelmäßig ☐	wenig detailliert ☐
Empfehlungen / Handlungshinweise	voll	teilweise	nicht
5.1. Geeignete Umsetzungsinstrumente	☐	☐	☐
5.2. Umsetzungsvorschläge der landschaftspl. Aussagen in Plankategorien der Bauleitplanung	☐	☐	☐
5.3. Adressaten/Träger zur Umsetzung der Erfordernisse und Maßnahmen	☐	☐	☐
5.4. Zeitliche und sachliche Prioritäten zur Realisierung der Erfordernisse und Maßnahmen	☐	☐	☐
Lesbarkeit und Verständlichkeit			
5.5. Klare Struktur und Übersichtlichkeit des Text- und Kartenteils	☐	☐	☐
5.6. Lesbarkeit des Text- und Kartenteils	☐	☐	☐
5.7. Übereinstimmung zwischen Text- und Kartenteil	☐	☐	☐
5.8. Zusammenfassung der wesentlichen Inhalte des Landschaftsplans	☐	☐	☐
Transparenz / Nachvollziehbarkeit			
5.9. Darstellung der verwendeten Erhebungsmethoden und Quellen	☐	☐	☐
5.10. Darstellung der Bewertungsmaßstäbe und der verwendeten Bewertungsverfahren	☐	☐	☐
5.11. Beschränkung auf problemadäquate und entscheidungserhebliche Daten	☐	☐	☐

A.9 Online-Kurzumfrage zur kommunalen Landschaftsplanung

Die Platzhalter %vwf% und %gemeinde% werden im Online-Fragebogen au-tomatisch mit der betreffenden Verwaltungsform (Gemeinde, Markt, Stadt) bzw. Gemeindenamen ergänzt.

1. **Führt die %vwf% %gemeinde% ein Ökokonto oder einen Flächenpool für die Eingriffsregelung?**
   ☐ ja ☐ nein ☐ keine Angabe
2. **Schätzen Sie bitte die folgenden Merkmale für die %vwf% %gemeinde% ein:**

Bedarf an neuen Bauplätzen:	☐ gering	☐ eher gering	☐ moderat	☐ eher groß	☐ groß	☐ keine Angabe
Eingriffe in Natur und Landschaft:	☐ gering	☐ eher gering	☐ moderat	☐ eher groß	☐ groß	☐ keine Angabe
Bedarf an Flächen für Kompensationsmaßnahmen:	☐ gering	☐ eher gering	☐ moderat	☐ eher groß	☐ groß	☐ keine Angabe

3. **Ist für die %vwf% %gemeinde% ein Landschaftsplan aufgestellt worden?**
   ☐ ja, gültig seit... ☐ nein ☐ in Bearbeitung ☐ in Vorbereitung

Landschaftsplan aufgestellt

4. **Schätzen Sie bitte ein, in welchem Maße die Erfordernisse und Maßnahmen aus dem Landschaftsplan in der %vwf% %gemeinde%...**

...bereits insgesamt umgesetzt wurden.
☐ keine ☐ bis zu 20% ☐ bis zu 40%
☐ bis zu 60% ☐ bis zu 80% ☐ bis zu 100%
☐ keine Angabe

...im Rahmen der Eingriffsregelung umgesetzt wurden.
☐ keine ☐ bis zu 20% ☐ bis zu 40%
☐ bis zu 60% ☐ bis zu 80% ☐ bis zu 100%
☐ keine Angabe

Landschaftsplan i.B., i.V.

4. **Was sind aus Ihrer Sicht die wichtigsten Gründe dafür, dass für die %vwf% %gemeinde% derzeit ein Landschaftsplan in Bearbeitung/Vorbereitung ist?**

☐ wesentliche Veränderungen von Natur und Landschaft sind zu erwarten
☐ Aufstellung des Flächennutzungsplan
☐ Umsetzung der FFH-Richtlinie
☐ finanzielle Förderung
☐ Gemeindegebietsreform
☐ sonstige Gründe: ...
☐ keine Angabe

Landschaftsplan nicht aufgestellt

4. **Was sind aus Ihrer Sicht die wichtigsten Gründe dafür, dass für die %vwf% %gemeinde% bislang kein Landschaftsplan aufgestellt wurde?**

☐ Landschaftsplanung ausreichend in der Bauleitplanung beachtet
☐ keine wesentlichen Eingriffe in Natur und Landschaft
☐ fehlende finanziellen Mittel, keine Förderung
☐ Landschaftsplan als Planungsinstrument eher unbekannt
☐ gegensätzliche Interessen kommunaler Gremien behindern Aufstellung
☐ Landschaftsplan wurde erarbeitet, aber nicht genehmigt
☐ sonstige Gründe: ...
☐ keine Angabe

5. **Was sind aus Ihrer Sicht die wichtigsten Voraussetzung dafür, dass Erfordernisse und Maßnahmen aus dem Landschaftsplan in der %vwf% %gemeinde% umgesetzt werden können?**
☐ ausreichende finanzielle Mittel
☐ ausreichende Flächenverfügbarkeit
☐ qualifizierte Landschaftsplanung
☐ Integration in die Bauleitplanung
☐ politischer Wille
☐ Engagement von Personen und Gruppen
☐ sonstige Voraussetzung: ...
☐ keine Angabe

6. **Mit welchen finanziellen Mittel werden Erfordernisse und Maßnahmen des Landschaftsplanes in der %vwf% %gemeinde% realisiert?**
☐ kommunaler Haushalt
☐ Ersatzzahlung (Ausgleichsabgabe) aus der Eingriffsregelung
☐ Fördermittel (z.B. LIFE, ELER, Biotopverbund,etc.)
☐ Gelder des Kreises
☐ Spenden
☐ ehrenamtliche Naturschutzarbeit
☐ sonstige Mittel: ...
☐ keine Angabe

5. **Was sind aus Ihrer Sicht die wichtigsten Voraussetzung dafür, dass Erfordernisse und Maßnahmen aus dem Landschaftsplan in der %vwf% %gemeinde% in Zukunft umgesetzt werden können?**
☐ ausreichende finanzielle Mittel
☐ ausreichende Flächenverfügbarkeit
☐ qualifizierte Landschaftsplanung
☐ Integration in die Bauleitplanung
☐ politischer Wille
☐ Engagement von Personen und Gruppen
☐ sonstige Voraussetzungen: ...
☐ keine Angabe

6. **Mit welchen finanziellen Mittel sollen in Zukunft Erfordernisse und Maßnahmen des Landschaftsplanes in der %vwf% %gemeinde% realisiert werden?**
☐ kommunaler Haushalt
☐ Gelder des Kreises
☐ Ersatzzahlung (Ausgleichsabgabe) aus der Eingriffsregelung
☐ Fördermittel (z.B. LIFE, ELER, Biotopverbund,etc.)
☐ ehrenamtliche Naturschutzarbeit
☐ Spenden
☐ Sonstiges: ...
☐ keine Angabe

5. **Schätzen Sie bitte das Engagement von Personen und Vereinen für Naturschutz und Landschaftspflege in der %vwf% %gemeinde% ein.**
☐ kein Engagement
☐ geringes Engagement
☐ mittleres Engagement
☐ großes Engagement
☐ sehr großes Engagement
☐ keine Angabe

7. Sind die finanziellen Mittel zur Umsetzung der Erfordernisse und Maßnahmen des Landschaftsplanes in der %vwf% %gemeinde% ausreichend?

☐ Ja, die finanziellen Mittel sind ausreichend.
☐ Nein, mit den finanziellen Mitteln kann nur ein Teil umgesetzt werden.
☐ Nein, es sind keinerlei finanzielle Mittel verfügbar.
☐ Nicht nötig, Maßnahmen werden anderweitig umgesetzt.
☐ Sonstiges: ...
☐ keine Angabe

8. Schätzen Sie bitte das Engagement von Personen und Vereinen für Naturschutz und Landschaftspflege in der %vwf% %gemeinde% ein.

☐ kein Engagement
☐ geringes Engagement
☐ mittleres Engagement
☐ großes Engagement
☐ sehr großes Engagement
☐ keine Angabe

4. Schätzen Sie bitte das Engagement von Personen und Vereinen für Naturschutz und Landschaftspflege in der %vwf% %gemeinde% ein.

☐ kein Engagement
☐ geringes Engagement
☐ mittleres Engagement
☐ großes Engagement
☐ sehr großes Engagement
☐ keine Angabe